浅沟和切沟侵蚀研究

郑粉莉　徐锡蒙　韩　勇　著

科学出版社

北　京

内 容 简 介

本书针对流域侵蚀治理的迫切需要，聚焦浅沟和切沟侵蚀过程量化与机理研究的前沿领域，基于大量的野外定位观测和控制条件模拟试验资料，结合立体摄影测量和三维激光扫描等现代测量技术，揭示了浅沟和切沟的发生发展过程，明确了降雨、汇流、壤中流和土壤管道流等侵蚀动力和地形因子对沟蚀过程的影响，基于 CCHE2D 水动力学模型模拟了浅沟集水区水动力学参数的时空分布特征，阐明了切沟发育过程及其不同发育阶段各主导侵蚀过程对坡面侵蚀的作用，明确了典型流域切沟形态的空间分布特征，构建了切沟宽度、表面积和体积的转换模型等。

本书可供从事土壤侵蚀、水土保持、地理学、土壤学、生态环境等领域的科研人员、高等院校相关专业师生以及相关领域管理人员参考。

图书在版编目(CIP)数据

浅沟和切沟侵蚀研究/郑粉莉，徐锡蒙，韩勇著. —北京：科学出版社，2023.12

ISBN 978-7-03-076891-9

Ⅰ. ①浅… Ⅱ. ①郑… ②徐… ③韩… Ⅲ. ①沟壑–侵蚀–研究 Ⅳ. ①P931.2

中国国家版本馆 CIP 数据核字(2023)第 213709 号

责任编辑：杨帅英 张力群/责任校对：郝甜甜

责任印制：赵 博/封面设计：图阅社

科 学 出 版 社 出版

北京东黄城根北街 16 号

邮政编码：100717

http://www.sciencep.com

北京建宏印刷有限公司印刷

科学出版社发行 各地新华书店经销

*

2023 年 12 月第 一 版 开本：787×1092 1/16

2024 年 10 月第二次印刷 印张：12

字数：290 000

定价：168.00 元

(如有印装质量问题，我社负责调换)

前　　言

土壤侵蚀是影响人类生存与发展的重要环境问题，严重制约着全球经济社会的可持续发展。土壤侵蚀不但造成土地严重退化和粮食产能下降，而且也严重影响河流安全运行与区域生态安全和粮食安全。我国是世界上土壤侵蚀最严重的国家之一，根据《中国水土流失与生态安全综合科学考察总结报告》，我国现有土壤侵蚀总面积 356.92 万 km^2，占国土面积的 37.2%，其中水力侵蚀面积达 161.22 万 km^2，水土流失造成的经济损失约相当于我国 GDP 总量的 3.5%。土壤侵蚀导致耕地严重退化，威胁国家粮食安全；淤积江河湖库，加剧洪涝灾害；削弱生态系统调节功能，加重旱灾损失和面源污染，对我国生态安全和饮水安全构成严重威胁，制约了我国经济社会的可持续性发展以及生态文明建设。

沟蚀是一种典型的线状侵蚀特征，在我国分为浅沟侵蚀、切沟侵蚀、冲沟侵蚀、干沟侵蚀和河谷侵蚀等，在国外分为临时性沟蚀(ephemeral gully erosion)和永久性沟蚀(permanent gully erosion)等。各类沟蚀发生演变过程不但导致土地切割破碎，破坏土地资源，而且各类沟蚀过程产生的大量侵蚀物质是流域泥沙的主要来源，也是造成流域水沙关系不协调的重要根源。浅沟侵蚀是坡耕地土壤侵蚀的主要方式之一，其发生发展不仅吞噬耕地，影响耕地数量和质量以及粮食产能，而且也是坡面输送径流泥沙与污染物运移的重要通道。切沟侵蚀，尤其是处于发育活跃期的切沟侵蚀是流域侵蚀产沙的重要来源，其发生发展过程对现代地貌发育及演化过程也具有重要的影响。因此，各类沟蚀演变过程，尤其是浅沟和切沟发生演变过程研究一直是土壤侵蚀界关注的焦点和热点。但由于浅沟和切沟发生演变过程的复杂性及其影响因素多变性等，沟蚀过程量化研究的难度较大，与片蚀和细沟侵蚀的研究相比，沟蚀过程量化研究取得的创新性研究成果较少，从而导致现有国际上成熟且可用的侵蚀预报模型中均没有包含浅沟侵蚀和切沟侵蚀。因此，深入研究浅沟和切沟侵蚀过程机理，不仅为流域侵蚀治理和高质量发展提供重要科学指导，而且也为包含沟蚀的流域侵蚀预报模型构建提供强有力的理论支持。

本书针对流域侵蚀治理的迫切需要，聚焦浅沟和切沟侵蚀过程量化与机理揭示的土壤侵蚀前沿研究领域，基于大量的野外定位观测和控制条件的模拟试验资料，结合立体摄影测量和三维激光扫描等现代测量技术，揭示了浅沟和切沟的发生发展过程，明确了降雨、汇流、壤中流和土壤管道流等侵蚀动力和地形因子对沟蚀过程的影响，基于CCHE2D 水动力学模型模拟了浅沟集水区水动力学参数的时空分布特征，基于三维激光扫描技术明确了切沟发育过程及其不同发育阶段各主导侵蚀过程对坡面侵蚀的作用，阐明了典型流域切沟形态的空间分布特征，构建了切沟宽度、表面积和体积的转换模型等。本书在以下方面取得了有创新性的研究成果：①阐明了划分降雨雨型对利用天然降雨估算次降雨浅沟集水区土壤侵蚀量的重要意义，并量化了不同雨型下坡上方侵蚀带的汇水汇沙对浅沟侵蚀的影响；②辨识了上方和侧方汇流对坡面浅沟侵蚀的贡献，明确了侧方汇流在增加浅沟集水区水文连通性和改变侧向比降和地形方面的作用，并建立了浅沟系统土壤侵蚀速率与降雨强度和汇流地形特征值的非线性方程；③阐明了壤中流和土壤管道流在促进浅沟沟头溯源侵蚀过程中的作用，揭示了经常被忽视的壤中流和土壤管道流在沟蚀发育过程中的重要作用；④验证了水动力学模型 CCHE2D 在浅沟集水区水流数值模拟的适用性，并模拟了浅沟集水区水动力学参数的时空分布特征；⑤基于三维激光扫描技术研究了切沟侵蚀过程，明确了切沟发育不同阶段各主导侵蚀过程对坡面侵蚀的作用，阐明了典型流域切沟形态的空间分布特征，构建了切沟宽度、表面积和体积的转换模型。鉴于浅沟和切沟侵蚀过程的复杂性与研究手段和技术条件限制，尤其是作者知识水平有限，本书的部分研究成果还是初步的，有些研究结论需进一步论证和深化。

本书共分七章，分别是：第 1 章，沟蚀过程研究动态与研究重点；第 2 章，基于野外原型观测的浅沟侵蚀过程研究；第 3 章，基于模拟试验的浅沟侵蚀过程研究；第 4 章，壤中流和土壤管道流对浅沟沟头溯源侵蚀过程的影响；第 5 章，基于水动力学模型 CCHE2D 的浅沟集水区水动力学参数时空分布数值模拟；第 6 章，基于 LIDAR 技术的切沟侵蚀过程试验研究；第 7 章，切沟形态的空间分布特征及其体积估算模型。全书结构清晰，各章相对独立阐述一个中心问题，且章与章之间相互联系，构成了本书的结构体系。本书的写作分工如下：第 1 章由郑粉莉和徐锡蒙执笔，第 2 章由韩勇、郑粉莉和徐锡蒙执笔，第 3 章由郑粉莉、徐锡蒙和武敏执笔，第 4 章由徐锡蒙、Glenn V. Wilson 和郑粉莉执笔，第 5 章由徐锡蒙和郑粉莉执笔，第 6 章由徐锡蒙、张姣和郑粉莉执笔，第 7 章由郑粉莉、吴红艳和徐锡蒙执笔。全书由郑粉莉统稿和定稿，徐锡蒙和毋冰龙完成全书的编辑工作。

本书研究成果主要来自笔者数十年来承担的各类科研项目，包括国家自然科学基金委面上项目“典型黑土区地表径流、壤中流和土壤管道流驱动的浅沟侵蚀过程机制”（42177326）、黄河联合基金项目“水土保持措施配置对流域水沙过程的影响和作用”（U2243210）以及面上项目“黄土丘陵沟壑区切沟发育过程与形态模拟”（41271299）和“黄土丘陵区发育活跃期切沟侵蚀过程”（40871137）、国家重点基础研究发展计划（973 计划）课题“不同类型区土壤侵蚀过程与机理”（2007CB407201）、国家自然科学基金重点项目“黄土高原小流域分布式水蚀预报模型研究”（40335050）、中国科学院知识创新工程重要方向项目“水蚀预报模型研究”（KZCX2-SW-422）。此外，还有徐锡蒙主持的国家自然科学基金委面上项目“黄土坡面浅沟发育过程定量表达与泥沙连续方程构建”（42277339）。笔者在土壤侵蚀和水土保持的理论学习和实践过程中，一直得到国内许多前辈、外国专家和同仁的指教及有关领导的支持与水土保持界各位同仁的大力帮助，特别感谢恩师唐克丽老师的精心培养，感谢导师周佩华研究员的指导，感谢老前辈朱显谟院士的栽培和鼓励，感谢承继成、陈永宗、江忠善、景可、田均良、张信宝、李锐、蔡强国等老师的指导，感谢水土保持研究所历届所长李玉山、田均良、李锐、邵明安、刘国彬、冯浩的支持，感谢黄土高原土壤侵蚀与旱地农业国家重点室历届主任唐克丽研究员、邵明安院士、雷廷武教授、李占斌教授、刘宝元教授支持鼓励，感谢美国合作者Chi-hua Huang、Zhang Xunchang（John）、Matt J. Romkens、Dennis C. Flanagan、Glenn V. Wilson、Jean L. Steiner、Robert R. Wells、Martin A. Locke、Ronald L. Bingner、Jia Yafei给予的帮助和支持。还要特别感谢历届研究生肖培青、贾媛媛、张新和、武敏、王建勋、李斌兵、安娟、王彬、邱临静、张鹏、余叔同、张姣、胡伟、耿晓东、张孝存、温磊磊、沈海鸥、丁晓斌、覃超、吴红艳、钟科元、王磊、赵录友、师宏强、王雪松、耿华杰的努力工作和辛勤劳动。

由于时间和水平所限，书中难免有偏颇之处，如能得到读者赐教，将不胜感谢。

郑粉莉

2023 年 3 月于杨凌

目　录

第 1 章　沟蚀过程研究动态与研究重点

沟蚀是一种典型的线状侵蚀特征，在我国分为浅沟侵蚀、切沟侵蚀、冲沟侵蚀、干沟侵蚀、河谷侵蚀等方式，而在国外分为临时性沟蚀(ephemeral gully erosion)和永久性沟蚀(permanent gully erosion)等方式。浅沟侵蚀是坡耕地土壤侵蚀的主要方式之一，其发生发展不仅蚕食耕地，减少耕地数量和作物产量，而且其也造成耕地质量下降，并影响粮食安全。此外，浅沟是坡面输送径流泥沙与污染物运移的重要通道。切沟侵蚀，尤其是处于发育活跃期的切沟侵蚀是流域侵蚀产沙的重要来源，对流域行洪安全有重要影响，且其发生发展过程对现代地貌发育及演化过程也具有重要的影响。近 60 年来，国内外沟蚀过程研究主要聚焦在浅沟和切沟侵蚀，并在沟蚀特征、影响因素、临界地形模型、预报模型、研究方法与技术等方面取得了重要进展。本章基于对过去几十年沟蚀过程研究成果的集成分析，综合评述了国内外沟蚀研究动态，并提出了今后应加强研究的重点，主要包括：①沟蚀监测方法的标准化和规范化研究；②沟蚀过程的定量表达；③沟蚀过程机理研究；④浅沟和切沟侵蚀的泥沙输移连续方程；⑤包含浅沟侵蚀的坡面侵蚀预报模型和包含沟蚀的流域侵蚀预报模型；⑥沟蚀防治机理与技术研发。

1.1　细沟、浅沟和切沟侵蚀的区别

朱显谟院士在 1956 年就将现代沟蚀分为浅沟侵蚀和切沟侵蚀，并指出了细沟侵蚀、浅沟侵蚀、切沟侵蚀的区别，他认为浅沟由主细沟演变而来，并能发展为切沟。浅沟不影响横向耕作，但犁耕不能消除浅沟形态痕迹(朱显谟, 1956)。Foster(1986)将沟蚀分为临时切沟侵蚀和切沟侵蚀，认为临时切沟每次侵蚀的宽度和深度大于细沟，但小于切沟，不妨碍耕作，但也不能消除其痕迹。随着年复一年耕作与侵蚀的交替，临时切沟可发展为永久性切沟。由此可见，国外的临时切沟与我国的浅沟指的是同一种侵蚀类型。Zheng 等(2017)在编写 *Encyclopedia of Soil Science* 沟蚀(gully)条目时，将我国定义的浅沟侵蚀与美国定义的浅沟侵蚀归为同一类沟蚀类型(ephemeral gully)。有关细沟侵蚀、浅沟侵蚀和切沟侵蚀的特点和区别见表 1-1。

国内外学者针对浅沟侵蚀的定义及其特征进行了广泛的讨论，唐克丽在《农业大百科全书》(土壤卷)中指出，浅沟由坡耕地上主细沟发展形成，其横断面因不断的再侵蚀和再耕作呈弧形扩展，无明显的沟缘；黄土丘陵区的浅沟深度均大于耕层厚度，一般约为 20～30 cm，也有超过 50 cm 的；而在南方花岗岩风化壳丘陵斜坡上，也可发生浅沟，其宽度约 1 m，深度可超过 0.5 m(中国农业百科全书土壤卷编委会, 1996)。其他学者也将浅沟侵蚀划为了一种主要侵蚀类型(黄秉维, 1953；席承藩等, 1953；罗来兴, 1956；朱显谟,

表 1-1　细沟侵蚀、浅沟侵蚀和切沟侵蚀特点的比较

特点	细沟侵蚀	浅沟侵蚀	切沟侵蚀
耕作措施	细沟一般可被耕作措施消除；在同一个地方再次发生的频率低	浅沟是一种过渡形态，能够进行横向耕作但不能消灭痕迹；并发生在相同位置	切沟不能被横向耕作
大小	沟宽和沟深一般不超过 20 cm，小于浅沟	大于细沟但小于固定切沟	通常大于浅沟
断面形态	断面一般呈狭槽形	断面一般呈宽浅形，由于横向耕作措施的存在，沟头和沟壁不明显	断面呈 V 形，沟头和沟壁明显
流路形态	由断续的小细沟不断连接形成的平行的网状结构；在浅沟沟头、梯田或者沉积发生处终止；通常有固定的大小和间距	通常沿着水流流路呈现树枝状分布；浅沟沟头一般发生在细沟合并处；受到耕作措施、作物垄向、梯田以及其他人工措施的影响	在自然集水区内多呈现枝状、平行状分布；但在道路、沟渠、梯田或者泄洪渠不呈枝状分布
发生位置	通常发生在集水区上部的平整的坡面上	发生在集水区中部低洼的集水通道上	发生在有很大集水面积的集水区下部
侵蚀深度	土壤在耕作后被填入细沟内，但每年的侵蚀和耕作会使得整个坡面的土层厚度下降	浅沟一般会切穿耕层到达犁底层，土壤随着耕作措施、坡面片蚀和细沟侵蚀带入浅沟内造成比侵蚀沟槽更大面积的侵蚀	切沟一般会切穿土层直至基岩

资料来源：朱显谟，1956；Foster，1986。

1982；陈永宗, 1984；龚时旸, 1988)，并分析了浅沟侵蚀在坡面侵蚀中的重要性(承继成, 1965；陈永宗, 1976；甘枝茂, 1980)。罗来兴(1956)将没有明显沟缘的坡面顺坡侵蚀槽界定为浅沟；而朱显谟(1956)认为这种侵蚀槽是浅沟发展结果，坡面上若干条侵蚀槽近似平行排列，使整个坡面呈现瓦背状起伏(图 1-1)。刘元保等(1988)也认为，浅沟是发生在坡面顺坡集流槽的底部(宽度一般在 2 m 以内)，一般不妨碍普通工具耕作，浅沟侵蚀为暴雨发生时汇集于集流槽底部由径流冲刷形成的新的侵蚀沟槽过程中所造成的土壤侵蚀。美国土壤学会定义浅沟为集中径流侵蚀形成的小沟槽，能够被正常的耕作消除，但会在下一次径流侵蚀过程中又会重复出现①。欧洲学者 Casalí 等(1999, 2006)定义浅沟是农耕地上地表集中径流冲刷形成的侵蚀沟，其会在雨季过后被耕作覆盖，但会在下一个雨季中重复出现。

除切沟几何形态与浅沟几何形态有较大区别外，切沟与浅沟的最大区别：一是浅沟没有明显的沟缘，而切沟有明显沟缘，其横断面呈 V 形或 U 形；二是切沟妨碍耕作，而浅沟不妨碍耕作；三是浅沟与切沟的形成过程明显不同，浅沟形成过程受集中水流冲刷和人类耕作的双重影响，而切沟侵蚀主要受集中水流冲刷的影响；四是两者的发生部位不同。尽管浅沟与切沟存在上述的不同，但两者作为水力侵蚀类型中的沟蚀方式，其主导侵蚀过程(沟头溯源侵蚀、沟壁崩塌和沟底下切)类同。

① Soil Science Society of America. 2008. Glossary of soil science terms. Madison, WI.

(a) 美国浅沟侵蚀

(b) 黄土高原浅沟侵蚀

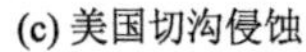

(c) 美国切沟侵蚀

(d) 黄土高原切沟侵蚀

图 1-1　国内外浅沟侵蚀与切沟侵蚀对比

1.2　浅沟侵蚀研究动态分析

1.2.1　浅沟形成过程与浅沟系统概念

坡耕地浅沟是在径流冲刷和人类耕作的共同作用下由主细沟不断演化而来的。坡面细沟形成后，径流相对集中于细沟沟槽，径流的冲刷使得细沟逐渐加宽加深，并与上下不同部位的细沟合并，形成更大的细沟，即主细沟。而人类耕作后，使主细沟形态消失，但由于主细沟发生部位与坡面其他部位的表面形态已完全不同，因而在下一次暴雨侵蚀过程中，主细沟发生的位置便可汇集更多的径流，使其与邻区的细沟之间的差异增大。径流冲刷—耕作—径流冲刷如此不断循环，径流汇集面积愈益增大，再次发生暴雨时，其能接受范围内的径流不断汇集，形成股流继而发生浅沟侵蚀，其结果导致坡面上出现耕作不能平复的无明显沟缘的弧形沟道，并使原来平整的坡面形成了瓦背状地形（图 1-1）。

浅沟侵蚀过程包括浅沟沟头溯源侵蚀、浅沟水流对浅沟沟槽的冲刷下切以及浅沟沟壁的崩塌扩张侵蚀。浅沟发生后，由于浅沟两侧坡面与浅沟沟槽之间存在横向比降，使浅沟两侧坡面水流汇入浅沟沟槽，导致浅沟水流侵蚀能力的增加，使浅沟沟头溯源侵蚀速率加快，同时在浅沟沟槽再次形成下切沟头，使浅沟迅速加深。此外，沟壁的崩塌又使浅沟沟槽不断加宽。

Capra 等(2009)提出了浅沟系统(ephemeral gully system)概念，他认为浅沟系统包括主侵蚀沟槽(浅沟沟槽)、浅沟间的直接向浅沟沟槽输水输沙的连续细沟、浅沟间不连续的细沟和细沟间。Xu 等(2019)针对浅沟集水区的特征，分离了上方集水区和侧方集水区对浅沟侵蚀的贡献。因此，本书采用浅沟系统或集水区指形似瓦背状地形且没有明显沟壁的槽形浅洼地，包括浅沟沟槽(ephemeral gully channel)、浅沟沟头上方的汇水面积(分水岭至浅沟头的区域)、浅沟两侧坡面(浅沟间)向浅沟沟槽汇水汇沙的细沟区域，以及浅沟两侧坡面向细沟汇水汇沙的细沟间区域(图 1-2)。

(a) 西西里岛上典型的浅沟系统 (Capra and La Spada, 2015)

(b) 黄土高原上典型的浅沟系统 (Xu et al., 2019)

图 1-2 坡面浅沟侵蚀系统

1.2.2 浅沟侵蚀发生的临界条件

浅沟侵蚀是坡面集中股流侵蚀的结果，其形成和发展取决于一定的径流量和径流动能，而上方汇水面积及坡度则决定了径流量和径流动能的大小(Desmet et al., 1999)。因此，浅沟侵蚀常发生于坡度较陡的坡面上，而且一般多发生于具有一定汇水面积的坡面中部和中下部。Vandaele 等(1996)研究发现，浅沟侵蚀发生的临界模型可用浅沟上方坡面坡度 S 和单位汇水面积 A 进行定量表达，即 $SA^b> a$ 表示。在此基础上，各国学者基于各自研究区域的地形及侵蚀特点，建立了不同地区的浅沟侵蚀临界模型(表 1-2)；而模型中的 a 和 b 两个参数在不同地区的取值有很大区别，这与区域气候、土壤、植被和土地管理等多种因素有关。据此，需要建立更完善的考虑土地利用、气候变化和自然灾害因素的基于物理过程的模型来判定浅沟发生的临界条件。

表 1-2　浅沟侵蚀临界模型

临界值 a	参数 b	A 的单位	地点	国家	参考文献
500	1	m^2/m	堪萨斯州麦克弗森县	美国	Sheshukov et al., 2018
158	1	m^2/m			
50	1	m^2	堪萨斯州里诺县	美国	Daggupati et al., 2014
50	1	m^2	堪萨斯州威奇托市	美国	Sheshukov, 2014
30	1	m^2/m	堪萨斯州道古拉斯县	美国	Daggupati et al., 2013
50	1	m^2/m	堪萨斯州里诺县		
15	1	m^2	密西西比州	美国	de Santisteban et al., 2005
150	1	m^2	纳瓦拉	西班牙	
300	1	m^2	阿连特茹	葡萄牙	
18	1	m^2/m	中部	比利时	Vandaele et al., 1997
40	1	m^2/m	南部	葡萄牙	
18	1	m^2/m	佛兰德斯	比利时	Desmet and Govers, 1996
—	1	m^2/m	明尼苏达州东南部	美国	Lentz et al., 1993
18	1	m^2/m	新南威尔士州沃加沃加	澳大利亚	Moore et al., 1988
0.05	0.38	hm^2	北部-加来海峡大区	法国	Frankl et al., 2018
0.02	0.36	hm^2	蒂华纳市	墨西哥	Gudino-Elizondo et al., 2018
2.2434	0.4334	m^2/m	陕西富县	中国	丁晓斌等, 2011
0.74	0.16	m^2	陕西吴起县	中国	李安怡等, 2010
0.076	0.303	hm^2	陕西吴起县	中国	秦伟等, 2010
0.5227	0.1045	m^2/m	陕西安塞县	中国	李斌兵等, 2008
0.058	0.3	hm^2	陕西绥德县	中国	Cheng et al., 2007
0.052	0.148	hm^2	黑龙江省鹤山农场	中国	Zhang et al., 2007
0.064	0.375	hm^2	内蒙古太仆寺旗	中国	程宏等, 2006
0.063	0.45	hm^2	黑龙江省鹤山农场	中国	胡刚等, 2006
0.72	0.4	m^2	黄土高原丘陵沟壑区	中国	贾媛媛等, 2004
0.157	0.133	hm^2	东南部瓜达伦廷	西班牙	Vandekerckhove et al., 2000
0.102	0.226	hm^2	东南部瓜达伦廷	西班牙	
0.227	0.104	hm^2	东南部阿尔梅里亚	西班牙	
0.146	0.142	hm^2	布拉刚萨北部	葡萄牙	
0.083	0.303	hm^2	阿连特茹北部	葡萄牙	
0.025	0.4	hm^2	中部汉密尔	比利时	Desmet et al., 1999
0.486	0.4	m^2/m			
0.157	0.133	hm^2	东南部瓜达伦丁	西班牙	Vandekerckhove et al., 1998
0.102	0.226	hm^2	布拉干萨东北部	葡萄牙	
0.08	0.4	hm^2	中部	比利时	Poesen et al., 1998
0.72	0.4	m^2/m	鲁汶	比利时	Desmet and Govers, 1996
1.2	0.5	m^2/m			
0.025	0.4	hm^2	中部	比利时	Vandaele et al., 1996

国内浅沟侵蚀研究主要集中在浅沟分布的地形特征方面。陈永宗(1984)较早地研究了浅沟发生的临界坡长。唐克丽等(1983)考察了延河支流杏子河流域的浅沟侵蚀，确定了浅沟分布的地形部位，量算了浅沟侵蚀带分布面积，测算了浅沟侵蚀量。刘元保等(1988)基于野外调查发现，浅沟顶端到分水岭的距离以及坡面顺坡集流槽的间距与坡度呈线性相关。张科利等(1991)对黄土高原丘陵区坡面浅沟侵蚀发育特征进行了研究，发现浅沟多分布于 18°～35°的陡坡，其中 22°～31°陡坡范围出现的频率达 75.5%，平均坡度为 26.45°；发生浅沟的临界坡度介于 15°～20°，平均为 18.2°；自浅沟沟头到分水岭的距离为发生浅沟的临界坡长，其特征值为 20～60 m，平均值为 40 m；临界汇水面积变化于 300～1200 m^2，以 400～800 m^2 居多，平均值为 657.2 m^2；浅沟分布密度变化于 10～60 km/km^2，以 15～40 km/km^2 居多，平均为 29.77 km/km^2；浅沟密度也可以用浅沟分布间距表示，浅沟以 15～20 m 的间距出现频率最高达 53.5%。发生浅沟的临界坡度、坡长、汇水面积及分布间距之间呈二次曲线相关，当坡度为 26.25°时浅沟侵蚀的分布间距、临界坡长和临界汇水面积的值最小。姜永清等(1999)利用航拍照片分析了黄土丘陵区典型流域浅沟分布规律，并量算了流域浅沟分布面积、分布密度、平均长度、坡度等。秦伟等(2010)基于 Quickbird 高分辨率遥感影像和数字高程模型，提取了坡面浅沟分布的地形参数，发现在黄土丘陵沟壑区，坡面坡度、长度、坡向以及汇水坡长是影响坡面浅沟数量的主要地形要素，发生浅沟侵蚀临界坡度的上限与下限分别介于 26°～27°和 15°～20°，而临界坡长介于 50～80 m。

在浅沟侵蚀发生的临界模型方面，胡刚等(2006)对东北漫川漫岗黑土区进行实地测量及地形图量算，建立了浅沟临界模型，校验了 Moore 的沟蚀发生公式，通过与野外实测浅沟和切沟发生位置对比，临界模型预测的沟蚀位置较好地反映了野外实际状况。李斌兵等(2008)通过 GPS 实测数据并结合 GIS 空间分析与统计回归方法，建立了适用于黄土高原丘陵区的发生浅沟侵蚀临界模型，发现在黄土高原丘陵沟壑区，随着坡度的增大，发生浅沟侵蚀临界值 a 增大，高强度降雨致使判定式中汇水面积的指数 b 值减小，从而降低了汇水面积的影响作用；同时对临界模型的验证结果表明，基于所建临界模型提取的浅沟侵蚀分布区与野外实际相当吻合。丁晓斌等(2011)利用高精度的 GPS(Trimble 5700) 实测数据对国内外已有的浅沟侵蚀临界模型进行了验证，发现国外的模型不适用于黄土高原，同时基于子午岭地区实测的 GPS 数据，构建了适用于子午岭地区的浅沟侵蚀临界模型，且模型验证表明，模型模拟的梁坡浅沟侵蚀分布区与野外实际浅沟侵蚀分布区非常吻合，其预报精度达 95%。

1.2.3　浅沟侵蚀的影响因子

影响浅沟侵蚀的因素有侵蚀动力因子(降雨、上方汇流、地下潜流)、地形因子(坡度、坡长、坡形等)、地表植被、土壤、土地利用类型和人类活动等。

降雨对浅沟侵蚀的影响主要体现在降雨强度、降雨量等方面。张科利通过野外小区观测资料发现浅沟侵蚀基本上与降雨量无关，浅沟侵蚀主要受降雨强度影响(张科利,

1991)，当雨强由 1.31 mm/min 增大到 3.52 mm/min 时，在降雨量基本相同下，每毫米降雨引起的侵蚀量由 0.543 kg 增加到 2.626 kg；当雨强增大 2.687 倍时，浅沟侵蚀量增加了 4.836 倍。Capra 等(2009)在意大利西西里岛典型小流域内的研究结果表明，当三天最大降雨量达到 51 mm 时，流域内即开始发生浅沟侵蚀。虽然一年内平均监测到 7 场侵蚀性降雨，但浅沟的发生和发育均是由单场侵蚀性暴雨所导致的，这与黄土高原等半干旱地区的浅沟发育过程一致。此外，降雨在年内的分布、降雨雨型等对浅沟发育过程也有重要影响，需要进一步深入研究。

浅沟坡面上方来水来沙对浅沟侵蚀带产沙有重要影响。郑粉莉和康绍忠(1998)通过布设浅沟集水区大型自然坡面径流场，研究了坡上方来水来沙对浅沟侵蚀区侵蚀过程的影响，结果表明次降雨条件下坡上方来水使浅沟侵蚀带的侵蚀量增加 12%～84%，年均增加 38%～66%；并引用增水系数和增沙系数概念，分析了上方来水对下方浅沟侵蚀带侵蚀产沙的影响，其结果表明，增沙系数与增水系数呈正相关关系，增沙系数与上方汇水含沙量呈负相关关系。其原因是当浅沟沟槽处被翻耕后，由于耕层的土壤抗侵蚀力弱，上方汇水使浅沟迅速发育，增沙系数较大，而当下垫面浅沟沟槽处犁底层出露后，由于该层有较强的抗冲性，浅沟发育速度减慢，水流侵蚀和搬运的物质较少，因而增沙系数较小。为了进一步研究上方来水增加下方浅沟侵蚀过程的影响机理，郑粉莉和高学田(2000)设计了室内双土槽径流小区，利用模拟降雨试验研究了上方来水来沙对坡下方有浅沟侵蚀和无浅沟侵蚀的影响，发现上方侵蚀带的来水来沙对浅沟侵蚀带侵蚀产沙量影响重大，在上方来水相同条件下，上方来沙强度的减小使浅沟侵蚀带的侵蚀产沙量增加；且上方来水引起的侵蚀产沙量随降雨强度的增大而增大，其增加幅度为 4.4%～83.5%。上方来水对浅沟侵蚀带的影响受上方来水含沙量、降雨强度、坡面坡度和土壤表面条件的影响，1 L/min 的上方汇流可引起单位长度浅沟剥离率达 0.1～0.3 kg/(m·min)。同时，上方来水来沙对浅沟径流流速和径流含沙量也具有重要影响。上方来水使浅沟沟坡径流流速增大，较无上方来水时增大 12%～24%，尤其是上方来水使浅沟沟槽径流流速的大幅度增加，浅沟沟槽流速增大 45.6%～58.4%。上方来水时的浅沟土槽的径流含沙量较无上方来水时的含沙量增大 5.4%～287.4%，而随降雨强度的增大，含沙量增幅有减小的趋势。

通过土壤大孔隙或土壤管道运输形成的地下潜流很难观测，因而常常被忽视。然而，地下径流的潜蚀对坡面浅沟侵蚀发生和发展过程有重要作用(Wilson et al., 2008)。Wilson 等(2015)研究表明，地下潜流的存在明显加快了浅沟发生的过程，其侵蚀量也随之增加，而且普通针对地表径流的水保措施很难对地下潜流产生的侵蚀进行防治。在浅沟形成过程中，地下潜流很难被监测，随着径流的冲刷土壤孔隙慢慢变大，表层土壤的突然崩塌，崩塌的土壤颗粒被径流搬运后便形成了浅沟，而这一过程受到了土壤性质和土地利用等多因素影响。Xu 等(2020)通过室内模拟试验验证了壤中流和地下土壤管道流对浅沟沟头溯源侵蚀的贡献，发现壤中流和土壤管道流的存在加剧沟头溯源侵蚀速度，加深沟头水涮窝的深度。但目前地下潜流(壤中流和管道流)对浅沟侵蚀过程机理的研究还相对薄弱，有待进一步开展研究。

地形决定着径流是否集中以及集中的部位，直接影响着浅沟的发生发展、发生部位以及浅沟侵蚀的发生程度。地形因子对浅沟侵蚀的影响主要体现在坡度、坡长和坡形等特征与浅沟侵蚀的关系。

(1) 坡度：坡度影响坡面的受雨面积及其雨量，从而影响坡面径流、入渗和径流动能的大小。浅沟发生的临界坡度是临界动能的具体体现之一。张科利(1988)指出黄土丘陵区浅沟发生的临界坡度为18.2°，而以22°～31°分布居多。另一方面，坡度越大，坡面物质在坡面向下方的分量也就越大，稳定性就越差、越容易发生浅沟侵蚀。在黄土丘陵区，坡面上部坡度较缓，一般只发生片蚀和细沟侵蚀，而在坡面中下部坡度渐增，易于形成浅沟(张科利, 1991；王文龙等, 2003)；且随坡度增加，浅沟分布间距呈现由大变小再变大的趋势(张科利, 1988)。

(2) 坡长：坡长影响径流汇集过程及径流量的多少，影响浅沟发生发展。张科利(1988)指出浅沟侵蚀的发生要求有一定的临界坡长，其特征值为20～60 m，平均约为40 m。由于浅沟已有了固定形态，浅沟侵蚀发生的临界汇水面积就等于发生浅沟侵蚀的临界坡长与其间距的乘积，该特征值为300～1200 m^2，以400～800 m^2之间居多，平均为657 m^2。就某一条浅沟而言，在一定坡长范围内侵蚀量随坡长的增加而增加，但在一定程度后，由于泥沙负荷的增加，径流挟沙力减小，浅沟侵蚀量减小(张科利, 1991)。

(3) 坡形：坡形是坡度和坡长的组合形态，由于坡度和坡长的多变性，天然坡形是多种多样的，可分为直形坡、凸形坡、凹形坡、凸凹形坡和台阶形坡。坡形决定着径流汇集方式和过程，进而影响浅沟的分布形式和分布密度。浅沟在直形坡形成平行排列的浅沟，在凹形坡形成辐聚状浅沟，在凸形坡形成辐散状(王占礼和邵明安, 1998)。不同坡面浅沟的分布密度由大到小依次为：凹形坡、直形坡、凸形坡，且变化于10～60 km/km^2，集中于15～40 km/km^2(张科利, 1991)。坡形影响着侵蚀量，唐克丽等(1983)对杏子河不同地形部位与不同利用状况下坡耕地的侵蚀量资料表明：凸凹形坡与凹形坡上的土壤流失量均高于直形坡的原因是凸凹形坡与凹形坡易发生浅沟侵蚀，而直形坡一般尚无形成浅沟；且在其他条件相同的情况下，凸凹形地块的侵蚀量较凹形坡地块的侵蚀量增加了一倍，其中浅沟侵蚀量为总侵蚀量的86.7%。

雨滴击溅和径流冲刷是水土流失的动力，植被覆盖可以通过削弱雨滴击溅、增加入渗和增强土壤抗冲性等方面的作用而大大减少浅沟侵蚀。张科利(1988)通过人工模拟试验指出：种草浅沟的侵蚀量比裸露时减少96.6%；同时野外调查也发现，已经发育浅沟的坡面撂荒后，因浅沟底部生草的原因而抑制浅沟侵蚀的发生。郑粉莉和高学田(2000)通过在子午岭调查测算指出，人为破坏植被的开垦地，塬峁坡的浅沟侵蚀量占坡面总侵蚀量的47%～72%。

1.2.4 浅沟侵蚀预报模型

由于定量表达浅沟侵蚀过程的研究相对薄弱，导致现有的侵蚀预报模型(RUSLE—

revised universal soil loss equation，WEPP—water erosion prediction project，SWAT—soil and water assessment tool）均未考虑浅沟侵蚀的影响（Wischmeier, 1976；Meyer, 1984；Renard et al., 1976；Nearing et al., 1989）。因此，美国农业部联合有关单位，建立了浅沟侵蚀模型（ephemeral gully erosion model，EGEM）（Woodward, 1999）。该模型由水文模块和侵蚀模块组成，该模型可用于预报单条浅沟年平均土壤侵蚀量或者单条浅沟次降雨（24 h）的浅沟侵蚀量。在年均浅沟侵蚀量预报中，每年被分成至少三个阶段代表不同的土壤可蚀性、地表糙度和作物情况，分别是耕作后、作物成熟时期、冬作物生长期或休闲时期，最后，每个阶段将对应不同的几个月份，对应不同的降雨侵蚀力，然后计算后浅沟侵蚀量。

由于建模过程提出了以下假设，因而给模型的推广应用带来了限制：①浅沟只能侵蚀到耕作层深度或者更深的具有明显的抗冲抗蚀层，用户需要确定浅沟的最大侵蚀深度。②浅沟侵蚀深度不能超过 46 cm，超过这一深度，浅沟侵蚀的方程不再适用；而实际上浅沟沟头下切和沟壁崩塌等典型的浅沟侵蚀过程均会导致其深度超过 46 cm。③由冻融过程而引起的侵蚀量尚未考虑，用户可以适当调整径流剪切力、可蚀性因子、径流曲线等，以此消除由于冻融带来的侵蚀量误差。④目前该模型只适用于单条浅沟的模拟，不适合预报有分叉的浅沟。⑤浅沟深度沿沟长方向是固定值，且浅沟横断面是矩形。而实际上，一次降雨过程，浅沟的深度和宽度沿坡长呈动态变化，浅沟横断面也可能不是矩形。因此，上述假设导致浅沟侵蚀预报模型在不同地区的适用性较差（Capra et al., 2005；Valcárcel et al., 2003；Nachtergaele et al., 2001，2002）。近年来，研究者们通过研究集中流侵蚀的共性，借鉴 AnnAGNPS 和 CREAM 等模型的基本原理，预报浅沟侵蚀过程，也取得了较好的效果（Daggupati et al., 2014；Gordon et al., 2007；Taguas et al., 2012；Li et al., 2016）。国内在浅沟侵蚀预报模型研究中，将浅沟侵蚀因子嵌入到坡面侵蚀预报经验模型中，取得了较好的预报结果（江忠善等, 2005）。

综上所述，目前关于浅沟侵蚀的研究在浅沟侵蚀机理和浅沟侵蚀模型等方面取得了大量的成果，对认识浅沟形成条件、浅沟发育规律、浅沟侵蚀预报及有针对地开展水土保持工作均起到了一定的促进作用。然而，由于地区差异、浅沟侵蚀过程的复杂性以及浅沟形成过程受人为耕作活动影响的特殊性，目前有关浅沟发生的临界动力条件、浅沟发育过程的定量描述、浅沟水流的剥离方程及泥沙搬运能力、浅沟坡面土壤流失预报模型等方面的研究还相对薄弱，有待今后进一步加强。

1.3　切沟侵蚀研究动态分析

切沟侵蚀，尤其是发育活跃期的切沟侵蚀是流域内最重要的侵蚀产沙方式之一，其对流域侵蚀产沙有重要贡献。如在美国密西西比河黄土区，切沟侵蚀量占侵蚀产沙量的10%～30%（Piest and Spomer, 1968）；在欧洲黄土区，切沟侵蚀量至少占流域侵蚀产沙量的 30%（Piest et al., 1975）；在西欧，切沟侵蚀占 50%～80%（Poesen et al., 2003）。在我国，由于特殊的自然地理环境和长期强烈的人类活动，切沟侵蚀对流域产沙有非常重要的贡献。我国大多数地区，以切沟为主的沟谷产沙占流域产沙总量的一半以上(景可, 1986)。在黄土高原丘陵沟壑区，切沟侵蚀产沙量占流域产沙量的50%以上；在高原沟壑区，切沟侵蚀产沙量占流域产沙量的80%以上；在东北黑土漫岗丘陵区和南方红壤丘陵区切沟侵蚀也对流域侵蚀产沙有重要贡献。过去数十年针对切沟侵蚀的研究主要集中在对切沟形态的描述、切沟发展阶段的划分、切沟发展的主要方式、切沟侵蚀的影响因素、切沟侵蚀预报模型等。

1.3.1　切沟发展阶段划分与切沟发展的主要方式

切沟发展包括两个阶段，第一阶段占切沟生命的5%，是在降雨后，随着物质迁移，出现沟口(产生一个梯形沟横断面)，切沟形态特征(长、深、宽)很不稳定，沟道快速形成，系统在这一阶段迅速发展；第二阶段是切沟发展的稳定阶段，占切沟生命的大部分，这一阶段沿沟床侵蚀和沉积都很微弱，沟底和沟壁形态稳定。Sidorchuk(1999)对俄罗斯Yamal地区和澳大利亚Yass地区的切沟侵蚀研究发现，占切沟长度80%、切沟面积50%和切沟体积35%的切沟是在占切沟生命为5%的时间内形成的，即切沟的形成过程比较迅速；而切沟形成后，切沟发展过程则相对较慢，切沟长度随时间呈指数发展，这就意味着一定时间后切沟长度就达到了均衡状态。

由于切沟的形成条件不尽相同，所以切沟发展方式差异较大。大多数坡面切沟最初以槽形断面出现，并有多级跌水；在发展过程中，这些跌水不断下切侵蚀和溯源侵蚀。当切沟深度发展到一定时，出现沟壁崩塌，形成沟床崩积物。由于崩积物非常松散，使下一次侵蚀过程多以陷穴侵蚀的方式进行，这些陷穴侵蚀被认为是切沟侵蚀一个主要过程。景可(1986)认为切沟侵蚀发展的方式主要有：其一，沟头的溯源侵蚀，沟头前进是切沟发展的主要方式之一；其二，沟坡的横向侵蚀发展，主要方式是泻溜、崩塌和滑坡；其三， 垂向的下切侵蚀，在其他条件相同的情况下，切沟下切侵蚀的强度取决于水流侵蚀能量。Bocco(1991)与Martin和Penela(1994)认为潜蚀是切沟形成和发展的最重要形式之一；Roberson和Hanson(1995，1996)认为溯源侵蚀是切沟发展的主要方式之一。Majid(2002)通过对切沟侵蚀过程的监测结果表明，切沟的发展是受到一系列过程作用的，其中包括渗漏、土壤蠕动、崩塌和冲刷。沿切沟发生的侵蚀形态和空间分布规律表明，有两种水文过程在切沟发展过程中非常重要，即渗漏和地表径流。而且，沟头下切侵蚀的主要过程是渗漏，地表径流则是维持沟头溯源侵蚀的必要过程。

1.3.2　切沟发生的临界条件

切沟的发育程度主要受集中地表径流能量决定，因而切沟沟头上方的汇水面积和坡度等有关(Vandaele et al., 1996)，在不同的气候、地形和土地利用条件下，切沟发生的临界条件亦不相同。但与浅沟侵蚀相同，切沟发生的临界依然可以用上方坡面坡度S和单位汇水面积A定量表达，即 $SA^b > a$。Wu和Cheng(2005)利用GPS数据对黄土高原丘陵沟壑区的坡面沟道形态进行定量监测，并确定了坡面切沟发生的临界特征，即 $S=0.1839A^{-0.2385}$。胡刚等(2006)通过对东北漫川漫岗黑土区进行实地测量和地形图量算，推求出了切沟发生的临界条件，即 $S=0.1161A^{-0.4457}$。李斌兵等(2008)通过 GPS 实测数据并结合 GIS 空间分析与统计回归方法，建立了适用于黄土高原丘陵区的发生切沟侵蚀临界模型($SA^{0.1351} > 1.9648$)，发现在黄土高原丘陵沟壑区，随着坡度的增大，发生切沟侵蚀的临界值增大，且临界模型的验证结果表明，基于所建临界模型提取的浅沟侵蚀分布区与野外实际相吻合，即切沟侵蚀主要发生在大于 35°的沟坡地上，其分布面积占整个沟坡面积的 93%。Dong 等(2013)在元谋干热河谷地区对 36 个切沟形态特征进行测量并得到了该地区的沟蚀发生临界条件，即 $S=0.5195A^{-0.0899}$，该地区 b 值较小说明沟壁的崩塌是干热河谷地区的沟蚀主要发生方式。Torri 和 Poesen(2014)统计了世界范围内不同土地利用的 b 值分布范围，b 值主要分布在 0.0005～1.61 之间，均值为 0.33。与农地和草地相比，林地的 b 值明显偏大，说明植被减少侵蚀抑制切沟发生的作用。确定切沟发生的临界条件可以帮助确定切沟沟头发生的位置，并帮助预测切沟侵蚀的空间分布特征(Vandaele et al., 1996；Wu and Cheng, 2005；胡刚等, 2006)。因此，未来需要针对不同气候和环境条件开展相应的切沟发生临界研究，以期为切沟侵蚀阻控提供理论支持。

1.3.3　切沟侵蚀的影响因素

影响切沟侵蚀的主要因素有降雨、地形、地面物质组成、土层厚度、土地利用及人类活动等(Sun et al., 2013；Luffman et al., 2015；Yu et al., 2019)。比利时中部的研究结果表明，降雨格局的改变会导致沟蚀占总侵蚀产沙量比例的改变(Poesen et al., 1996)。美国田纳西东部 78 个切沟监测点的数据表明，沟蚀量与前期降雨量、降雨累积量和降雨时长等降雨特征值具有很好的回归关系而沟间地的侵蚀与降雨特征关系较差，并建立了沟蚀量与降雨特征综合指数的关系(Luffman et al., 2015)。在地形影响因素方面，众多学者针对切沟发生的地形临界特征展开了深入的研究，并在不同地区建立了地形临界模型(Torri and Poesen, 2014)。伍永秋和刘宝元(2000)通过坡长对切沟发生的影响研究表明，切沟发育需要足够的径流量，而径流的横向集中有限，只有坡长增加才能达到所需条件。通过在航片上量测，陕北丘陵区目前不发生切沟的平均坡长为 74.4m，此值大于目前切沟沟头到分水岭的距离 64.5m，也就是说一旦切沟沟头形成，则易于溯源侵蚀。Deoliverira(1990)研究了坡度和坡形对切沟的影响表明，在坡面上，切沟常常在中段坡度最陡处出现，有的甚至在中间出现切沟，而下部却是浅沟侵蚀。这是坡度大，径流下切能力突然增大的原因。土壤类型及土层厚度的变化同样会对沟蚀过程以及沟蚀占总侵蚀量比例有很大影响(Evans, 1993)，而土地利用及人类活动的存在则可在很大程度上改变切沟侵蚀过程(Poesen et al., 2003；Zheng, 2006；Yu et al., 2019)。目前有关降雨、地形、汇水特征、土地利用等对切沟侵蚀影响的研究非常薄弱，有待进一步研究。

1.3.4 切沟侵蚀预报模型

Sidorchuk 和 Sidorchuk (1998) 建立了模拟切沟发展第一阶段的三维水力学 GULTEM 模型。该模型输出的是沟深 (gully depth)、沟宽 (gully width) 和沟的体积 (gully volume)，但最终的沟长必须提前指定，而且不能模拟沟头溯源侵蚀。Sidorchuk (1999) 又提出了动态切沟模型 DIMGUL (dynamic gully model) 和静态切沟模型 STABGUL (static gully model)。DIMGUL 是模拟切沟发展第一时期的切沟形态快速变化的动态模型，它基于物质守恒和沟床形变方程，其中直坡稳定性方程用于预报沟壁倾斜。STABGUL 是计算最终稳定切沟形态参数的静态模型，它基于切沟最终形态平衡的设想，高程和沟底宽度多年平均不变。STABGUL 中认为这种稳定性与沟底的侵蚀和沉积之间以一种微弱的比率相联系，这就意味着径流速度低于侵蚀初期的开始值，但大于流水冲刷搬运泥沙的临界速度。当然要准确地预报切沟侵蚀，还需要做更多切沟侵蚀过程和机理研究。

近年来机器学习、数据挖掘和计算智能等技术在沟蚀发生敏感性分析及切沟发生的预测等方面已得到了应用 (Rahmati et al., 2017；Pourghasemi et al., 2017；Garosi et al., 2018；Azareh et al., 2019；Gayen et al., 2019；Arabameri et al., 2020a, 2020b)。Svoray 等 (2012) 利用不同的机器学习模型 (决策树、支持向量机和人工神经网络) 在流域尺度上预测了沟蚀发生的概率，并将结果与层次分析法 (AHP) 和地形临界值方法进行了比较 (TT)，发现机器学习方法比层次分析法和地形临界值方法在预测沟蚀发生方面均具有更好的效果。Rahmati 等 (2017) 比较了其中不同的机器学习方法在预测沟蚀发生方面的性能，并发现随机森林 (RF) 模型和径向基核函数的支持向量机 (RBF-SVM) 在所有验证的数据中具有最高的精确性。Arabameri 等 (2020b) 比较了逻辑模型树 (LMT)、交替决策树 (ADTree) 和朴素贝叶斯树 (NBTree) 等三个机器学习模型在切沟发生敏感性制图中的表现，发现 LMT 模型表现最优，并认为坡度、降雨和汇水网格密度对沟蚀发生的影响最大。随着机器学习方法的加入，切沟发生地区的预测能力得到了进一步的提升，但不同的机器学习方法在不同地区的适用性不同，也会导致这些模型预测的不确定性及其应用；因此这些方法的适用性以及使用方式还需要进一步探讨。

综上所述，近年来有关切沟侵蚀的研究取得了一定的成果，加深了人们对切沟侵蚀发生发展过程及其防治的认识，也为切沟侵蚀危害性评价提供了一定的依据。但由于切沟侵蚀过程的复杂性以及研究方法的局限，目前切沟侵蚀过程定量研究、切沟发生的临界地形和动力条件、切沟发育过程的定量描述、切沟水流的剥离方程及泥沙搬运能力，及包括切沟侵蚀的流域侵蚀预报模型、动态监测切沟侵蚀过程的新方法等研究还相对薄弱。

1.4 沟蚀过程的监测方法与技术

沟蚀量的精确量测一直是沟蚀发育过程研究的重点。但由于沟蚀形态复杂且不规则，传统的沟蚀测量方法不能满足目前对侵蚀过程及机理的研究需求，因此必须结合现代科技发展引入新的沟蚀研究方法和技术。

1.4.1　传统测量方法与技术

填土法/体积置换法是一种精确测量小范围坡面土壤侵蚀量的传统方法，其基本原理是将一定体积与原坡面土壤完全一致的土称其重量，然后把待测坡面的所有侵蚀沟按相同容重填满，坡面沟蚀量即充填土的总重量减去总含水量。由于侵蚀沟的深和宽在坡面上的分布比较复杂且横断面形状变化多样，因此，与体积测量法相比，填土法具有估算沟蚀量精确之优点(郑粉莉, 1989)。Dong 等(2015)对填土法进行了改进，将泡沫聚苯乙烯颗粒回填坡面浅沟沟槽以获取浅沟体积，再乘以土壤容重计算沟蚀量。然而，无论用何种材料回填坡面，该法均需备土或备料，且需进行土壤含水量和土壤容重的测定，因而较难满足野外大范围沟蚀调查的需要。

侵蚀沟体积测量法是通过测量侵蚀沟的长、宽、深，计算侵蚀沟体积，乘以土壤容重得出沟蚀量的土壤侵蚀监测方法。该方法原理简单，操作过程易于掌握，仅需测尺作为其测量工具，因此被广泛应用于野外和室内坡面土壤侵蚀试验中(Bryan, 2000；Rejman and Brodowski, 2005；郑粉莉等, 2006；Shen et al., 2015)。然而，由于坡面侵蚀沟分布复杂且横断面类型多样，在一定程度上影响了测量精度。为改进该方法的准确性和适用性，众多学者进行了大量的探索和应用，郑粉莉(1989)提出了用侵蚀沟体积测量法监测野外坡面沟蚀量的方法，并给出了估算沟蚀量的方程式；Casalí 等(2015)提出了等效棱柱沟(equivalent prism groove，EPG)的概念，并尝试将复杂的侵蚀沟概化为棱柱，以此估算沟蚀量。

地形测针法通过观察测针的高低起伏变化，获取地表糙度和侵蚀沟形态，是坡面沟蚀监测的一种可靠方法，由于该方法操作简便、易于掌握且实用性强，得到了许多学者的认可(张永东等, 2013；韩鹏等, 2002；　Miernecki et al., 2014)。研究者在每次侵蚀性降雨后，利用测针法测量地面地形数据，动态监测坡面沟蚀发育与坡面侵蚀形态变化过程，通过数字高程模型(digital elevation model，DEM)和次降雨前后坡面三维立体图的制作，模拟了坡面侵蚀形态的演变过程。地形测针法能较好地监测坡面沟蚀发育过程并估算沟蚀量，是一种值得推广的土壤侵蚀监测方法，但由于该法测量的数据量较大，因此仅对小型的模拟试验和较小面积的田块尺度表现较好，对野外大范围沟蚀发育过程的监测则仅能用作其他监测方法的补充测量。

1.4.2　现代测量方法与技术

摄影测量技术通过对多幅摄影影像相互重叠的部分进行交互编译，最终获得高精度的数字高程模型(DEM)(Wells et al., 2016)。在生产实践中，监测人员通过对比土壤侵蚀发生前后监测对象的 DEM 数据，提取坡度、坡向、地表割裂度等地貌特征，估算监测对象的土壤侵蚀量和沉积量。1984 年，我国首次将摄影测量技术运用在沟蚀研究中(周佩华等, 1984)。近年来，国外众多学者利用立体摄影技术，在侵蚀沟发育过程与形态模拟，坡面侵蚀沉积预测和切沟沟壁崩塌等方面进行了大量探索，取得了一批前瞻性成果(Wells et al., 2013；Berger et al., 2010；Vinci et al., 2015；Qin et al., 2019)。摄影测量技术因其测量速度快、精度高、非接触且具有传统土壤侵蚀监测方法不可替代的优势，正被越来越多的学者所重视。

三维激光扫描技术是一种利用激光测距原理确定目标空间位置的新型测量方法，又称为“实景复制技术”。该技术通过获取不同时期坡面的DEM，对比不同时期坡面三维图像的差异，获得不同时间段内坡面土壤侵蚀、沉积分布特征(Vinci et al., 2015)。与传统测量手段相比，三维激光扫描技术具有快速、不接触、实时动态和高精度等特点。进入21世纪，以三维激光扫描技术为代表的激光测距技术取得了跨越式的发展，科研人员在侵蚀沟形态演变(沟头溯源侵蚀、沟壁崩塌侵蚀、沟底下切侵蚀)以及坡面侵蚀、沉积空间分布等方面取得了丰富的资料，节省了大量的人力、物力和财力(Milan et al., 2007；Perroy et al., 2010；James et al., 2007；Evans and Lindsay, 2010；Wu et al., 2018)。

高精度GPS(real time kinematic，RTK)是实时处理两个测站载波相位的差分信号，通过基站与流动站接收机的无线信号传输，实现厘米级三维定位精度的现代测量方法。该技术以其作业速度快、精度高、不受恶劣天气影响等优点越发受到水土保持工作者的重视和欢迎。近年来，高精度GPS已被广泛运用于沟蚀发育过程研究，在人工模拟降雨条件下实现了坡面侵蚀沟发育过程的实时动态监测(张鹏等, 2009)，在野外也实现了不同时间尺度的连续原位观测(从次降雨尺度到年尺度)(Shellberg et al., 2016；胡刚等, 2004；Fuller and Marden, 2011)。这些学者通过对比不同时相的DEM来获取监测时段内沟头溯源、沟底下切和沟壁扩张的动态变化，估算切沟侵蚀量，并达到了较高的估算精度(张鹏等, 2009)。

无人机(unmanned aerial vehicle，UAV)作为低空摄影测量的遥感平台，现正被逐步运用在沟蚀监测实践中。该技术通过架设在无人机上的数码相机对地面快速连续拍摄高分辨率照片，并在专业处理软件中(如Photomodeler、PhotoScan、APERO/MICMAC和PixelGrid等)提取、解译多幅照片的重叠部分，最终获取点云数据，建立DEM(Brasington et al., 2003；Peter et al., 2014)。与传统摄影测量相比，该技术具有拍照速度快、测量范围广、能在复杂地形条件下作业等特点(Stocker et al., 2015；Eltner et al., 2015；Neugirg et al., 2015)。然而，由于无人机在飞行过程中较难根据地形实时调整飞行高度和角度，从而易在复杂地形区域(较陡的沟壁边坡和内凹的切沟沟头)形成数据缺失，造成测量误差，因此需要通过三维扫描或地面摄影测量进行局部补测(Neugirg et al., 2015)。

1.5 沟蚀研究的重点

综上所述，尽管沟蚀的研究取得了一定的研究成果，加深了人们对沟蚀发生发展过程的认识，也为切沟侵蚀危害性评价提供了一定的依据。但由于沟蚀过程的非线性、突发性等特点，与片蚀和细沟侵蚀过程相比，沟蚀过程量化研究仍很薄弱，至今尚未有公认的沟蚀过程定量表达式，致使现有的较广泛应用的侵蚀预报模型尚不能预报沟蚀量，因此，迫切需要加强沟蚀过程的研究。建议今后沟蚀过程的研究重点有：

(1) 沟蚀监测方法的标准化和规范化研究：①建立国家沟蚀观测小区或集水区建设的标准与规范；②构建摄影测量技术、三维激光扫描技术、 GPS 技术和无人飞机遥测技术等动态监测沟蚀过程的标准与规范；③研发次降雨事件沟蚀过程动态监测方法；④制定沟蚀调查的国家级标准与规范；⑤建立全国联网的沟蚀观测平台。

(2) 沟蚀过程的定量表达：①沟蚀过程水流水力学参数测量方法与技术研究；②沟蚀发育不同阶段溯源侵蚀、沟壁崩塌侵蚀和沟底下切侵蚀的定量表达式建立；③沟蚀发育活跃期和稳定期的沟蚀过程的定量表达。

(3) 沟蚀过程机理研究：①降雨、汇流、壤中流和土壤管道流对沟蚀发育过程的作用机理；②沟蚀发育不同阶段主导侵蚀过程的水动力学机理研究；③地形地貌、水文地质和人类活动对沟蚀发育过程和空间分布的影响。

(4) 浅沟和切沟侵蚀的泥沙输移连续方程：①浅沟侵蚀和切沟侵蚀的泥沙搬运能力的定量表达；②沟蚀过程中潜流泥沙搬运能力研究；③浅沟和切沟侵蚀的泥沙输移连续方程研究。

(5) 包含浅沟侵蚀的坡面侵蚀预报模型和包含切沟侵蚀的流域侵蚀预报模型：①浅沟侵蚀估算模型；②沟蚀发育不同阶段侵蚀量估算模型；③包含浅沟侵蚀的坡面水蚀预报模型；④包含切沟侵蚀的流域水蚀预报模型。

(6) 沟蚀防治机理与技术研发：①植被对沟蚀发育过程的阻控机理；②沟蚀发育对土地利用变化的响应机制；③沟蚀防治的新技术研究；④沟蚀防治的新材料与新工艺研发。

参 考 文 献

陈永宗. 1976. 黄河中游黄土丘陵地区坡地的侵蚀发育//中国科学院地理研究所. 地理集刊: 地貌·第 10 号. 北京: 科学出版社: 44-47.

陈永宗. 1984. 黄河中游黄土丘陵区的沟谷类型. 地理科学, 4(4): 321-327.

程宏, 王升堂, 伍永秋, 等. 2006. 坑状浅沟侵蚀研究. 水土保持学报, 20(58): 39-41.

承继成. 1965. 坡地流水作用的分带性//中国地理学会 1963 年年论文选集(地貌). 科学出版社: 99-104.

丁晓斌, 郑粉莉, 王彬, 等. 2011. 子午岭地区坡面浅沟侵蚀临界模型研究. 水土保持通报, 31(3): 122-125.

甘枝茂. 1980. 黄土地貌的垂直变化与水土保持措施的布设. 人民黄河, 3: 57-59.

龚时旸. 1988. 黄河流域黄土高原土壤侵蚀的特点. 中国水土保持, 9: 8-10.

韩鹏, 倪晋仁, 李天宏. 2002. 细沟发育过程中的溯源侵蚀与沟壁崩塌. 应用基础与工程科学学报, 10(2): 115-125.

胡刚, 伍永秋, 刘宝元, 等. 2004. GPS 和 GIS 进行短期沟蚀研究初探——以东北漫川漫岗黑土区为例. 水土保持学报, 18(4): 16-19.

胡刚, 伍永秋, 刘宝元, 等. 2006. 东北漫川漫岗黑土区浅沟和切沟发生的地貌临界模型探讨. 地理科学, 26(4), 449-454.

黄秉维. 1953. 陕甘黄土区域土壤侵蚀的因素和方式. 地理学报, 19(2): 1-5.

贾媛媛, 郑粉莉, 杨勤科, 等. 2004. 黄土丘陵沟壑区小流域水蚀预报模型构建. 水土保持通报, 24(2): 9-11, 20.

江忠善, 郑粉莉, 武敏. 2005. 中国坡面水蚀预报模型研究. 泥沙研究, (4): 1-6.

姜永清, 王占礼, 胡光荣, 等. 1999. 瓦背状浅沟分布特征分析. 水土保持研究, (2): 181-184.

景可. 1986. 黄土高原沟谷侵蚀研究. 地理科学, 6(4): 340-347.

李安怡, 吴秀芹, 朱清科. 2010. 陕北黄土区浅沟分布特征及其与立地类型的关系. 西北农林科技大学学报(自然科学版), 38(4): 79-85.

李斌兵, 郑粉莉, 张鹏. 2008. 黄土高原丘陵沟壑区小流域浅沟和切沟侵蚀区的界定. 水土保持通报, 28(5): 16-20.

刘元保, 朱显谟, 周佩华, 等. 1988. 黄土高原坡面沟蚀的类型及其发生发展规律. 中国科学院西北水土保持研究所集刊, (1): 9-18.

罗来兴. 1956. 划分晋西、陕北、陇东黄土区域沟间地与沟谷的地貌类型. 地理学报, 22(3): 201-222.

秦伟, 朱清科, 赵磊磊, 等. 2010. 基于RS和GIS的黄土丘陵沟壑区浅沟侵蚀地形特征研究. 农业工程学报, 26(6): 58-64.

唐克丽, 郑世清, 席道勤, 等. 1983. 杏子河流域坡耕地的水土流失及其防治. 水土保持通报, (5): 43-48.

王文龙, 雷阿林, 李占斌. 2003. 土壤侵蚀链内细沟浅沟切沟动力机制研究. 水科学进展, 14(4): 471-475.

王占礼, 邵明安. 1998. 黄土丘陵沟壑区第二副区山坡地土壤侵蚀特征研究, 水土保持研究, 5(4): 11-21, 97.

伍永秋, 刘宝元. 2000. 切沟, 切沟侵蚀与预报. 应用基础与工程科学学报, 8(2): 134-142.

席承藩, 程云生, 黄直立. 1953. 陕北绥德韭园沟土壤侵蚀情况及水土保持办法. 土壤学报, 2(3): 148-166.

张科利. 1988. 陕北黄土高原丘陵沟壑区坡耕地浅沟侵蚀及其防治途径. 杨凌: 中国科学院西北水土保持研究所硕士学位论文.

张科利. 1991. 黄土坡面侵蚀产沙分配及其与降雨特征关系的研究. 泥沙研究, (4): 39-46.

张科利, 唐克丽, 王斌科. 1991. 黄土高原坡面浅沟侵蚀特征值的研究. 水土保持学报, (2): 8-13.

张鹏, 郑粉莉, 陈吉强, 等. 2009. 利用高精度GPS动态监测沟蚀发育过程. 热带地理, 29(4): 368-406.

张永东, 吴淑芳, 冯浩, 等. 2013 黄土陡坡细沟侵蚀动态发育过程及其发生临界动力条件试验研究. 泥沙研究, (2): 25-32.

郑粉莉. 1989. 细沟侵蚀量测算方法的探讨. 水土保持通报, 9(4): 41-47.

郑粉莉, 高学田. 2000. 黄土坡面土壤侵蚀过程与模拟. 西安: 陕西人民出版社.

郑粉莉, 康绍忠. 1998. 黄土坡面不同侵蚀带侵蚀产沙关系及其机理. 地理学报, 53(5): 422-428.

郑粉莉, 武敏, 张玉斌, 等. 2006. 黄土陡坡裸露坡耕地浅沟发育过程研究. 地理科学, 26(4): 438-442.

中国农业百科全书土壤卷编委会. 1996. 土壤侵蚀与水土保持分支条目. 北京: 农业出版社.

周佩华, 徐国礼, 鲁翠瑚, 等. 1984. 黄土高原的侵蚀沟及其摄影测量方法. 水土保持通报, (5): 38-43.

朱显谟. 1956. 黄土区土壤侵蚀的分类. 土壤学报, 4(2): 99-115.

朱显谟. 1982. 黄土高原水蚀的主要类型及其有关因素. 水土保持通报, 2(3): 36-41.

Majid S. 2002. 澳大利亚一个林地环境下的切沟发展过程和侵蚀趋势研究. 中国水土保持, (7): 26-27.

Arabameri A, Chen W, Lombardo L, et al. 2020a. Hybrid computational intelligence models for improvement gully erosion assessment. Remote Sensing, 12(1): 140.

Arabameri A, Chen W, Loche M, et al. 2020b. Comparison of machine learning models for gully erosion susceptibility mapping. Geoscience Frontiers, 11(5): 1609-1620.

Azareh A, Rahmati O, Rafiei-Sardooi E, et al. 2019. Modelling gully-erosion susceptibility in a semi-arid region, Iran: Investigation of applicability of certainty factor and maximum entropy models. Science of the Total Environment, 655: 684-696.

Berger C, Schulze M, Rieke-Zapp D, et al. 2010. Rill development and soil erosion: A laboratory study of slope and rainfall intensity. Earth Surface Processes and Landforms, 35(12): 1456-1467.

Bocco G. 1991. Gully erosion: processes and models. Progress in physical geography, 15(4): 392-406.

Brasington J, Langham J, Rumsby B. 2003. Methodological sensitivity of morphometric estimates of coarse fluvial sediment transport. Geomorphology, 53(3-4): 299-316.

Bryan R B. 2000. Soil erodibility and processes of water erosion on hillslope. Geomorphology, 32(3): 385-415.

Capra A, La Spada C. 2015. Medium-term evolution of some ephemeral gullies in Sicily (Italy). Soil & Tillage Research, 154: 34-43.

Capra A, Mazzara L M, Scicolone B. 2005. Application of the EGEM model to predict ephemeral gully erosion in Sicily, Italy. Catena, 59(2): 133-146.

Capra A, Porto P, Scicolone B. 2009. Relationships between rainfall characteristics and ephemeral gully erosion in a cultivated catchment in Sicily (Italy). Soil and Tillage Research, 105: 77-87.

Casalí J, Gimenez R, Campobescos M A. 2015. Gully geometry what are we measuring. Soil, 1: 509-513.

Casalí J, Loizu J, Campo M A, et al. 2006. Accuracy of methods for field assessment of rill and ephemeral gully erosion. Catena, 67(2): 128-138.

Casalí J, López J J, Giráldez J V. 1999. Ephemeral gully erosion in southern Navarra (Spain). Catena, 36: 65-84.

Cheng H, Zou X, Wu Y, et al. 2007. Morphology parameters of ephemeral gully in characteristics hillslopes on the Loess Plateau of China. Soil and Tillage Research, 94(1): 4-14.

Daggupati P, Douglas-Mankin K R, Sheshukov A Y. 2013. Predicting ephemeral gully location and length using topographic index models. Transactions of the ASABE, 56: 1427-1440.

Daggupati P, Sheshukov A Y, Douglas-Mankin K R. 2014. Evaluating ephemeral gullies with a process-based topographic index model. Catena 113: 177-186.

de Santisteban L M, Casalí J, López J J, et al. 2005. Exploring the role of topography in small channel erosion. Earth Surface Processes and Landforms 30: 591-599.

Deoliverira M A T. 1990 Slope geometry and gully erosion development: Bananal, São Paulo, Brazil. Zeitschrift für Geomorphologie, 34(4): 423-434.

Desmet P J J, Govers G. 1996. Comparison of routing algorithms for digital elevation models and their implications for predicting ephemeral gullies. International Journal of Geographical Information Systems, 10: 311-331.

Desmet P J J, Poesen J, Govers G, et al. 1999. Importance of slope gradient and contributing area for optimal prediction of the initiation and trajectory of ephemeral gullies. Catena, 37(3-4): 377-392.

Dong Y, Li F, Zhang Q, et al. 2015 Determining ephemeral gully erosion process with the volume replacement method. Catena, 131: 119-124.

Dong Y, Xiong D, Su Z A, et al. 2013. Critical topographic threshold of gully erosion in Yuanmou Dry-hot Valley in Southwestern China. Physical Geography, 34(1): 50-59.

Eltner A, Baumgart P, Maas H, et al. 2015 Multi-temporal UAV data for automatic measurement of rill and interrill erosion on loess soil. Earth Surface Processes and Landforms, 40(6): 741-755.

Evans M, Lindsay J. 2010. High resolution quantification of gully erosion in upland peatlands at the landscape scale. Earth Surface Processes and Landforms, 35(8): 876-886.

Evans R. 1993. On assessing accelerated erosion of arable land by water. Soils and Fertilizers, 56(11): 1285-1293.

Foster G R. 1986. Understanding ephemeral gully erosion. In: Committee on Conservation Needs and Opportunities, Assessing the National Resources Inventory. Washington DC: National Academy Press: 90-125.

Frankl A, Prêtre V, Nyssen J, et al. 2018. The success of recent land management efforts to reduce soil erosion in northern France. Geomorphology, 303: 84-93.

Fuller I C, Marden M. 2011. Slope–channel coupling in steepland terrain: a field-based conceptual model from the Tarndale gully and fan, Waipaoa catchment, New Zealand. Geomorphology, 128(3-4): 105-115.

Garosi Y, Sheklabadi M, Pourghasemi H R, et al. 2018. Comparison of differences in resolution and sources of controlling factors for gully erosion susceptibility mapping. Geoderma, 330: 65-78.

Gayen A, Pourghasemi H R, Saha S, et al. 2019. Gully erosion susceptibility assessment and management of hazard-prone areas in India using different machine learning algorithms. Science of the total environment, 668: 124-138.

Gordon L M, Bennett S J, Bingner R L, et al. 2007. Simulating ephemeral gully erosion in AnnAGNPS. Transactions of the American Society Agricultural and biological engineers, 50(3): 857-866.

Gudino-Elizondo N, Biggs T W, Castillo C, et al. 2018. Modelling ephemeral gully erosion from unpaved urban roads: equifinality and implications for scenario analysis. Land Degradation and Development, 29: 1896-1905.

James L A, Watson D G, Hansen W F. 2007. Using LiDAR data to map gullies and headwater streams under forest canopy: South Carolina, USA. Catena, 71(1): 132-144.

Lentz R D, Dowdy R H, Rust R H. 1993. Soil property patterns and topographic parameters associated with ephemeral gully erosion. Journal of Soil and Water Conservation, 48: 354-361.

Li H, Cruse R M, Binger R L, et al. 2016. Evaluating ephemeral gully erosion impact on Zea mays L. yield and economics using AnnAGNPS. Soil and Tillage Research, 155: 157-165.

Luffman I E, Nandi A, Spiegel T. 2015. Gully morphology, hillslope erosion, and precipitation characteristics in the Appalachian Valley and Ridge province, southeastern USA. Catena, 133: 221-232.

Martin Z, Penela A J. 1994. Pipe and gully systems development in the Almanzora Basin (Southeast Spain). Zeitschrift fur Geomorphology, 38(2): 207-222.

Meyer L D. 1984. Evoluation of the universal soil loss equation. Journal of Soil and Water Conservation, 32(2): 99-104.

Miernecki M, Wigneron J, Lopz-Baeza E, et al. 2014. Comparison of SMOS and SMAP soil moisture retrieval approaches using tower-based radiometer data over a vineyard field. Remote Sensing of Environment, 154: 89-101.

Milan D J, Heritage G L, Hetherington D. 2007. Application of a 3D laser scanner in the assessment of erosion and deposition volumes and channel change in a proglacial river. Earth Surface Processes and Landforms, 32(11): 1657-1674.

Moore I D, Burch G J, Mackenzie D H. 1988. Topographic effects on the distribution of surface soil-water and the location of ephemeral gullies. Transactions of the ASAE, 31: 1098-1107.

Nachtergaele J, Poesen J, Sidorchuk A, et al. 2002. Prediction of concentrated flow width in ephemeral gully channels. Hydrological Processes, 16(10): 1935-1953.

Nachtergaele J, Poesen J, Vandekerckhove L, et al. 2001. Testing the ephemeral gully erosion model (EGEM) for two Mediterranean environments. Earth Surface Processes and Landforms, 26 (1): 17-30.

Nearing M A, Foster G R, Lane L J, et al. 1989. A process-based soil erosion model for usda-water erosion prediction project technology. Transactions of the American Society Agricultural Engineer, 32(5): 1587-1593.

Neugirg F, Kaiser A, Schmidt J, et al. 2015. Quantification, analysis and modelling of soil erosion on steep slopes using LiDAR and UAV photographs. Proceedings of the International Association of Hydrological Sciences, 367: 51-58.

Perroy R L, Bookhagen B, Asner G P, et al. 2010. Comparison of gully erosion estimates using airborne and ground-based LiDAR on Santa Cruz Island, California. Geomorphology, 118(3-4): 288-300.

Peter K D, Doleire-Oltmanns S, Ries J B, et al. 2014. Soil erosion in gully catchments affected by land-levelling measures in the Souss Basin, Morocco, analysed by rainfall simulation and UAV remote sensing data. Catena, 113: 24-40.

Piest R F, Spomer R C. 1968. Sheet and gully erosion in the Missouri valley loessial region. Transactions of ASAE, 11(6): 850-853.

Piest R F, Bradford J M, Spomer R G. 1975. Mechanimism of erosion and sediment movement from gullies. USDA, Present and Prospective Technology for Predicting Sediment Yields and Sources, ARS-S-40. ARS-USDA, Washington D C, p162-176.

Poesen J W, Boardman J, Wilcox B, et al. 1996. Water erosion monitoring and experimentation for global change studies. Journal of soil and water conservation, 51(5): 386-390.

Poesen J, Nachtergaele J, Verstraetena G, et al. 2003. Gully erosion and environmental change: importance and research needs. Catena, 50: 91-133.

Poesen J, Vandaele K, van Wesemael B. 1998. Gully erosion: Importance and model implications//Boardman J, Favis-Mortlock D. Modelling Soil Erosion by Water. Berlin Heidelberg: Springer-Verlag: 285-311.

Pourghasemi H R, Yousefi S, Kornejady A, et al. 2017. Performance assessment of individual and ensemble data-mining techniques for gully erosion modeling. Science of the Total Environment, 609: 764-775.

Qin C, Wells R R, Momm H G, et al. 2019. Photogrammetric analysis tools for channel widening quantification under laboratory conditions. Soil and Tillage Research, 191: 306-316.

Rahmati O, Tahmasebipour N, Haghizadeh A, et al. 2017. Evaluation of different machine learning models for predicting and mapping the susceptibility of gully erosion. Geomorphology, 298: 118-137.

Rejman J, Brodowski R. 2005. Rill characteristics and sediment transport as a function of slope length during a storm event on loess soil. Earth Surface Processes and Landforms, 30(2): 231-239.

Renard D K, Foster D G, Weesies A G. 1976. Prediction Rainfall Erosion by Water: A Guide to Conservation Planning with the Revised Universal Soil Loss Equation (RUSLE). USDA Agricultural Handbook No. 703.

Roberson K M, Hanson G J. 1995. Large scale headcut erosion testing. Transactions of ASAE, 38(2): 429-434.

Roberson K M, Hanson G J. 1996. Gully headcut advance. Transactions of ASAE, 39(1): 33-38.

Shellberg J G, Spencer J, Brooks A P, et al. 2016. Degradation of the mitchell river fluvial megafan by alluvial gully erosion increased by post-european land use change, queensland, australia. Geomorphology, 266: 105-120.

Shen H, Zheng F, Wen L, et al. 2015. An experimental study of rill erosion and morphology. Geomorphology, 231: 193-201.

Sheshukov A Y. 2014. Predicting location and length of ephemeral gullies with a process-based topographic index model. In: International Symposium on Sediment Dynamics: From the Summit to the Sea, IAHS Publication 367, 93-98.

Sheshukov A Y, Sekaluvu L, Hutchinson S L. 2018. Accuracy of topographic index models at identifying ephemeral gully trajectories on agricultural fields. Geomorphology 306: 224-234.

Sidorchuk A. 1999. Dynamic and static models of gully erosion. Catena, 37(3): 401-414.

Sidorchuk A, Sidorchuk A. 1998. Model for estimating gully morphology. IAHS publication, 333-343.

Stocker C, Eltner A, Karrasch P. 2015. Measuring gullies by synergetic application of UAV and close range photogrammetry: a case study from Andalusia, Spain. Catena, 132: 1-11.

Sun W, Shao Q, Liu J. 2013. Soil erosion and its response to the changes of precipitation and vegetation cover on the Loess Plateau. Journal of Geographical Sciences, 23(6): 1091-1106.

Svoray T, Michailov E, Cohen A, et al. 2012. Predicting gully initiation: comparing data mining techniques, analytical hierarchy processes and the topographic threshold. Earth Surface Processes and Landforms, 37(6): 607-619.

Taguas E V, Yuan Y, Bingner R L, et al. 2012. Modeling the contribution of ephemeral gully erosion under different soil managements: A case study in an olive orchard microcatchment using the AnnAGNPS model. Catena, 98: 1-16.

Torri D, Poesen J. 2014. A review of topographic threshold conditions for gully head development in different environments. Earth-Science Reviews, 130: 73-85.

Valcárcel M, Taboada M T, Paz A, et al. 2003. Ephemeral gully erosion in northwestern Spain. Catena, 50(2-4): 199-216.

Vandaele K, Poesen J, DeSilva J, et al. 1997. Assessment of factors controlling ephemeral gully erosion in Southern Portugal and Central Belgium using aerial photographs. Zeitschrift für Geomorphologie, 41(3): 273-287.

Vandaele K, Poesen J, Govers G, et al. 1996. Geomorphic threshold conditions for ephemeral gully incision. Geomorphology, 16(2): 161-173.

Vandekerckhove L, Poesen J, Wijdenes D O, et al. 1998. Topographical thresholds for ephemeral gully initiation in intensively cultivated areas of the Mediterranean. Catena, 33(3-4): 271-292.

Vandekerckhove L, Poesen J, Wijdenes D O, et al. 2000. Thresholds for gully initiation and sedimentation in Mediterranean Europe. Earth Surface Processes and Landforms, 11: 1201-1220.

Vinci A, Brigante R, Todisco F, et al. 2015. Measuring rill erosion by laser scanning. Catena, 124: 97-108.

Wells R R, Momm H G, Bennett S J, et al. 2016. A Measurement Method for Rill and Ephemeral Gully Erosion Assessments. Soil Science Society of America Journal, 80: 203-214.

Wells R R, Momm H G, Rigby J R, et al. 2013. An empirical investigation of gully widening rates in upland concentrated flows. Catena, 101: 114-121.

Wilson G V. 2011. Understanding soil-pipe flow and its role in ephemeral gully erosion. Hydrological Processes, 25: 2354-2364.

Wilson G V, Cullum R F, Römkens M J M. 2008. Ephemeral gully erosion by preferential flow through a discontinuous soil-pipe. Catena, 73 (1) : 98-106.

Wilson G V, Rigby J R, Dabney S M. 2015. Soil pipe collapses in a loess pasture of Goodwin Creek Watershed, Mississippi: role of soil properties and past land use. Earth Surface Processes and Landforms, 40: 1448-1463.

Wischmeier W H. 1976. Use and misuse of the universal soil loss equation. Journal of soil and water conservation, 31 (1) : 5-9.

Woodward D E. 1999. Method to predict cropland ephemeral gully erosion. Catena, 37 (3) : 393-399.

Wu H, Xu X, Zheng F, et al. 2018. Gully morphological characteristics in the loess hilly-gully region based on 3D laser scanning technique. Earth Surface Processes and Landforms, 43 (8) : 1701-1710.

Wu Y, Cheng H. 2005. Monitoring of gully erosion on the Loess Plateau of China using a global positioning system. Catena, 63 (2-3) : 154-166.

Xu X, Wilson G V, Zheng F, et al. 2020. The role of soil pipe and pipeflow in headcut migration processes in loessic soils. Earth Surface Processes and Landforms, 45 (8) : 1749-4763.

Xu X, Zheng F, Wilson G V, et al. 2019. Quantification of upslope and lateral inflow impacts on runoff discharge and soil loss in ephemeral gully systems under laboratory conditions. Journal of Hydrology, 149: 417-425.

Yu Y, Wei W, Chen L, et al. 2019. Quantifying the effects of precipitation, vegetation, and land preparation techniques on runoff and soil erosion in a Loess watershed of China. Science of the Total Environment, 652: 755-764.

Zhang Y G, Wu Y Q, Liu B Y, et al. 2007. Characteristics and factors controlling the development of ephemeral gullies in cultivated catchments of black soil region, Northeast China. Soil & Tillage Research, 96: 28-41.

Zheng F L. 2006. Effect of vegetation changes on soil erosion on the Loess Plateau. Pedosphere, 16 (4) : 420-427.

Zheng F L, Huang C H, Xu X M. 2017. Gulley Erosion. Encyclopedia of Soil Science. Third Edition. CRC Press: 1059-1063.

第 2 章　基于野外原型观测的浅沟侵蚀过程研究

黄土丘陵区浅沟坡面从分水岭到沟缘线，土壤侵蚀具有明显的片蚀-细沟-浅沟侵蚀垂直分带性，各垂直分带是由水沙关系联系起来的一个侵蚀系统。其中，浅沟集水区面积占到黄土坡面的 70%左右，而侵蚀量则可占坡面总侵蚀量的 35%～100%(唐克丽, 1983)。因此，定量研究自然条件下浅沟集水区侵蚀过程及其影响因素对于区域土壤侵蚀调控具有重要意义。在浅沟侵蚀过程中的众多影响因素中，降雨量(Wischmeier and Smith, 1978)、降雨强度(Lal, 1976)和降雨历时(Ran et al., 2012)等降雨特征指标对浅沟侵蚀有重要影响。根据降雨量、降雨强度和降雨历时等特征指标，可以将自然降雨过程划分成不同降雨雨型，而不同降雨雨型对浅沟集水区侵蚀产沙过程的影响存在明显差异(Casalí et al., 1999)。然而，目前有关侵蚀性降雨雨型对浅沟集水区侵蚀产沙过程的影响研究仍相对薄弱，尤其是侵蚀性降雨雨型对浅沟侵蚀过程量化研究还鲜见报道。

除了降雨特征外，上方侵蚀带的来水来沙对下方侵蚀带的剥蚀-搬运-沉积过程会产生重要的影响(郑粉莉和康绍忠, 1998)。对于坡面径流侵蚀动力和水流能量的传递纽带以及泥沙输移载体，上方来水来沙直接影响坡下方的侵蚀产沙强度，且加剧了浅沟侵蚀的发生发展(肖培青和郑粉莉, 2003；武敏等, 2004)。在浅沟侵蚀过程中，由于不同降雨雨型的降雨特征差异，导致坡面径流过程也发生相应变化(卢金发和刘爱霞, 2002；舒若杰, 2013)，但目前有关不同降雨雨型下上方汇水汇沙对浅沟集水区侵蚀产沙影响的研究也相对较少。

坡面浅沟发育过程的形态动态监测是沟蚀研究的重点，而数十年来，浅沟侵蚀研究大多集中在野外调查(Casalí et al., 1999；Poesen et al., 2003)、地形临界(Daggupati et al., 2014；Desmet et al., 1999；Kompani-Zare et al., 2011；Torri and Poesen, 2014；Vandekerckhove et al., 1998)、基于模拟试验的影响因素分析(武敏等, 2004；Gong et al., 2011)等方面，而浅沟发育动态变化的研究相对较少，因此，量化浅沟发育过程将为坡面侵蚀防治提供重要的理论支持。由于浅沟沟道形态复杂且不规则，传统的沟蚀测量方法例如填土法(郑粉莉, 1989；Dong et al., 2015)、侵蚀沟体积测量法(Bryan, 2000；Casalí et al., 2015)和测针板法(张鹏等, 2008；张永东等, 2013；韩鹏等, 2002；Miernecki et al., 2014)等没有办法满足快速便捷和精细测量等野外监测要求，因此必须结合现代测量技术发展引入新的沟蚀研究技术和方法。与传统测量手段相比，三维激光扫描技术具有快速、不接触、实时动态和高精度等特点，可以快速获取侵蚀沟形态特征(Milan et al., 2007；Perroy et al., 2010；James et al., 2007；Evans and Lindsay, 2010；Wu et al., 2018；张姣等, 2011；张鹏等, 2008)；立体摄影测量技术测量速度快、精度高、非接触，具有传统土壤侵蚀监测方法不可替代的优势，因而越来越多地被应用到沟蚀过程研究(Wells et al., 2013；

Berger et al., 2010；Vinci et al., 2015；Qin et al., 2019）。

基于以上分析，本章首先基于黄土区典型浅沟集水区侵蚀过程定位监测获取的 115 场侵蚀性降雨资料，划分了侵蚀性降雨雨型并分析侵蚀性降雨雨型对浅沟集水区侵蚀产沙过程的影响；评价不同侵蚀性降雨雨型下上方来水来沙对下方浅沟侵蚀带侵蚀产沙的影响；随后基于三维激光扫描和立体摄影测量技术定量刻画浅沟形态的动态变化过程，以期为坡面侵蚀防治提供重要科学依据，也为包含浅沟侵蚀的坡面侵蚀预报模型建立提供理论支持。

2.1　大型浅沟集水区浅沟侵蚀过程的监测方法

2.1.1　野外观测站与观测场布设

野外观测站位于陕西省延安市桥北林业局富县任家台林场(109°09′E，36°05′N)所辖的北洛河三级支流—瓦窑沟小流域(图 2-1)(唐克丽等, 1993)。观测站所属的地貌类型属于黄土丘陵沟壑区，海拔高程 920～1683 m，相对高差 100～150 m，沟谷密度 4.5 km/km^2。

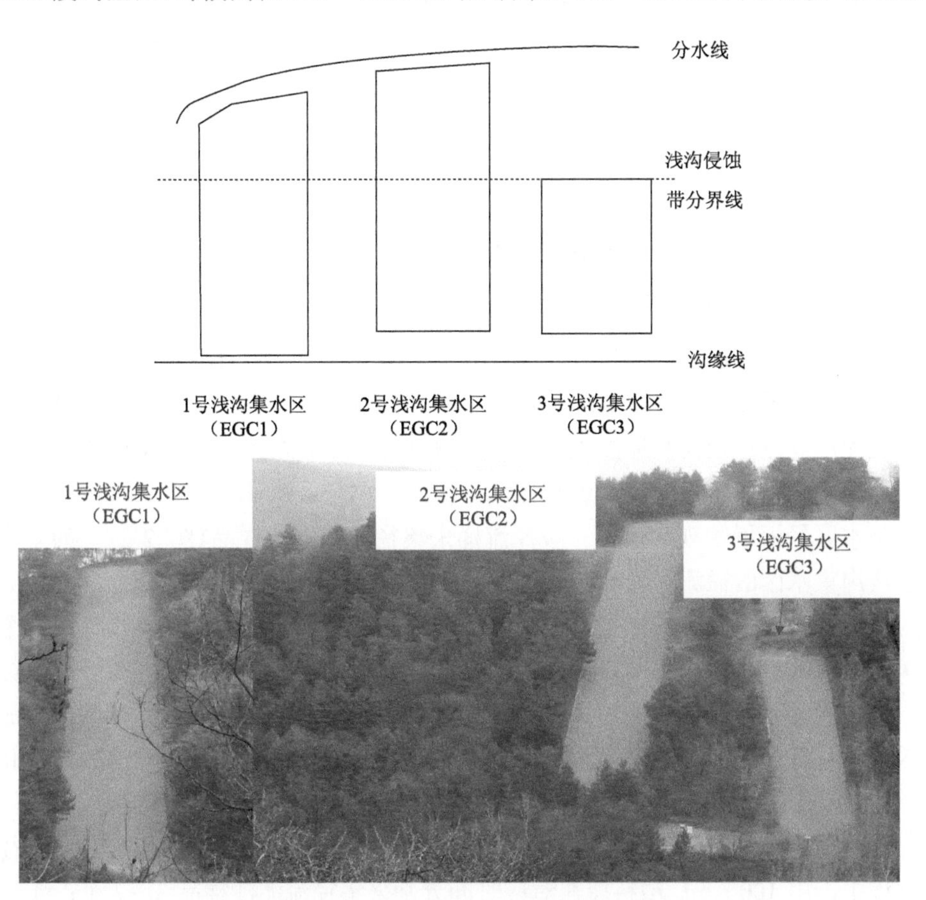

图 2-1　野外浅沟侵蚀观测场布设图

观测站年均气温为 9℃，年均降水量 576.7 mm，多集中在 7～9 月，占全年降水的 60% 以上；月最大降水量占全年降水量的 25%～40%，日最大降水量 130 mm。观测站的土壤类型为灰色黄土正常新成土(中国科学院南京土壤研究所土壤系统分类组，1995)，其中沙粒、粉粒和黏粒分别占 6.7%、71.7%和 21.2%。

在野外观测站共布设了不同面积、不同上方汇水面积和不同坡度的三条浅沟集水区的侵蚀观测场。在侵蚀观测场布设前，这三条浅沟集水区的土地利用为次生林地，于 1989 年开垦林地建立浅沟集水区侵蚀观测场。在 1989～2015 年整个观测期间，每年雨季前(4 月)根据当地传统整地方式对地表进行横向犁耕，犁耕深度为 20 cm，然后在每年整个观测期间(4～10 月)保持地表为裸露休闲，且通过人工除草保证地表植被覆盖小 5%，剔除植被对土壤侵蚀的影响。三条浅沟集水区侵蚀观测经过 20 多年侵蚀和犁耕活动后，表层土壤流失严重，土壤基本性质与土层结构基本与当地农耕地类同，即形成了耕层和明显犁底层共同存在的土层结构。三条浅沟集水区其地形参数特征如表 2-1 所示。

表 2-1　三条浅沟集水区的基本参数特征

浅沟集水区编号	面积/m^2	浅沟上方汇水面积/m^2	坡度/(°)	平均长/m	平均宽/m
1	1012	362	11～32	84.4	12.0
2	995	488	5～35	73.0	13.6
3	424	188	26～35	36.0	11.8

2.1.2　降雨、径流、产沙与沟道形态监测方法

降雨观测：降雨资料通过布设在浅沟集水区附近的 SJ1 型虹吸式自动雨量计(上海气象仪器有限公司)获取，通过对 2003～2015 年共 124 场侵蚀性降雨过程的自记纸记录进行判读，获取每场侵蚀性降雨的降雨特征指标(降雨量、降雨历时和降雨强度)。

径流泥沙观测：径流和泥沙采用分级径流桶收集，并在每个径流桶底部设有孔径为 5 mm 的放水孔。由于一次洪水过程径流量较大，单个径流桶不能采集全部径流量，为此浅沟集水区径流侵蚀观测采用三级径流桶采集径流和泥沙样品(图 2-2)。为了实现分级采集浅沟集水区的径流和泥沙样品，在第一级和第二级径流桶深度为 60 cm 沿圆周设置等间距的 9 个分水孔，这样当第一个径流桶溢流后，第二个径流桶仅收集第一个径流桶 1/9 的径流泥沙样，第三个径流桶的设置方法与第二个径流桶相同。在每次侵蚀性降雨后，分别测定各径流桶水位的深度，用于计算总径流体积量；然后充分搅拌径流桶的含沙水流，采集 3～7 个径流泥沙样。具体步骤为：①根据径流桶含沙水流的体积和放水流速，计算每个径流桶含沙水流的排水时间；②根据径流桶径流体积排水过程所需的总时间，计算采集每个径流泥沙样品对应的放水时间，保证采集样品的代表性；③径流桶排水过程中，用 1000 mL 塑料瓶在对应时间分别采集径流泥沙样品 3～7 个；④将采集的各径流桶径流泥沙样品带回实验室，量取每个径流泥沙样的体积，然后放置在 105℃

烘箱中烘干至恒重，获得每个泥沙样干重；⑤根据测定的每个径流桶的水位和径流桶直径计算每个径流桶的径流量，再根据分水孔数计算每个径流桶对应的径流量体积和泥沙重量；⑥分别累积一次侵蚀性降雨过程中每个浅沟集水区三个径流收集桶对应的径流量和泥沙量，得到一次降雨过程中每个浅沟集水区的全部径流量和泥沙量；⑦根据一次侵蚀性降雨的各浅沟集水区的面积和全部径流量和泥沙量，计算径流强度和侵蚀强度。

图 2-2　分级径流桶采集径流和泥沙样品

浅沟形态监测：由于林地开垦初期尚未形成明显的犁底层，所以选取观测资料年限为 2003～2015 年。在此期间，每年雨季结束后用直尺法沿着坡长每隔 1 m 测量当年浅沟沟槽的宽度和深度，用于分析浅沟发育的年际变化。

2.1.3　基于三维激光扫描技术的浅沟集水区侵蚀沟形态监测方法

在浅沟集水区，从坡顶分水岭到沟缘线的土壤侵蚀具有明显的垂直分带性(片蚀为主侵蚀带、细沟侵蚀为主的侵蚀带、浅沟侵蚀为主的侵蚀带)(图 2-1)，且不同侵蚀带的坡度有明显差异，在某一个固定的测站扫描无法获得浅沟集水区的全貌；因此，在利用三维激光扫描技术对浅沟集水区进行扫描时，需要进行多站扫描。图 2-3 展示了在 2 号浅沟集水区(EGC2)布设的 5 个测站位置。为了确保多个测站的点云数据顺利拼接，在浅沟集水区的四周设置了 4 个固定标靶，其中两个标靶设置在细沟侵蚀带和浅沟侵蚀带的交界线上，另外两个标靶设置在浅沟侵蚀带中部，以保证在扫描的每一站均能扫描到至少三个标靶并确保拼接顺利进行。在设置好固定标靶后，2013～2015 年用三维激光扫描仪对 3 个浅沟集水区进行连续定位监测，监测时间分别在春季犁耕后、雨季中和雨季后，监测时间为 2013 年 11 月至 2015 年 11 月。将三维激光扫描得到点云数据，用仪器自带的 Cyclone 6.0 软件进行拼接、降噪等处理并生成 TIN MESH(图 2-4)，随后将点云数据以.txt 的形式导入 ArcGIS 10.0 软件，并对浅沟形态进行分析。

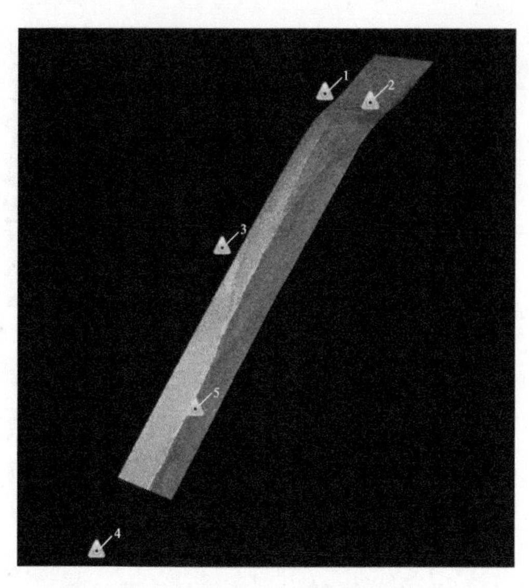

图 2-3　5 个测站位置示意图(EGC2)

(a) EGC1 照片　(b) EGC1 TIN　(c) EGC2 照片　(d) EGC2 TIN

(e) EGC3 照片　(f) EGC3 TIN

图 2-4　各浅沟集水区照片与三维激光扫描监测

2.1.4　基于立体摄影测量技术的浅沟沟槽形态监测方法

在浅沟集水区坡面上，三维激光扫描技术可以快速获取整个浅沟集水区的全貌，但由于扫描距离及扫描位置的限制，在某些特别关注的小范围区域(如浅沟沟槽的跌坎链等)，三维激光扫描仪无法获取高精度的点云数据，而立体摄影测量技术可以快速精确地解决这一问题。为此，基于立体摄影测量技术动态监测了浅沟沟槽发育过程。

在利用立体摄影测量技术监测浅沟沟槽时，首先，在监测点周围布设 10 个黑白标靶，并保证任意 5 个标靶不在同一条直线上，在所有照片拍摄过程中保持标靶不移动，用于拼接不同角度的照片(图 2-5)。再将具有手动对焦功能的数码相机(Canon EOS 5D Mark II)进行设置，分辨率为相机的最大分辨率，调整相机模式为 M 手动模式、光圈 f/2.8、ISO 感光度 250 和快门速度 1/20 s，随后自动对焦至拍摄物体清晰可见。然后将对焦模式改为手动对焦，并确保在每次监测过程中相机焦距不发生变化，最后围绕拍摄物体即浅沟沟槽拍摄约 10 张照片。野外测量结束后，将照片导入 Agisoft Photoscan Professional 1.2.4 软件(Agisoft LLC, St. Petersburg, Russia)中，对图像进行校正和拼接，生成高密度点云数据，随后将点云数据导入 ArcGIS 10.4(ESRI Inc., Redlands, CA, USA)中进行空间校正，生成 TIN 并得到 DEM。随后对 DEM 进行分析，测量浅沟沟槽跌坎链的形态特征。

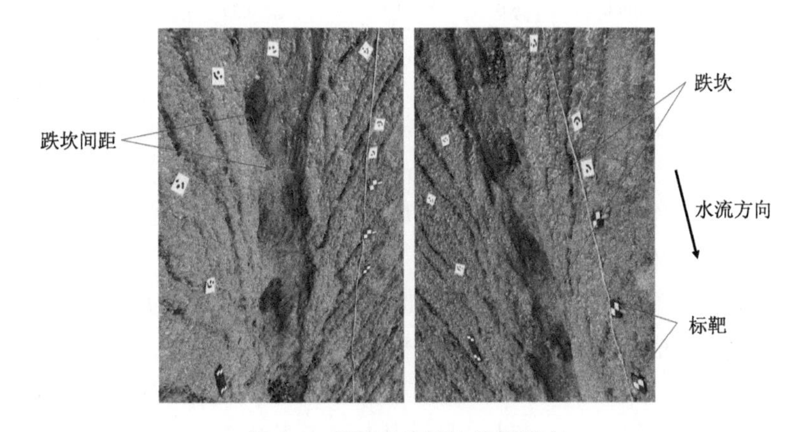

图 2-5　不同角度浅沟沟槽形态

2.2　侵蚀性降雨特征对浅沟集水区侵蚀产沙的影响

2.2.1　侵蚀性降雨雨型划分及降雨特征指标分析

1. 侵蚀性降雨雨型特征划分

聚类分析方法是根据研究对象的相似性把它们分成不同的组，此方法被广泛地应用于微生物、动物、生物等多种学科(Johnston, 1978)。常用的聚类分析方法有分层聚类和均值距离聚类，其中均值距离聚类适用于较大样本数量(Horvath, 2002)。

基于K均值聚类分析方法，以降雨量(P)、降雨历时(t)和最大30 min雨强(I_{30})这三个降雨特征指标作为聚类分析的特征变量，将115场侵蚀性降雨划分成三种降雨雨型。聚类过程中设立统一标准。随后对分类结果进行单因素方差分析，结果显示，P、t、I_{30}之间的F统计量的相伴概率P均小于0.05，证明降雨雨型之间差异显著，认定聚类结果有效。最后分别整理属于三种降雨雨型下的次降雨事件。此次聚类分析在SPSS16.0中进行，各聚类结果的统计特征如表2-2所示。

表2-2 三种降雨雨型的统计特征

降雨雨型	特征变量	均值	标准差	变异系数	总和	频次/场
RR1	P/mm	19.3	10.7	0.55	1254.3	65
	t/h	2.2	1.4	0.63	141.2	
	I_{30}/(mm/h)	25.8	12.6	0.49	—	
RR2	P/mm	31.1	19.7	0.63	1258.6	30
	t/h	13.5	3.4	0.25	405.0	
	I_{30}/(mm/h)	12.6	5.4	0.43	—	
RR3	P/mm	43.1	24.6	0.57	862.8	20
	t/h	27.7	4.3	0.16	554.3	
	I_{30}/(mm/h)	6.0	1.8	0.30	—	

注：RR1，RR2和RR3分别为降雨雨型1、降雨雨型2和降雨雨型3。

从表2-2可以看出，降雨雨型1(RR1)总计65场，累积降雨量1254.3 mm；降雨雨型2(RR2)总计30场，累积降雨量1258.6 mm；降雨雨型3(RR3)发生20场，累积降雨量862.8 mm。三种降雨雨型的降雨事件次数分别占侵蚀性降雨总数的56.5%、26.1%和17.4%，说明该地区产生径流的降雨以RR1为主。

对比三种侵蚀性降雨雨型，RR1的P和t的平均值最小，而I_{30}的平均值最大；RR3的P和t的平均值都是最高的，而其I_{30}的平均值最低。RR2的P、t、I_{30}的平均值处于RR1和RR3之间。从标准差来看，RR1和RR2下的P和I_{30}都较RR3稍高，说明前两种降雨雨型的P和I_{30}都较后者更为分散。从变异系数来看，三个特征指标在不同侵蚀性降雨雨型下的变异程度不同。RR2和RR3以I_{30}的变异最大，而以t的变异最小；RR2则是t的变异最大，P变异最小。

由于P、t、I_{30}这三个降雨特征变量的均值即可代表三种降雨雨型的主要特征，因此，将三种降雨雨型归纳为：RR1为小雨量、大雨强、短历时的降雨事件的集合；RR3为大雨量、小雨强、长历时的降雨事件的集合；而RR2的降雨特征介于RR1和RR3之间。

为进一步验证降雨雨型划分结果，在K均值聚类的基础上，对划分结果进行判别分析检验，结果表明RR1与RR3聚类函数显著性检验的概率$P<0.01$，RR2聚类函数显著性检验的概率$P<0.05$，聚类效果均较好。

从图2-6可以看出，三种降雨雨型的聚类函数散点分别聚集在三个相对集中的区域，说明所划分的三种降雨雨型降雨特征稳定，划分结果很好。

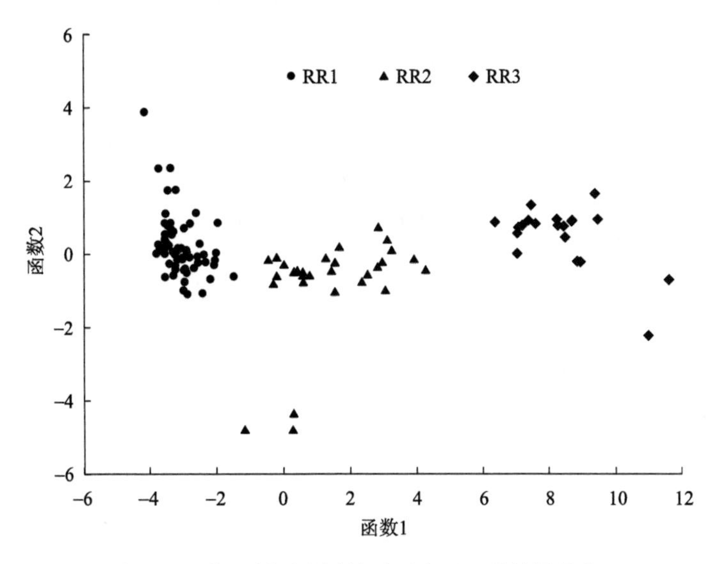

图 2-6　基于判别分析的不同降雨雨型数据分布

2. 不同降雨雨型的降雨特征指标

根据降雨雨型划分结果，对不同降雨雨型的降雨特征指标的最大值、最小值和平均值等进行统计分析(表 2-3)，以此来得到三种降雨雨型的降雨特征指标的变化规律。用于统计的降雨特征指标主要包括时段雨强和时段雨量与对应时段雨强的乘积。

表 2-3 表明了不同降雨雨型的降雨特征。其中，RR1 的降雨特征为短历时、大雨强、小雨量，其降雨历时多为 0.3～3.2 h，降雨量多为 9～30 mm，雨强多为 10～40 mm/h；RR3 的降雨特征为长历时、小雨强、大雨量，其降雨历时多为 20～30 h，降雨量为 20～80 mm，雨强多为 3～12 mm/h；RR2 的降雨特征为 RR1 和 RR3 之间，其降雨历时多介于 8～20 h，降雨量多为 16～60 mm，雨强多为 5～30 mm/h。

在三种降雨雨型中，RR1 的时段最大雨强(I_{10}、I_{15}、I_{30}、I_{60})以及平均雨强(I_m)均最大，其次为 RR2，RR3 最小。从表 2-3 可以看出，RR1 和 RR2 的 I_{30} 平均值分别是 RR3 的 4.3 和 2.0 倍；RR1 和 RR2 的 I_{60} 平均值分别是 RR3 的 5.8 和 3.9 倍；而 RR1 的 I_{30} 和 I_{60} 平均值分别是 RR2 的 2.0 和 1.5 倍。然而，对比三种降雨雨型，除 PI_m 的变化趋势与 I_{30} 和 I_{60} 相同外，其余雨量与各时段雨强组合(PI_{10}、PI_{15}、PI_{30}、PI_{60})呈现不同变化趋势。且三种降雨雨型中，RR2 的雨量与时段雨强组合值最高，其次为 RR1，RR3 最小。RR2 的 PI_{30} 平均值分别是 RR1 与 RR3 的 1.3 和 1.6 倍；RR2 的 PI_{60} 平均值均为 RR1 与 RR3 的 1.6 倍。

表 2-3　不同降雨雨型降雨特征指标统计特征

降雨雨型		降雨特征指标											
		P/ mm	t/h	时段雨强/(mm/h)					降雨量与雨强乘积/[mm・(mm/h)]				
				I_{10}	I_{15}	I_{30}	I_{60}	I_m	PI_{10}	PI_{15}	PI_{30}	PI_{60}	PI_m
RR1	最大值	63.0	6.7	123.0	115.4	90.0	59.4	40.6	9900.0	7524.0	5412.0	3564.0	3302.0
	最小值	8.8	0.17	21.2	16.6	13.0	8.8	5.8	39.6	36.3	28.6	19.8	15.7
	平均值	19.3	2.2	47.4	33.6	25.8	15.0	12.6	1077.8	775.6	581.8	359.9	266.0
	总和	1254.3	—	—	—	—	—	—	—	—	—	—	—
RR2	最大值	131.0	19.7	68.0	56.2	37.2	20.8	10.2	10178.7	9982.2	3930.0	2126.5	1320.1
	最小值	12.6	8.5	6.6	4.6	3.0	2.4	1.2	41.6	41.5	38.8	30.5	11.7
	平均值	31.1	13.5	24.6	19.2	12.6	10.2	3.0	1321.2	1081.2	736.8	585.3	382.7
	总和	1258.6	—	—	—	—	—	—	—	—	—	—	—
RR3	最大值	123.0	39.1	24.2	18.2	13.0	9.6	5.4	3463.4	3080.4	3034.4	2619.9	691.0
	最小值	18.0	22.0	4.8	4.2	3.6	3.0	1.2	109.0	94.5	80.5	64.9	19.8
	平均值	43.1	27.7	13.2	9.2	6.0	2.6	0.6	531.9	493.1	466.8	356.1	115.3
	总和	862.8	—	—	—	—	—	—	—	—	—	—	—

3. 不同降雨雨型下降雨特征年际变化

从图 2-7 可以看出，三种降雨雨型的降雨频次与降雨量变化趋势明显不同。图 2-7(a)显示了三种降雨雨型在研究时间内的分布情况，图 2-7(b)显示了不同年份三种降雨雨型的累计降雨量分布情况。对降雨频次而言，在大多数年份中，RR1 的频次明显高于 RR2 和 RR3。对于降雨量而言，三种降雨雨型在所观测 12 年中分布规律不明显。

RR1 的年降雨量的变化范围为 21.0～200.3 mm，平均值为 104.5 mm；RR2 的年降雨量与 RR1 相近，其变化范围为 0～239.1 mm，平均值为 104.9 mm；RR3 的年降雨量的变化范围为 0～234.0 mm，其平均值在三个降雨雨型中最小，为 71.9 mm。虽然 RR1 的频次较 RR2 高，但两者年降雨量基本相同。三种降雨雨型的降雨量占总降雨量的比例分别为 37.1%(RR1)、37.3%(RR2)、25.6%(RR3)。

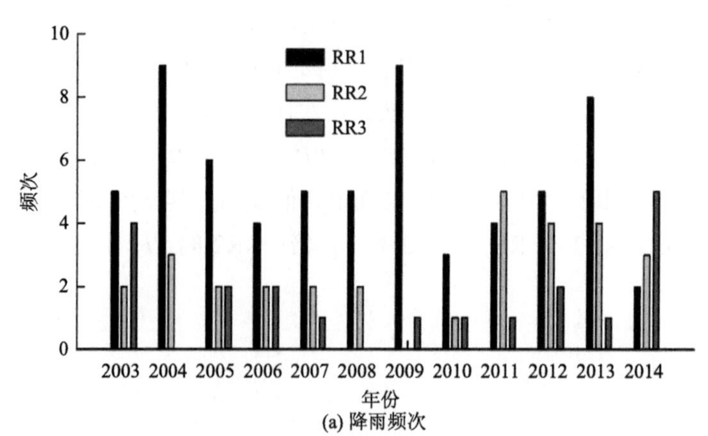

(a) 降雨频次

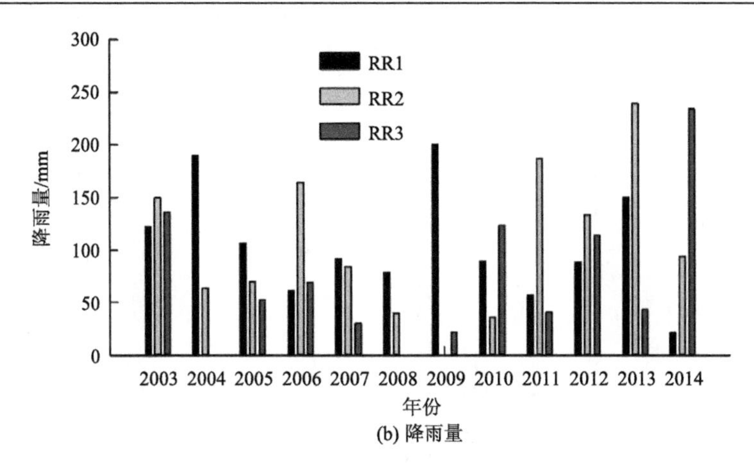

图 2-7　不同降雨雨型下降雨频次与降雨量分布特征

三种降雨雨型的降雨频次变化与降雨量变化不同(表 2-4)。在 2003～2014 年间，RR1 年降雨频次变化范围为 2～9 场次，年均发生 5 场次；RR2 和 RR3 的降雨频次的变化范围均为 0～5 场次，平均每年发生 3 和 2 场次。在三种降雨雨型中，RR1 的降雨频次最高，占总降雨场次的 56.5%，其次为 RR2，为 26.1%；RR3 最小，为 17.4%。

表 2-4　不同降雨雨型降雨特征指标

降雨雨型	降雨频次			降雨量		
	变化范围/场次	平均值/mm	占比/%	变化范围/mm	平均值/mm	占比/%
RR1	2～9	5.4	56.5	21.0～200.3	104.5	37.1
RR2	0～5	2.5	26.1	0～239.1	104.9	37.3
RR3	0～5	1.7	17.4	0～234.0	71.9	25.6

2.2.2　浅沟集水区径流和侵蚀产沙对降雨雨型的响应

从图 2-8 可以看出，浅沟集水区多年平均年径流量为 50586.9 $m^3/(km^2 \cdot a)$，多年平均侵蚀量为 13473.3 $t/(km^2 \cdot a)$。进一步对比不同降雨雨型下浅沟集水区的侵蚀产沙特征发现，由 RR1 引起径流量和侵蚀量在三种降雨雨型中仍为最大，其年径流量和年侵蚀量变化范围分别为 2118.7～58966.3 $m^3/(km^2 \cdot a)$ 和 390.3～26048.5 $t/(km^2 \cdot a)$，两者平均值分别为 30700.8 $m^3/(km^2 \cdot a)$ 和 9272.7 $t/(km^2 \cdot a)$；由 RR2 引起的径流量和侵蚀量仍处于 RR1 和 RR3 之间，其年径流量和年侵蚀量变化范围分别为 0～30826.1 $m^3/(km^2 \cdot a)$ 和 0～6088.0 $t/(km^2 \cdot a)$，两者平均值分别为 14020.9 $m^3/(km^2 \cdot a)$ 和 2812.4 $t/(km^2 \cdot a)$；RR3 引起的径流量和侵蚀量仍最小，其年径流量和年侵蚀量变化范围分别为 0～17699.1 $m^3/(km^2 \cdot a)$ 和 0～5539.4 $t/(km^2 \cdot a)$，两者平均值分别为 5865.2 $m^3/(km^2 \cdot a)$ 和 1389.2 $t/(km^2 \cdot a)$。

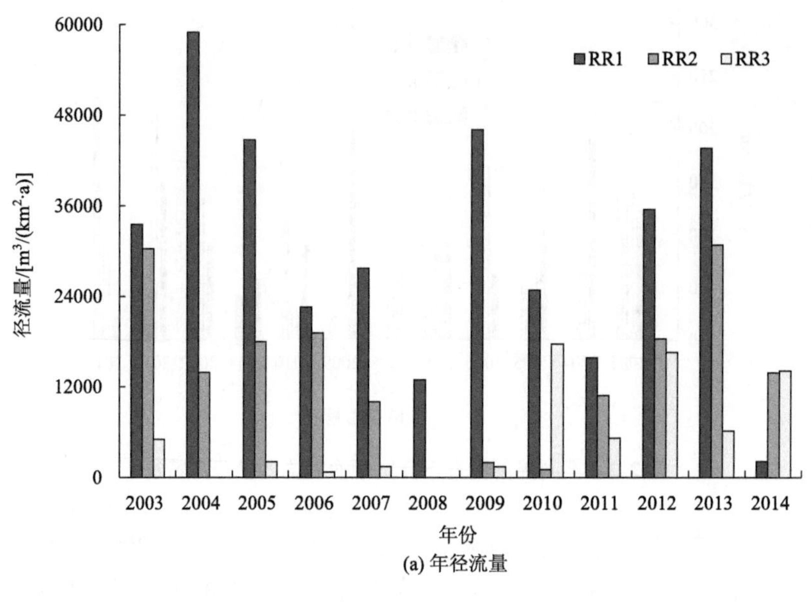

(a) 年径流量

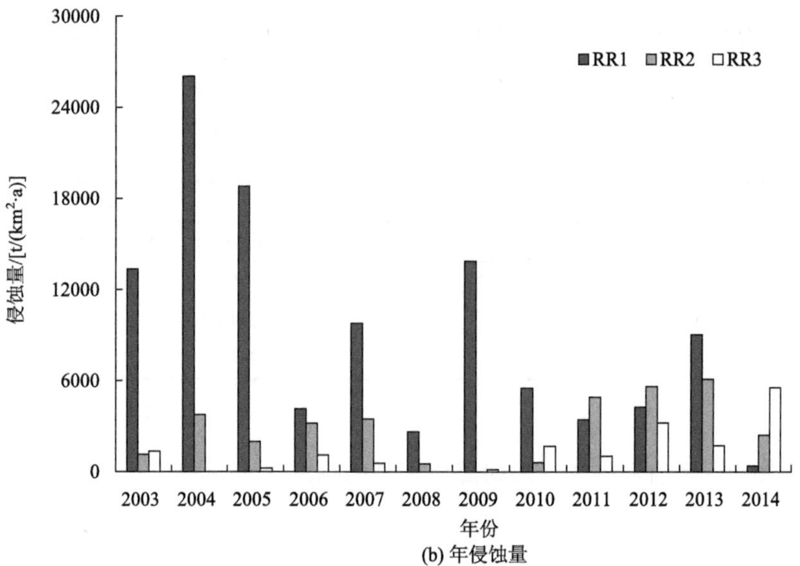

(b) 年侵蚀量

图 2-8 不同降雨雨型下浅沟集水区产流产沙特征

对浅沟集水区在三种降雨雨型下的径流量和侵蚀量进行双变量相关，结果表明，RR1 的径流量与侵蚀量为极显著相关，相关系数达到 0.875；RR2 的径流量与侵蚀量相关性较差，相关系数仅为 0.543；RR3 的径流量与侵蚀量也为极显著相关，达到 0.765。且对比 12 年平均情况发现，由 RR1 引起的年径流量占浅沟集水区全年总径流量的 60.7%，由 RR2 引起的年径流量占浅沟集水区全年总径流量的 27.7%，由 RR3 引起的年径流量占浅沟集水区全年总径流量的 11.6%。而由 RR1 引起的年侵蚀量占浅沟集水区全年总侵蚀量的 68.8%，由 RR2 引起的年侵蚀量占浅沟集水区全年总侵蚀量的 20.9%，由 RR3 引起的年侵蚀量占浅沟集水区全年总侵蚀量的 10.3%。上述结果再次说明，RR1 是引起浅沟集水区产流产沙的主要降雨雨型。

2.2.3 不同降雨雨型下浅沟集水区次降雨过程和径流过程特征

1. 不同降雨雨型下次降雨过程特征

从三种降雨雨型中各选取 1 场典型的侵蚀性降雨，通过分析这 3 场侵蚀性降雨的降雨过程，进一步解释不同降雨雨型之间的差异。表 2-5 是所选取 3 场典型侵蚀性降雨的降雨特征值。结合表 2-3 可以发现，这三场侵蚀性降雨的降雨特征(P、t、I_{30})与 3 种降雨雨型的平均降雨特征相近，表明这 3 场侵蚀性降雨的降雨过程可以代表 3 种降雨雨型的普遍特征。

表 2-5　不同降雨雨型次降雨特征

降雨日期(年-月-日)	降雨量/mm	降雨历时/min	最大 30 min 雨强/(mm/min)	降雨雨型
2009-06-07	18	120	0.38	RR1
2012-08-17	30.2	840	0.18	RR2
2011-10-01	43.8	1680	0.05	RR3

表 2-5 中的三场侵蚀性降雨的降雨历时相差很大，因而判读间隔时间略有调整。2009 年 6 月 7 日的降雨仅为 120 min，判读间隔为 5 min；2012 年 8 月 17 日的降雨为 840 min，判读间隔为 30 min；2011 年 10 月 1 日的降雨则达到 1680 min，判读间隔为 60 min。

结合图 2-9 可以得出，RR1 的降雨强度变化很快，且整个降雨过程呈现单峰形；而 RR2 的降雨强度变化较慢，整个降雨过程大致呈现多峰形，存在两个较为明显的峰值；RR3 的降雨强度变化在三种降雨雨型中最为缓慢，整个降雨过程中雨强变化幅度也最小，为多峰型。

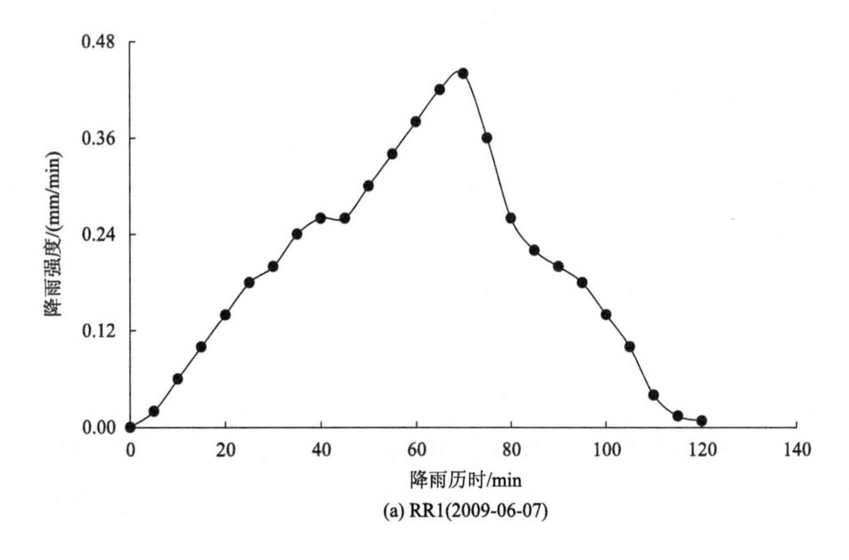

(a) RR1(2009-06-07)

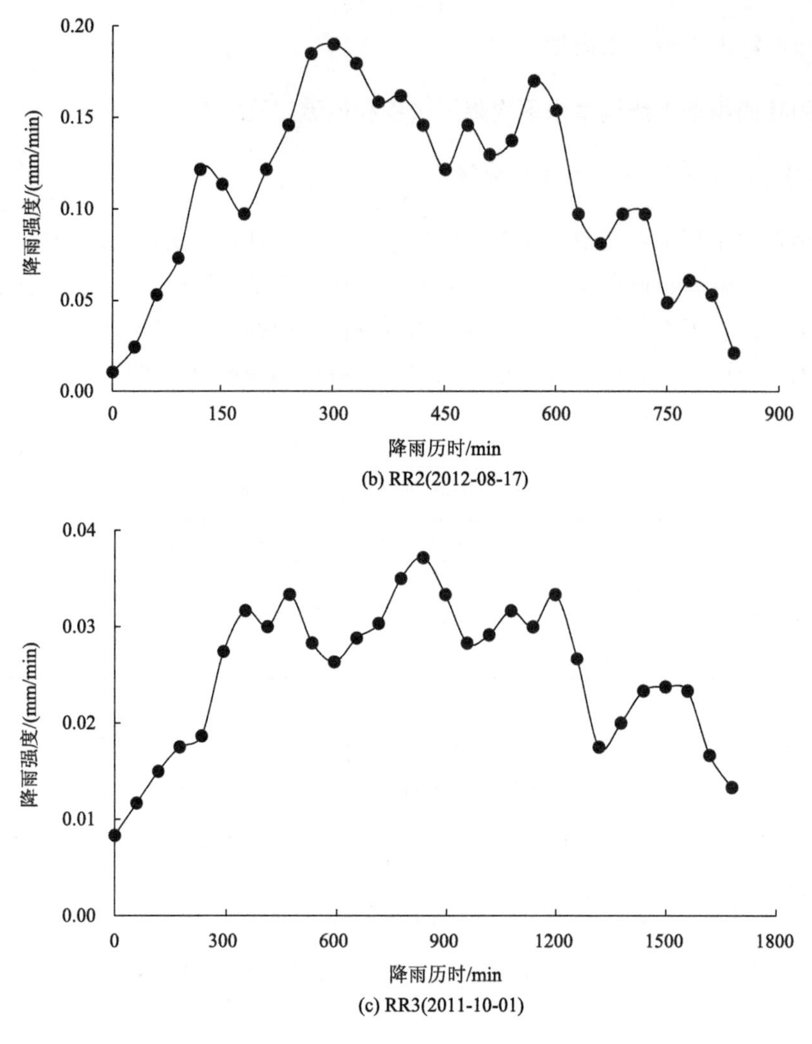

(b) RR2(2012-08-17)

(c) RR3(2011-10-01)

图 2-9　不同降雨雨型次降雨过程

虽然 RR3 的降雨量最大，但由于其降雨历时很长，导致其在整个降雨过程中，降雨强度一直处于较低的状态；将其与 RR1 进行对比可以发现，RR3 的降雨历时为 RR1 降雨的 10 倍以上，而 RR1 的降雨强度则为 RR3 降雨的 10 倍以上。RR2 的降雨特征指标则处于 RR1 和 RR3 之间。

2. 不同降雨雨型下次降雨事件径流过程特征

从 2014 年的观测数据中挑选出三场较为典型的侵蚀性降雨，分析不同降雨雨型下浅沟集水区的径流过程。根据表 2-2 的降雨雨型划分结果，将 2014 年 6 月 17 日的降雨属于 RR1，7 月 9 日的降雨属于 RR2，9 月 16 日的降雨属于 RR3。从图 2-10 可以看出，由于 3 场侵蚀性降雨的降雨过程存在差异，导致浅沟集水区在不同降雨雨型下的径流过程也明显不同。

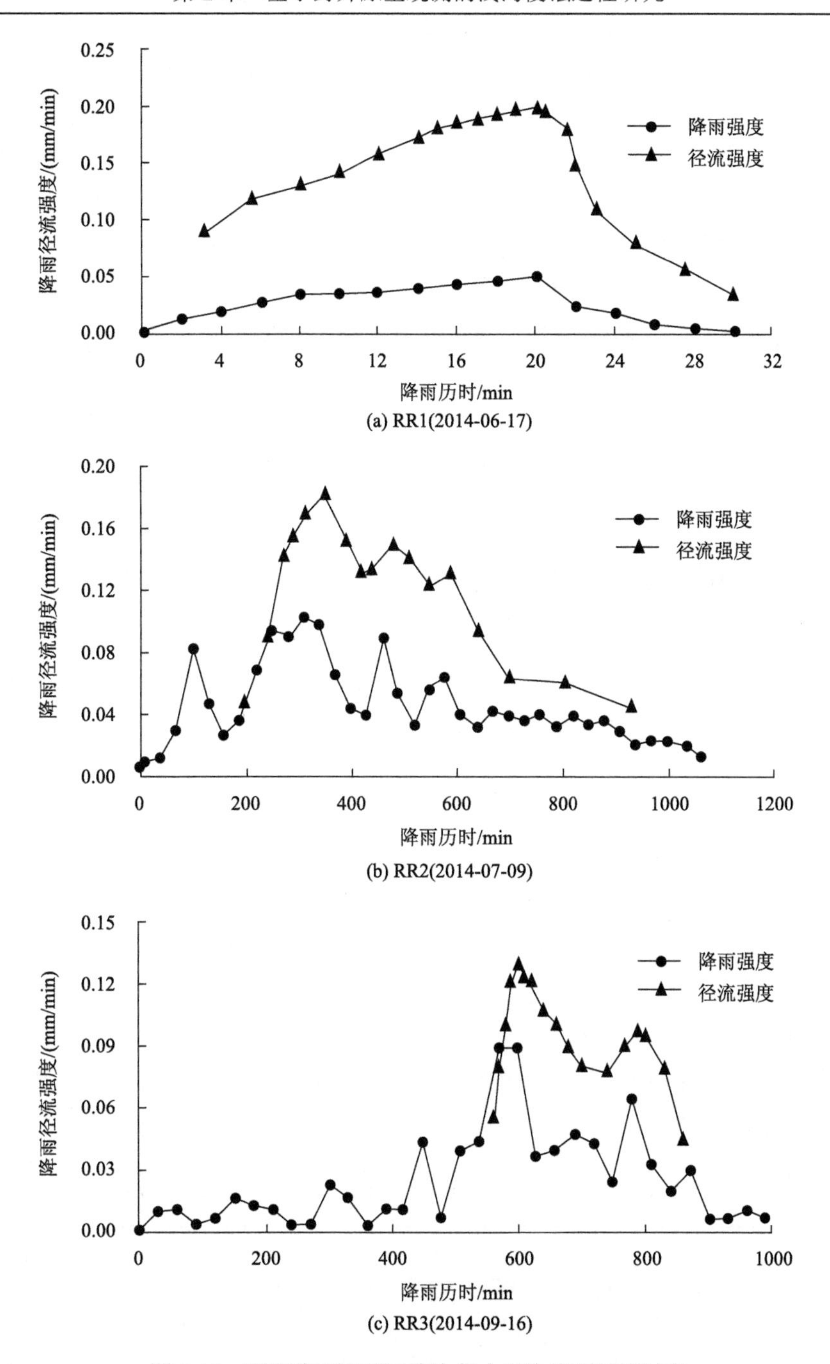

(a) RR1(2014-06-17)

(b) RR2(2014-07-09)

(c) RR3(2014-09-16)

图 2-10　不同降雨雨型下浅沟集水区次降雨径流过程

受降雨特征影响，2014 年 6 月 17 日的降雨(RR1)下的浅沟集水区产流时间最早，降雨开始后 3 min 即开始产流，其径流量也最大，为 0.73 m^3。而 9 月 16 日的降雨(RR3)下的浅沟集水区产流时间最晚，在第 550 min 才开始产流，其径流量也最小，仅 0.11 m^3。7 月 9 日的降雨(RR2)下的浅沟集水区产流特征及径流量处于两者之间，在第 240 min 才开始产流，其径流量也相对较小，为 0.41 m^3。

在图 2-10 中，RR1 的降雨过程和浅沟集水区径流过程呈单峰型，其径流强度峰值的出现时间与雨强峰值的出现时间基本同步；RR2 和 RR3 的降雨过程和浅沟集水区径流过程均呈多峰型，其径流强度峰值的出现时间滞后于雨强峰值的出现时间。对于产流时间而言，RR1 下浅沟集水区产流时间与降雨时间基本一致，而 RR2 和 RR3 下的浅沟集水区产流时间比降雨时间短，而 RR2 的降雨产流时间介于 RR1 和 RR3 之间，而 RR3 的降雨产流时间发生在降雨过程的后半段。分析其原因在于 RR1 因降雨强度大，雨滴打击破坏地表土壤结构，形成暂时性土壤结皮，同时堵塞土壤孔隙，导致土壤入渗减少，因而地表径流迅速增加，所以浅沟集水区产流时间也相应最早。而 RR2 和 RR3 的降雨由于降雨强度较小，在降雨初期，土壤入渗量较大，随着降雨的持续，土壤入渗率缓慢降低，直至土壤水分达到饱和才开始产流。

2.2.4　基于不同降雨雨型的浅沟集水区侵蚀量与降雨特征指标的关系分析

由于降雨时空特征对浅沟集水区侵蚀产沙存在复杂的影响作用关系(Zhang et al., 2005)，因此，分析不同降雨雨型下的浅沟集水区土壤侵蚀量与关键降雨特征参数的关系，可揭示不同降雨雨型所引起的浅沟集水区土壤侵蚀规律。

1. 关键降雨特征指标选取

根据表 2-2 的降雨雨型划分结果，RR1、RR2 和 RR3 分别发生 65 场、30 场、20 场。分别对三种降雨雨型下的侵蚀性降雨的 11 个降雨特征指标，与对应场次的土壤侵蚀量进行 Pearson 相关分析。对三种降雨雨型而言，降雨量(P)、时段雨强指标(I_{10}、I_{20}、I_{30}、I_{60} 和 I_m)以及两者的组合指标(PI_{10}、PI_{20}、PI_{30}、PI_{60} 和 PI_m)均与土壤侵蚀量的显著性水平达到 99%以上(表 2-6)。但在所分析的 11 个指标中，以 PI_{30} 与土壤侵蚀量的相关系数最大。因此，本章拟将 PI_{30} 作为关键指标，以此来建立不同降雨雨型下浅沟集水区次降雨土壤侵蚀量回归方程。

表 2-6　不同降雨雨型下次降雨土壤侵蚀量与降雨特征指标相关分析

降雨雨型	P	I_{10}	I_{15}	I_{30}	I_{60}	I_m	PI_{10}	PI_{15}	PI_{30}	PI_{60}	PI_m
RR1 (n=65)	0.77**	0.80**	0.85**	0.87**	0.86**	0.53*	0.87**	0.89**	0.90**	0.88**	0.83**
RR2 (n=30)	0.83**	0.78**	0.85**	0.92**	0.91**	0.58*	0.85**	0.81**	0.94**	0.87**	0.80**
RR3 (n=20)	0.77**	0.86**	0.81**	0.91**	0.86**	0.58*	0.88**	0.86**	0.89**	0.83**	0.74**

**在 0.01 水平上达到极显著水平；*在 0.05 水平上达到显著水平。

另外，虽然降雨侵蚀力(R)的经典算法较其他方法具有无法比拟的优越性，但由于其计算过程复杂烦琐，且需要提供详细的降雨过程资料，而这种资料在许多地区是不容易得到。因此，该指标目前在世界很多地区被更为简单的 PI_{30} 所替代(Richardson, 1983; Renard and Freimund, 1994; Yu and Rosewell, 1996)。因此，这里以 PI_{30} 作为关键指标，对次降雨土壤侵蚀量与 PI_{30} 进行回归分析，得到不同降雨雨型下的浅沟坡面土壤侵蚀量与 PI_{30} 回归方程。

2. 剔除前期土壤含水量影响的次降雨侵蚀数据筛选

由于前期降雨会改变前期土壤含水量(Bhuyan et al., 2003)，而前期土壤含水量进而会影响到土壤侵蚀。因此，前期降雨成为影响土壤侵蚀的重要因素。对于黄土而言，如果前期降雨发生在 5 天之前，则其对土壤前期含水量的影响基本消除，尤其是 0～40cm 土层(韩芳芳等, 2012)。因此，为消除土壤前期含水量影响，先将 5 天内有前期降雨的降雨事件剔除掉。最终，有 33 次侵蚀性降雨被剔除。在剩余的 82 场侵蚀性降雨中，RR1 占 45 场，RR2 占 22 场，RR3 占 15 场。

在此基础上，为保证方程构建和验证所用数据的独立性，从 82 场降雨中随机抽出 56 场降雨进行方程拟合，其中 RR1 为 30 场，RR2 为 16 场，RR3 为 10 场。其余 26 场降雨用于方程验证，其中，RR1、RR2、RR3 分别占 15 场、6 场、5 场。

3. 浅沟集水区土壤侵蚀量与 PI_{30} 的回归方程建立

从图 2-11 可以看出，不论是否划分侵蚀性降雨雨型，浅沟集水区土壤侵蚀量均随 PI_{30} 增大而增大；但划分侵蚀性降雨雨型后，浅沟集水区土壤侵蚀量与 PI_{30} 关系变化趋势的差异更加明显。三种侵蚀性降雨雨型(RR1、RR2、RR3)条件下，浅沟集水区土壤侵蚀量与 PI_{30} 的回归方程的斜率分别为 1.66、0.51、0.23；而未划分侵蚀性降雨雨型的回程方程的斜率为 0.88，这表明不同侵蚀性降雨雨型下的单位降雨量所引起的土壤侵蚀量存在明显差异。

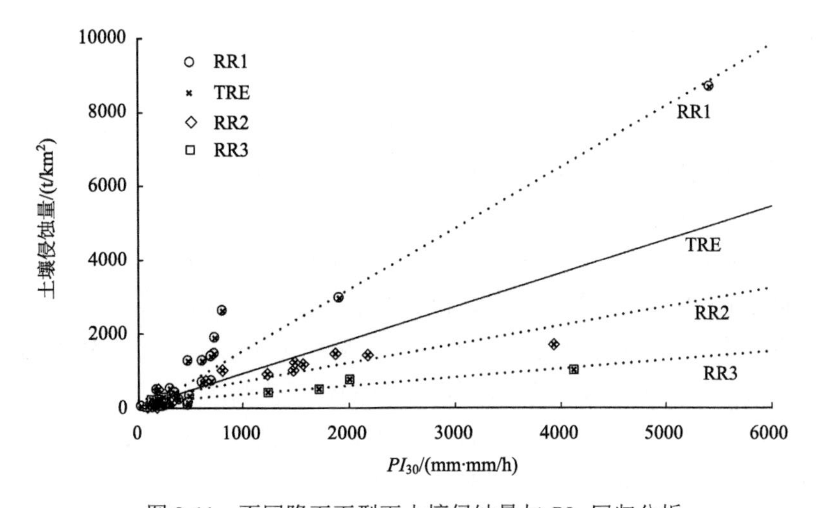

图 2-11　不同降雨雨型下土壤侵蚀量与 PI_{30} 回归分析

注：实线为全部 56 场降雨(用于拟合关系式)的趋势线；虚线为分降雨雨型后 30(RR1)、16(RR2)、10(RR3)场降雨的趋势线

通过对次降雨浅沟集水区土壤侵蚀量与其 PI_{30} 进行线性回归，共得到划分降雨雨型与未划分降雨雨型条件下浅沟集水区土壤侵蚀量与 PI_{30} 的回归方程，两者显著性水平均在 95%以上。

未划分降雨雨型条件下浅沟集水区土壤侵蚀量与 PI_{30} 的回归方程：

$$\text{TRE:SL}=0.88PI_{30}+168.02 \quad (R^2=0.53, n=56) \tag{2-1}$$

划分降雨雨型条件下浅沟集水区土壤侵蚀量与 PI_{30} 的回归方程：

$$\begin{cases} \text{RR1:SL}=1.66PI_{30}-123.81 & (R^2=0.94, n=30) \\ \text{RR2:SL}=0.51PI_{30}+214.67 & (R^2=0.82, n=16) \\ \text{RR3:SL}=0.23PI_{30}+146.32 & (R^2=0.92, n=10) \end{cases} \tag{2-2}$$

式中，SL 为次降雨土壤侵蚀量，t/km^2；PI_{30} 为降雨量(P)与最大 30min 雨强(I_{30})的乘积，mm • (mm/h)。

对比上述两个方程的决定系数发现，式(2-2)的 R^2 均超过 0.80，而式(2-1)的 R^2 则仅为 0.53，说明在黄土高原地区，划分降雨雨型对准确计算浅沟集水区土壤侵蚀量具有重要作用。

2.2.5 划分侵蚀性降雨雨型的浅沟集水区土壤侵蚀量与 PI_{30} 方程的验证

1. 交叉检验

利用随机选取的 26 场侵蚀性降雨(RR1、RR2、RR3 分别为 16 场、6 场、5 场)，对式(2-1)和式(2-2)进行交叉检验。图 2-12 是由式(2-1)和式(2-2)计算得到的土壤侵蚀量值与对应观测值的交叉检验结果。可以看出，式(2-2)计算得到的土壤侵蚀量值分布在 1∶1 线附近，而式(2-1)计算得到的土壤侵蚀量值则距 1∶1 线较远，表明由式(2-2)的估算值与对应观测值非常接近。

从图 2-12 可以看出，式(2-2)的 R^2 均超过 0.93，E_{NS} 均大于 0.66，说明该方程的估算精度比较好。而式(2-1)虽然 R^2 均超过 0.93，但其 E_{NS} 值则较低，分别仅为 0.65、0.48、−3.64，说明式(2-1)的估算精度较低，尤其对 RR3。

对于三种降雨雨型，当次降雨的 PI_{30} 值低于 400 mm • (mm/h)时，式(2-2)的土壤侵蚀量估算值低于式(2-1)的估算值，但式(2-2)的计算值更接近观测值。此时，式(2-1)会明显低估土壤侵蚀量，而式(2-2)更适合进行土壤侵蚀量估算。当次降雨的 PI_{30} 高于 400 mm • (mm/h)时，对于 RR1 而言，式(2-2)的估算值则高于式(2-1)的估算值，且更接近观测值；对于 RR2 和 RR3 而言，式(2-1)的估算值则远高于式(2-2)的估算值，且明显高于观测值。此时，式(2-1)会明显高估土壤侵蚀量，而式(2-2)仍然更适合进行土壤侵蚀量估算。再者，与 PI_{30} 的临界值[400 mm • (mm/h)]相对应的次降雨土壤侵蚀量也存在临界值(400 t/km^2)。

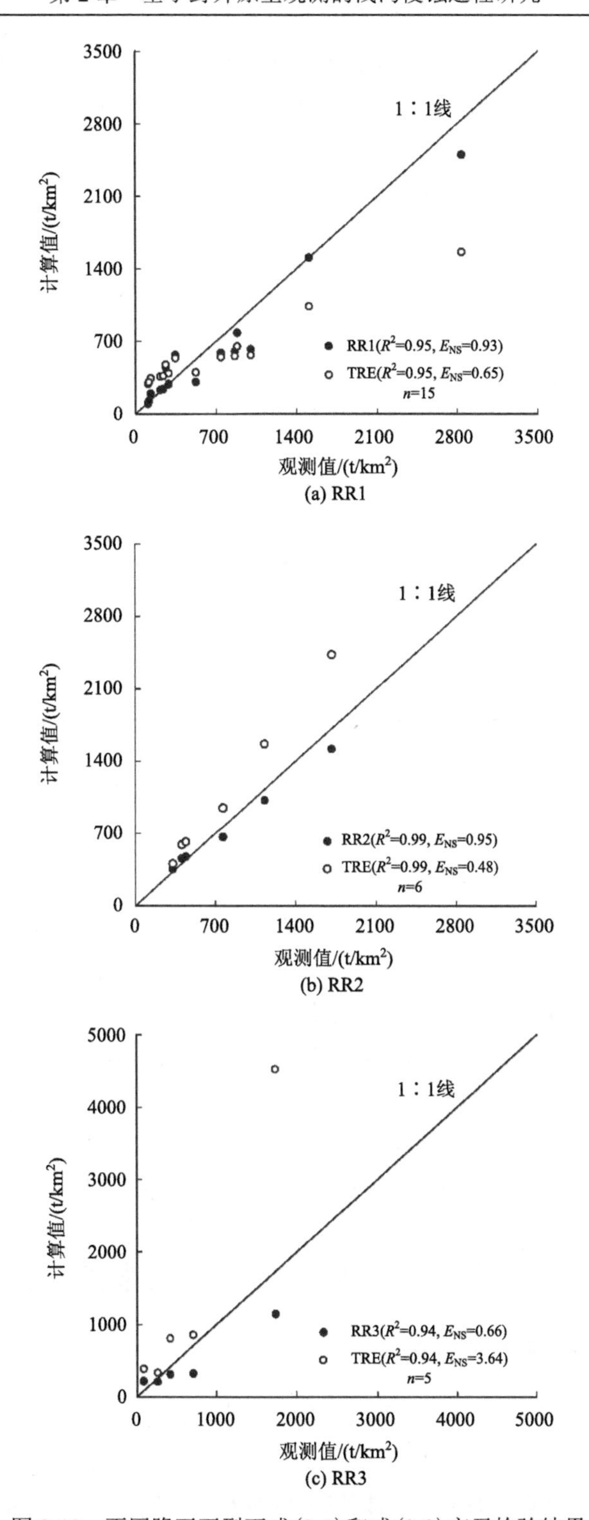

图 2-12　不同降雨雨型下式(2-1)和式(2-2)交叉检验结果

注：R^2 为决定系数；E_{NS} 为纳什有效性系数。黑点表示由式(2-2)计算得到的跟降雨雨型的次降雨侵蚀量值；黑圈表示由式(2-1)计算得到的对应场次的次降雨土壤侵蚀量值

上述分析表明，未分降雨雨型的土壤侵蚀量与 PI_{30} 回归方程的估算精度很差，而划分降雨雨型的土壤侵蚀量与 PI_{30} 回归方程则可以很好地估算浅沟坡面的土壤侵蚀量。

2. 平均相对误差

对于浅沟集水区土壤侵蚀量与 PI_{30} 回归方程而言(表 2-7)，划分降雨雨型条件下，方程估算侵蚀量的平均相对误差在 0～21%以内，其中，RR1 平均相对误差为−11.6%；RR2 的平均相对误差最小，为−7.9%；RR3 的平均相对误差为−20.5%。未划分降雨雨型条件下，方程估算侵蚀量的平均相对误差较大，最大值达到 153.2%。因此，划分降雨雨型对于提高浅沟集水区土壤侵蚀预报精度有重要意义。

表 2-7　不同降雨雨型下方程估算侵蚀量平均相对误差对比　　单位：%

降雨雨型	平均相对误差	
	分雨型所拟合的方程	未分雨型所拟合的方程
RR1	−11.6	−18.6
RR2	−7.9	34.7
RR3	−20.5	153.2

由于土壤侵蚀过程受多种因素影响，浅沟坡面土壤侵蚀预报仍是目前的学术难题，尤其针对次降雨时间尺度预报的不确定性更大。无论采用统计模型还是物理模型，已有相关研究的相对误差为 20%～40%。如利用 WEPP 模型对川东紫色土裸露坡地次降雨侵蚀强度预报的平均相对误差为 24%(严冬春等，2007)，而在东北黑土区裸露坡地应用的平均相对误差甚至超 100%(刘远利等，2010)。又如针对小流域尺度的报道中，采用以径流侵蚀功率和径流深为自变量、次降雨侵蚀产沙为因变量的统计模型，以及采用基于向量机回归的统计模型，其预报结果的平均相对误差均约为 25%(李斌兵等, 2007; 于国强等, 2010)。通过与上述结果对比，式(2-2)因其较高的复相关系数和纳什效率系数，以及较小的平均相对误差(<21%)说明，基于降雨雨型获取的土壤侵蚀量与 PI_{30} 回归方程整体具有较好的精度，适于黄土浅沟坡面次降雨土壤侵蚀量估算。

2.3　不同降雨雨型下浅沟集水区上方来水来沙对浅沟侵蚀的影响

2.3.1　增水系数与增沙系数的定义

有上方来水时下方侵蚀带的径流量较无上方来水时的径流量的相对增量称增水系数。有上方来水时本侵蚀带的侵蚀量较无上方来水时的侵蚀量相对增量称增沙系数。增沙系数是上方来水对下方侵蚀带影响程度的度量指标，而增水系数则对增沙系数有重要影响(郑粉莉和康绍忠, 1998)。

为定量评价片蚀+细沟侵蚀带来水对浅沟侵蚀带产流产沙的影响，用增水系数 R_{ue} 来表示片蚀+细沟侵蚀带来水对浅沟侵蚀带产流的影响；用增沙系数 S_{de} 来表示片蚀+细沟侵蚀带来水对浅沟侵蚀带产沙的影响。具体计算公式如下：

$$R_{ue} = \frac{R_5 - (R_3 + R_4)}{R_5} \times 100\% \tag{2-3}$$

$$S_{de} = \frac{S_5 - (S_3 + S_4)}{S_5} \times 100\% \tag{2-4}$$

式中，R_{ue} 为有片蚀+细沟侵蚀带来水时浅沟侵蚀带产流较无片蚀+细沟侵蚀带来水时浅沟侵蚀带产流的相对增量；S_{de} 为有片蚀+细沟侵蚀带来水时浅沟侵蚀带产沙较无片蚀+细沟侵蚀带来水时浅沟侵蚀带产沙的相对增量；R_3、R_4 和 R_5 分别为片蚀+细沟侵蚀带、浅沟侵蚀带、片蚀+细沟+浅沟侵蚀带的产流量，mm；S_3、S_4 和 S_5 分别为片蚀+细沟侵蚀带、浅沟侵蚀带、片蚀+细沟+浅沟侵蚀带的产流量，t/(km^2 • a)。

2.3.2 不同降雨雨型下上方来水来沙对浅沟侵蚀带产流产沙的贡献分析

在降雨过程中，上方来水是上下不同地貌部位之间水流能量传递的媒介，不仅影响坡下方的入渗、产流能力，同时会影响到坡面的径流挟沙能力和侵蚀量(Nearing et al., 1999)。描述上方来水在自然坡面中侵蚀作用的重要指标是增水系数和增沙系数。一般来说，坡面径流含沙量与降雨能量呈正相关关系(舒若杰, 2013)。降雨能量越大，坡面侵蚀量越大，上方来水含沙量也越大，上方来水的大部分能量用于挟沙，而用于侵蚀床面的能量少(Foster and Meyer, 1972)，因而增沙系数较小。反之降雨能量小时，上方来水含沙量较小，进入下方侵蚀带后仍能侵蚀并携带相对较多的泥沙因而增沙系数较大。

表 2-8 是 2003～2014 年间片蚀+细沟复合带、浅沟侵蚀带、片蚀+细沟+浅沟复合带的平均增水系数。对比三种降雨雨型发现，次降雨条件下片蚀+细沟复合带的来水使浅沟侵蚀带的径流量增加 14%～30%。

表 2-8　片蚀+细沟复合带来水对浅沟侵蚀带产流的影响

降雨雨型	径流深/mm			R_{ue}
	片蚀+细沟复合带	浅沟侵蚀带	片蚀+细沟+浅沟复合带	
RR1	4.5	5.7	3.8	0.30
RR2	3.6	5.6	3.4	0.23
RR3	3.1	3.5	1.9	0.14

从 RR1→RR2→RR3，片蚀+细沟复合带来水引起的浅沟侵蚀带增水系数分别为 30%、23%和 14%。

表 2-9 是 2003～2014 年间片蚀+细沟复合带、浅沟侵蚀带、片蚀+细沟+浅沟复合带的平均增沙系数。对比三种降雨雨型发现，次降雨条件下片蚀+细沟复合带的来水使浅沟侵蚀带的侵蚀量增加 33%～41%。

表 2-9 片蚀+细沟复合带来水对浅沟侵蚀带产沙的影响

降雨雨型	侵蚀量/[t/(km^2 • a)]			S_{de}
	片蚀+细沟复合带	浅沟侵蚀带	片蚀+细沟+浅沟复合带	
RR1	1325.0	1711.8	1761.8	0.41
RR2	836.0	1897.9	1138.8	0.38
RR3	627.0	833.5	772.7	0.33

片蚀+细沟复合带来沙对浅沟侵蚀带增沙的影响更为明显。从 RR1→RR2→RR3，片蚀+细沟复合带来水引起的浅沟侵蚀带增沙系数分别为 41%、38%和 33%。由此可知，短历时强降雨引起的上方来水对整个浅沟坡面的产沙具有重要影响。因此，增加径流就地入渗和减少径流下坡是防治坡面土壤侵蚀的关键所在。

2.3.3 不同降雨雨型下增沙系数与增水系数的关系分析

根据泥沙传递理论，径流能量主要用于水沙运移及克服坡面土壤抗蚀性(Horton, 1945)。在特定的边界条件下，径流中的泥沙量及运移能力相对恒定(Savat and Ploey, 1982)。当径流中的泥沙含量低于径流的泥沙搬运能力时，径流尚存在侵蚀地表的能量；而当径流泥沙含量高于径流的泥沙搬运能力时，径流中的泥沙将沉积在地表(袁殷等, 2010)。因此，随上方侵蚀带的径流的泥沙含量增大，下方侵蚀带的径流搬运能力增大，且大于径流的侵蚀能力(Gong et al., 2011)。这也是下方侵蚀带泥沙量增大的重要原因之一。图 2-13 与图 2-14 分别对比了不同降雨雨型下细沟侵蚀带与浅沟侵蚀带增沙系数与增水系数的线性回归关系。

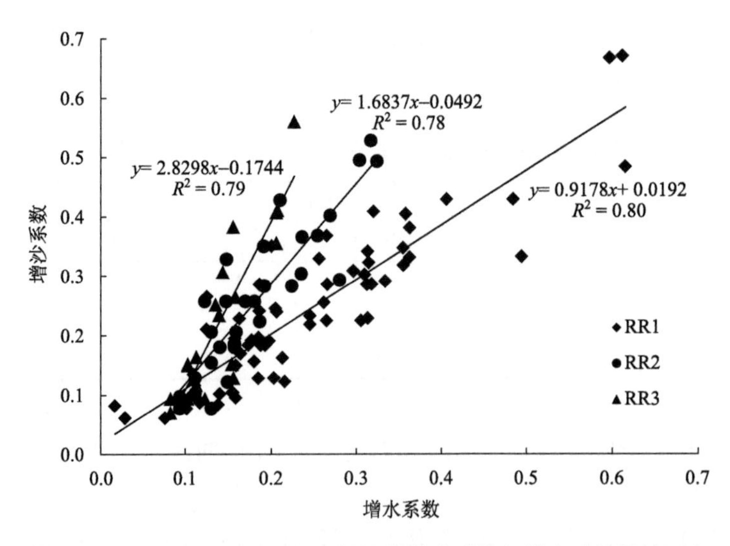

图 2-13 不同降雨雨型下细沟侵蚀带增沙系数与增水系数线性回归

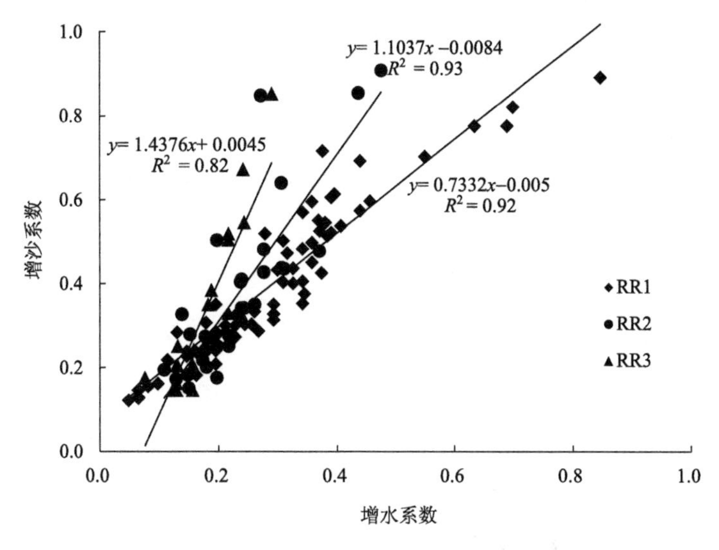

图 2-14　不同降雨雨型下浅沟侵蚀带增沙系数与增水系数线性回归

通过对比图 2-13 与图 2-14 可以看出，不同降雨雨型下细沟侵蚀带与浅沟侵蚀带增沙系数与增水系数均呈线性增加趋势，但对相同增水系数引起的增沙系数而言，细沟侵蚀带则较浅沟侵蚀带更大。就 RR1 而言，细沟侵蚀带、浅沟侵蚀带增沙系数均随增水系数增大而增大，但浅沟侵蚀带增沙系数的增大幅度大于细沟侵蚀带。对于 RR2 和 RR3 而言，细沟侵蚀带、浅沟侵蚀带增沙系数均随增水系数增大而增大，但浅沟侵蚀带增沙系数的增大幅度小于细沟侵蚀带。径流在坡面运动过程中，所具有的能量消耗于输水、挟沙和克服床面阻力，而对外表现为输水、输沙的功能(Horton et al., 1934)。在一定地表条件下，坡面径流所能挟带的泥沙具有一定的限度(Ellison and Ellison, 1947)。当水流含沙量小于水流挟沙力时，水流就会侵蚀床面；当水流含沙量大于水流挟沙力时，就会发生淤积(Foster and Meyer, 1972)。因此，当上方来水含沙量较大时，径流由于携带泥沙而需要消耗较多的能量，用于侵蚀床面的能量则相对减少，这就使得增沙系数相对较小。

2.3.4　降雨特征对增沙系数的影响

就自然因素而言，降雨是土壤侵蚀发生发展的最主要动力因子(Fang et al., 2008)。在黄土高原地区，由于黄土疏松易蚀特性和降雨集中特点的影响(田世民等, 2016)，使得降雨的侵蚀作用表现得更为突出。而降雨特征作为反映土壤侵蚀的主要因素，包括降雨量、降雨强度、降雨能量等均与坡面侵蚀产沙之间存在着不同程度的关系(Capra et al., 2009)。因此，本节利用前文选取的降雨特征指标分析降雨对增沙系数的影响。

从图 2-15 可以看出，在三种降雨雨型下，浅沟侵蚀带的增沙系数均随降雨量增大而增大。当降雨量小于 80 mm 时，单位降雨量条件下，由 RR1 引起的浅沟侵蚀带增沙系数在三种降雨雨型中均最大。此时，由 RR2 引起的增沙系数仍大于 RR3。而当降雨量大于 80 mm 时，单位降雨量条件下，由 RR3 引起的浅沟侵蚀带增沙系数均大于 RR2。分析其原因在于对 RR2 和 RR3 而言，当降雨量小于 80 mm 时，RR2 的平均降雨强度大于 RR3，故而在单位降雨量条件下，RR2 的侵蚀产沙能力强于 RR3。当降雨量大于 80 mm 时，由于次降雨的降雨量较大，导致浅层土壤水分饱和，坡面产流量迅速增加。此时，降雨量已超过降雨强度，成为影响径流量的主导因素。因此，RR3 的增沙系数逐渐高于 RR2。

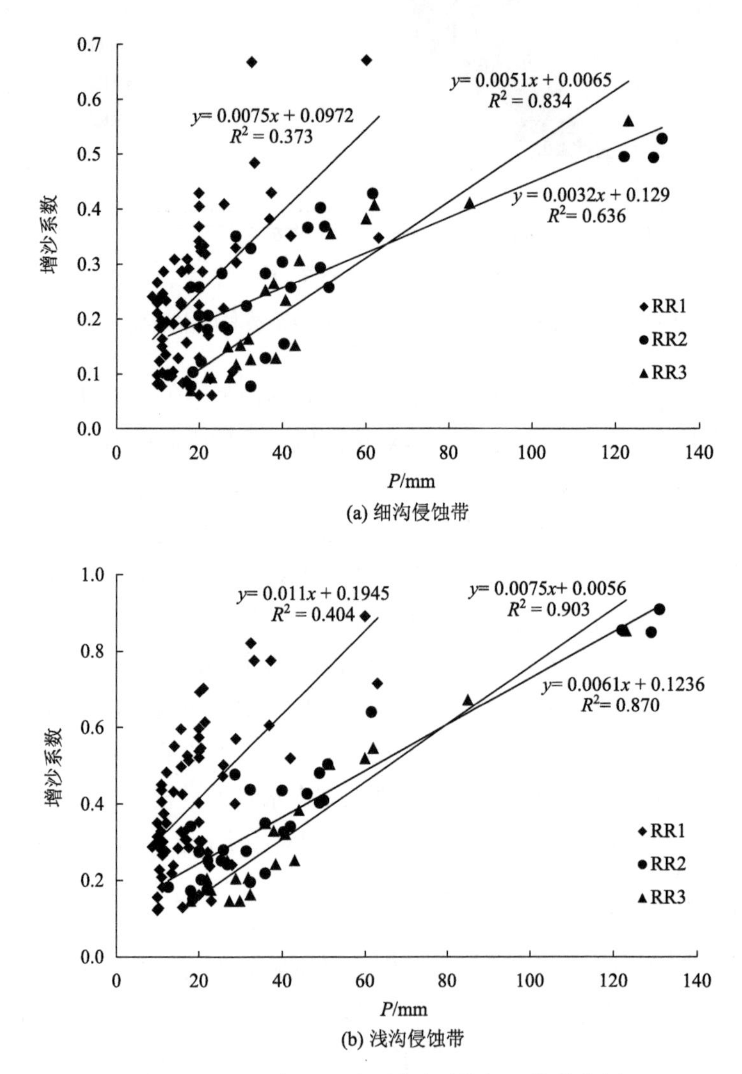

图 2-15　不同降雨雨型下增沙系数与 P 趋势分析

与图 2-15 的变化趋势不同，在三种降雨雨型下，细沟侵蚀带和浅沟侵蚀带的增沙系数均随 I_{30} 增大而迅速增大(图 2-16)。从图 2-16 可以看出，在相同降雨强度下，细沟侵蚀带和浅沟侵蚀带的增沙系数受 RR3 影响最大，其次为 RR2，受 RR1 的影响最小。其原因在于对于单场降雨，一旦降雨强度相同，则降雨量越大，侵蚀量越大。在三种降雨雨型中，单场降雨的降雨量以 RR3 最大。因此，单位降雨强度下，以 RR3 的增沙系数最大。

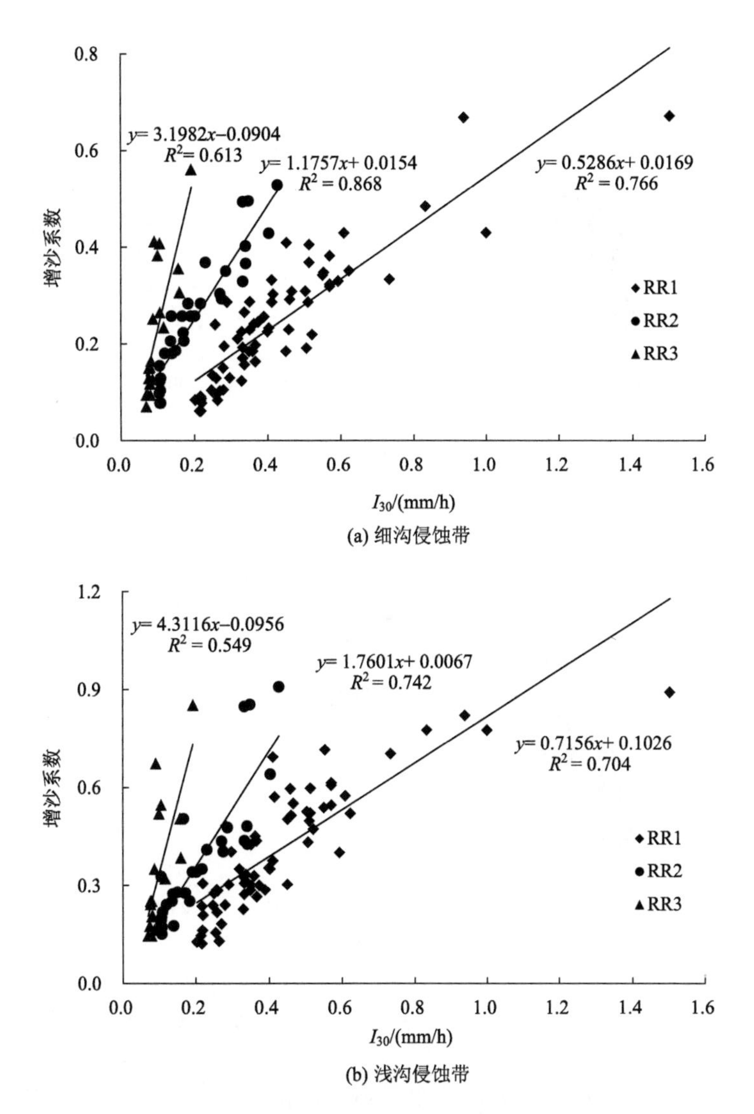

图 2-16　不同降雨雨型下增沙系数与 I_{30} 趋势分析

增沙系数与 PI_{30} 的变化趋势与 P、I_{30} 明显不同，两者之间的关系呈现对数曲线(图 2-17)。当 PI_{30} 较小[< 600 mm·(mm/h)]时，细沟侵蚀带与浅沟侵蚀带增沙系数迅速增大。当 PI_{30} 较大[> 600 mm·(mm/h)]时，增沙系数速率变缓。这种变化趋势在三种降雨雨型中，以 RR1 和 RR2 最为明显。此外，RR3 的 PI_{30} 在三种降雨雨型最小，说明当三种降雨雨型的 PI_{30} 基本相同时，RR3 的次降雨量在三种降雨雨型中最大，其对应的产流量也最大，因此，RR3 下两个侵蚀带的增沙系数也最大。

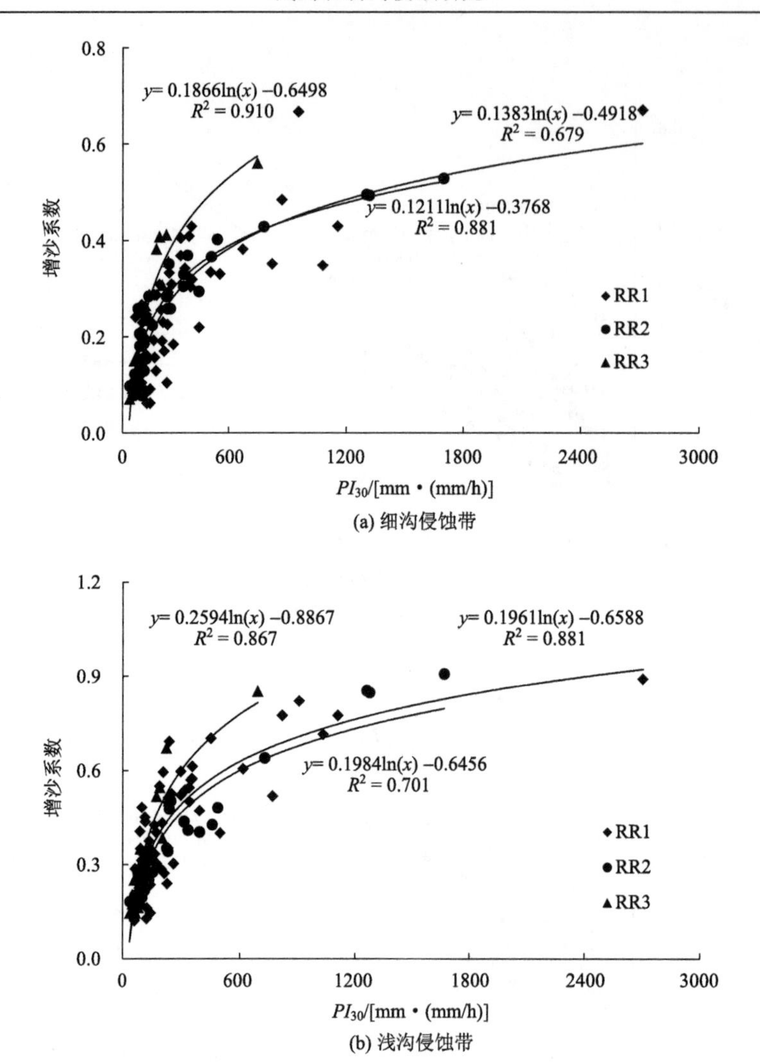

图 2-17　不同降雨雨型下增沙系数与 PI_{30} 趋势分析

由于增沙系数与 P、I_{30}、PI_{30} 这三个降雨特征指标的变化趋势各不相同，因此，这里对增沙系数与 P、I_{30}、PI_{30} 之间的相关性进行分析，以判断与增沙系数关系最密切的降雨特征指标(表 2-10)。

表 2-10　不同降雨雨型下增沙系数与降雨指标相关分析

降雨特征指标	细沟侵蚀带增沙系数			浅沟侵蚀带增沙系数		
	RR1 (n=65)	RR2 (n=30)	RR3 (n=20)	RR1 (n=65)	RR2 (n=30)	RR3 (n=20)
P	0.609**	0.794**	0.912**	0.636**	0.933**	0.950**
I_{30}	0.873**	0.932**	0.788**	0.839**	0.866**	0.733**
PI_{30}	0.734**	0.848**	0.850**	0.699**	0.929**	0.874**

**在 0.01 水平上达到极显著水平。

对细沟侵蚀带而言，在 RR1 和 RR2 下，细沟侵蚀带增沙系数与 P 相关性最差，与 I_{30} 相关性最好。在 RR3 下，细沟侵蚀带增沙系数与 I_{30} 相关性最差，与 P 相关性最好。对浅沟侵蚀带而言，在 RR1 下，浅沟侵蚀带增沙系数与 P 相关性最差，与 I_{30} 相关性最好。而在 RR2 和 RR3 下，浅沟侵蚀带增沙系数与降雨量相关性最好，与 I_{30} 相关性最好。这主要是 RR1 下的次降雨量较小和 RR3 下的次降雨量较大的缘故。由于 RR1 的 I_{30} 在三种降雨雨型中最大，在 P 相同条件下，I_{30} 对细沟侵蚀带和浅沟侵蚀带增沙系数的贡献也最明显。而 RR3 因其较大的降雨量产生较多的径流量，进而产生更多的侵蚀量。此时，P 对增沙系数的贡献则超过 I_{30}。此外，增沙系数与 P 的相关性高于增沙系数与 I_{30} 的相关性。

2.4　浅沟动态发育变化过程的量化研究

2.4.1　2003～2015 年浅沟发育动态变化

基于 2003～2015 年观测期间每年雨季结束后利用测尺法对浅沟沟槽长宽深的监测结果，统计分析了 2003～2015 年 13 年的浅沟沟槽长宽深的动态变化，定量描述浅沟发育特征(表 2-11)。

表 2-11　2003～2015 年浅沟沟槽长宽深的统计特征

统计参数	长/m			宽/cm			深/cm		
	EGC3	EGC1	EGC2	EGC3	EGC1	EGC2	EGC3	EGC1	EGC2
最大值	29.5	51.2	65.7	28.8	41.9	55.9	13.1	19.5	24.4
最小值	22.8	40.5	58.6	18.0	27.1	31.5	8.5	10.8	12.5
平均值	26.3	45.0	62.8	23.9	35.0	41.9	11.2	14.5	19.2
标准偏差	2.4	3.3	2.4	3.3	4.1	7.6	1.5	2.7	4.0
变异系数	9%	7%	3%	14%	11%	18%	13%	18%	21%

表 2-11 表明，上方汇水面积对浅沟发育有重要影响。EGC3 和 EGC1 的上方汇水面积分别为 188 m^2 和 362 m^2，EGC2 的上方汇水面积为 488 m^2，后者分别是前两者的 2.60 和 1.34 倍；对应的 EGC3 和 EGC1 的浅沟长度分别为 22.8～29.5 m 和 40.5～51.2 m，EGC2 的浅沟长度为 58.6～65.7 m，其分别是 EGC3 和 EGC1 浅沟长度的 1.73～2.57 倍和 1.28～1.45 倍；EGC3 和 EGC1 的浅沟沟槽平均宽度分别变化于 18.0～28.8 cm 和 27.1～41.9 cm，而 EGC2 的浅沟沟槽平均宽度变化于 31.5～55.9 cm，其分别是前两者的 1.75～1.94 倍和 1.16～1.33 倍；EGC3 和 EGC1 的浅沟平均深度分别变化于 8.5～13.1 cm 和 10.8～19.5 cm，EGC2 的浅沟平均深度变化于 12.5～22.4 cm，其分别是前两者的 1.47～1.86 倍和 1.15～1.25 倍。

观测结果还表明，与 EGC3 相比，当 EGC1 和 EGC2 的上方汇水面积分别增加 34.8%

和 159.6%时，浅沟长度分别增加 39.6%和 138.8%，沟槽平均宽度分别增加 19.7%和 75.3%，沟槽平均深度分别增加 32.4%和 71.4%，说明了上方汇水面积对浅沟发育有重要影响。

浅沟长度与和沟槽断面面积是浅沟形态特征的重要指标，也是表征浅沟侵蚀量的重要参数。这里基于对 2003～2015 年的浅沟长度和沟槽横断面面积动态变化的分析，进一步讨论浅沟发育的动态变化。表 2-12 表明，与 2003 年相比，2015 年 EGC1、EGC2 和 EGC3 的浅沟长度分别增加了 26.4%、12.1%和 29.3%，年增加速率分别为 0.82 m/a、0.55 m/a 和 0.52 m/a。研究还表明，沟槽横断面平均面积也呈逐年增加趋势；与 2003 年相比，2015 年 EGC1、EGC2 和 EGC3 的浅沟沟槽横断面平均面积分别增加了 22.5%、65.1%和 45.9%，年增加速率分别为 5.0 cm^2、15.8 cm^2 和 4.1 cm^2。根据表 2-12 还可知，浅沟沟槽横断平均面积的动态变化也受上方汇水面积的影响。EGC2 的浅沟沟槽断面平均面积变化于 288.9～618.7 cm^2 之间，而 EGC1 和 EGC3 的浅沟沟槽横断面积分别为 159.6～435.6 和 102.3～256.4 cm^2，前者分别较后两者增加 42.0%～81.0%和 141.3%～182.4%，再次表明上方汇水面积对浅沟集水区土壤侵蚀有重要影响。

表 2-12　2003～2015 年浅沟沟槽形态特征变化

年份	EGC1 长/m	EGC1 横断面平均面积/cm^2	EGC2 长/m	EGC2 横断面平均面积/cm^2	EGC3 长/m	EGC3 横断面平均面积/cm^2
2003	40.5	289.6	58.6	315.6	22.8	115.4
2004	41.5	336.8	60.4	364.5	23.5	158.6
2005	43.5	235.6	59.4	305.6	23.5	136.2
2006	42.6	225.5	60.2	288.9	25.4	125.5
2007	44.7	243.6	62.4	389.5	27.6	152.6
2008	42.1	159.6	62.6	192.2	26.4	102.3
2009	45.7	296.5	64.5	425.6	27.3	154.6
2010	44.7	241.8	65.6	390.9	28.4	149.9
2011	46.6	232.9	64.8	221.3	25.8	128.8
2012	43.1	283.6	62.8	355.5	23.1	152.3
2013	49.0	435.6	65.3	618.7	29.4	256.4
2014	50.4	361.1	64.5	538.0	29.1	179.0
2015	51.2	354.7	65.7	521.2	29.5	168.4

表 2-12 还展现了极端降雨事件对浅沟发育过程的影响。如 2013 年三条浅沟集水区的浅沟长度和沟槽横断面积均为最大，这是因为当年 7 月 21 日发生了特大暴雨，其降雨量达到 131.0 mm，I_{30} 达到 1.50 mm/min。对比各年的浅沟长度和沟槽横断面积，发现浅沟长度和浅沟沟槽横断面积皆呈现了缓慢增大的趋势，这说明虽然每年的横向犁耕可覆盖浅沟沟槽痕迹，但往复的沟槽侵蚀和横向犁耕循环依然促进了浅沟的发育(表 2-12)。

2.4.2　基于三维激光扫描技术的浅沟形态动态变化过程

基于 2013～2015 年雨季前后利用三维激光扫描技术监测得到的数据，统计分析了 2013～2015 年浅沟形态的动态变化过程。图 2-18 和图 2-19 展示了 2013～2015 雨季前后三条集水区浅沟发育的动态变化过程。每年雨季后，浅沟沟槽加宽和加深，两侧坡面上发育了细沟网向浅沟沟槽汇流，而每年春季的横向犁耕则覆盖了浅沟沟槽，仅留下了浅洼地形(2014 年 4 月和 2015 年 4 月)，并消除了浅沟沟槽两侧的细沟网；随后其在下一轮雨季过程中受集中水流冲刷，又在相同位置重新开始了浅沟发育过程(2014 年 8 月和 2015 年 9 月)。

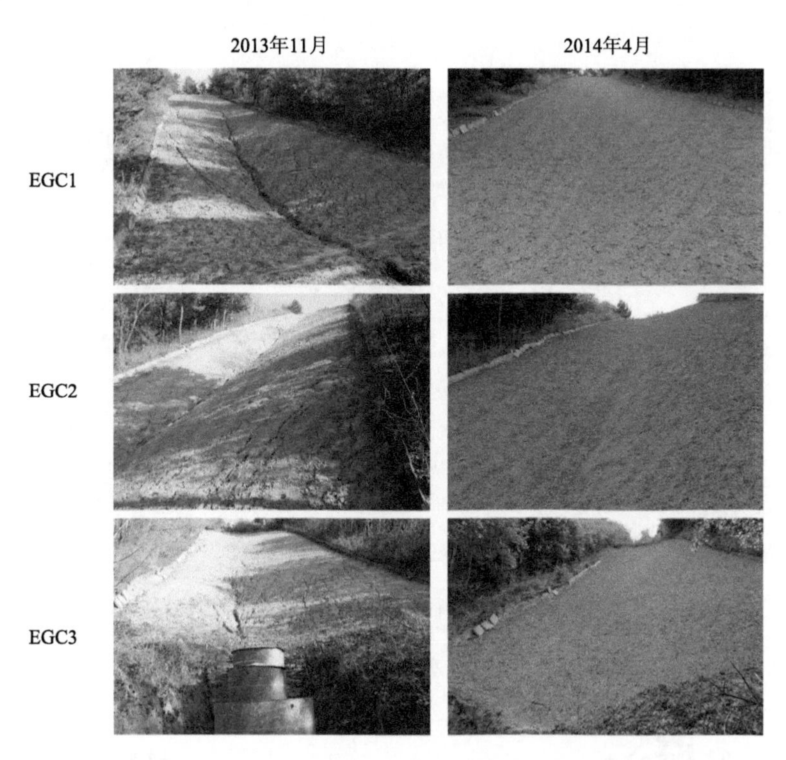

图 2-18　犁耕前后三条浅沟集水区的浅沟形态对比(2013～2014 年)

为了探究浅沟沟槽在连续的侵蚀和犁耕循环中的形态变化，在 EGC1 坡长 40 m 和 60 m 处动态监测了 2013～2015 年的沟槽横断面随侵蚀和耕作循环的变化(图 2-20)。

图 2-20 表明，经过 2013 年雨季侵蚀过程后，当年 11 月坡长 40 m 处浅沟沟槽的宽度和深度分别为 41 cm 和 18 cm，坡长 60 m 处浅沟沟槽的宽度和深度分别为 45 cm 和 20 cm；2014 年 4 月横向犁耕后，浅沟沟槽被填平，仅留下了浅洼地，且由于浅沟沟槽两侧土壤在横向犁耕过程中被带入沟槽部位，沟槽两侧坡面的高度平均下降了 2 cm。经过 2014 年的雨季侵蚀过程后，浅沟沟槽在相同位置再次出现，2014 年 8 月坡长 40 m 处沟槽宽度和深度分别为 32 cm 和 16 cm，坡长 60 m 处浅沟沟槽的宽度和深度分别为 37 cm

和 18 cm；在 2015 年 4 月横向犁耕后，浅沟沟槽再次被横向犁耕过程中沟槽两侧的土壤所填平，沟槽两侧坡面高度则相应的再次平均下降了 2 cm。2015 年雨季后，坡长 40 m 处的浅沟沟槽宽度和深度分别为 27 cm 和 12 cm，坡长 60 m 处浅沟沟槽的宽度和深度分别为 37 cm 和 15 cm。

图 2-19　三条浅沟集水区在横向犁耕—径流冲刷循环中的浅沟形态对比(2014～2015 年)

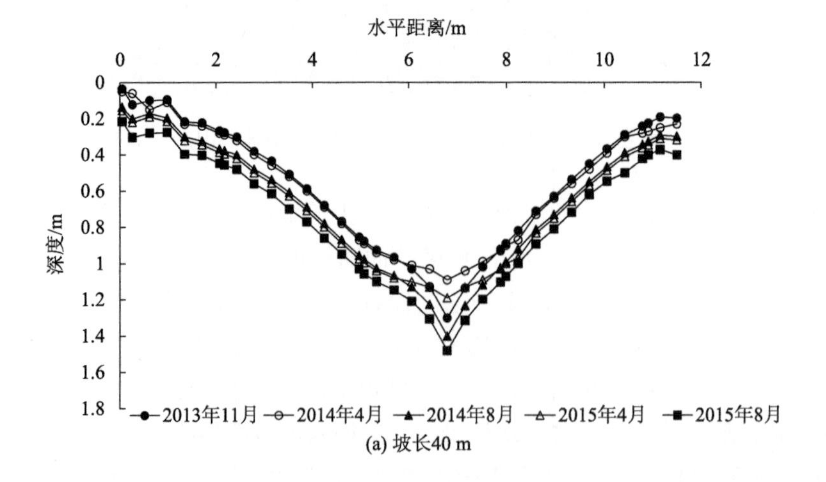

(a) 坡长40 m

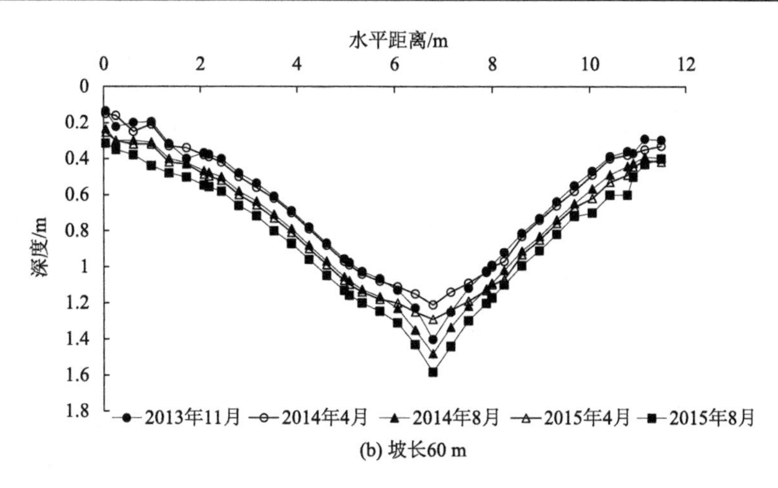

图 2-20　坡长 40 m 和 60 m 处横断面形态变化

与坡长 40 m 处浅沟沟槽宽度和深度相比，坡长 60 m 处浅沟沟槽的宽度和深度相比均较大，这说明浅沟沟槽的宽度和深度随坡长的变化而变化。表 2-11 统计了浅沟宽度和深度 13 年平均值的变化，而浅沟沟槽宽度和深度随坡长的变化尚不清楚。为此，将三维激光扫描获取的点云数据导入 GIS 平台，获得了 2013 年和 2015 年雨季结束后 EGC1 和 EGC2 浅沟沟槽宽度和深度随坡长变化数据(图 2-21)。

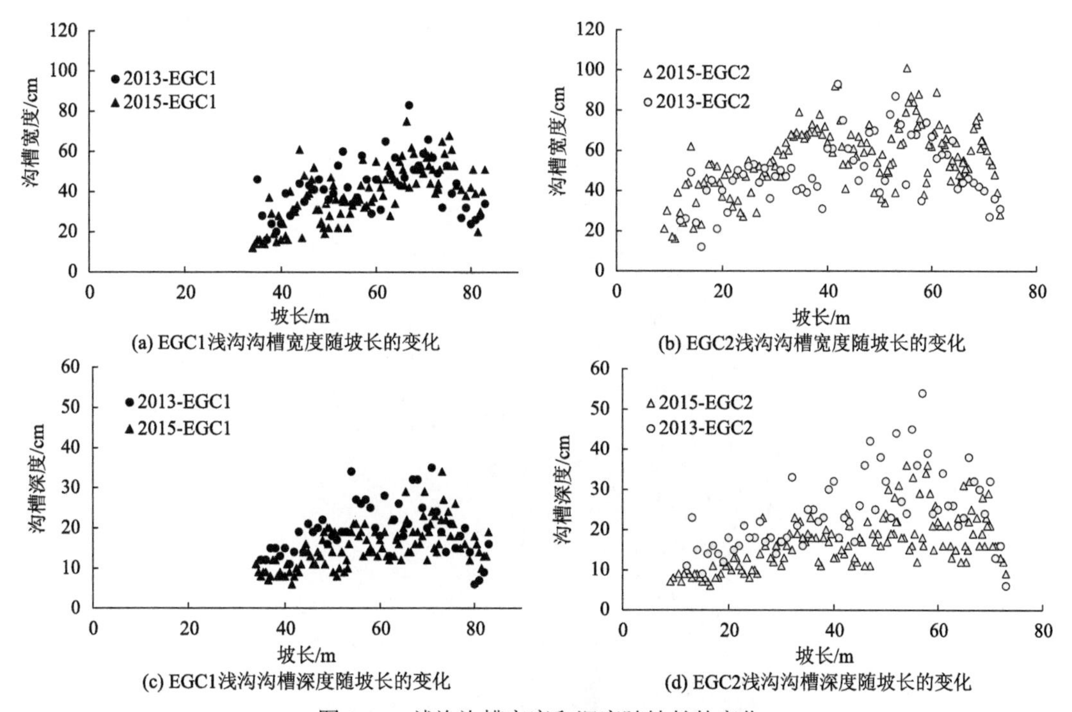

图 2-21　浅沟沟槽宽度和深度随坡长的变化

由图 2-21 可知，对于观测的 EGC1 和 EGC2 两条浅沟集水区，2015 年两者的浅沟长度均较 2013 年增加了 1～3 m。浅沟沟槽宽度从沟头到坡底呈先增大后减小的趋势，其最大值出现在距坡底 15～22 m 处，而最小值出现在坡面沟头位置处。图 2-21(a)和(b)均表明，对于同一条浅沟，2013 年和 2015 年的浅沟沟槽宽度差别较小。而无论在 2013 年还是 2015 年，EGC2 浅沟沟槽的宽度均大于 EGC1 浅沟沟槽的宽度，这说明上方汇水面积的增加使沟槽流量增大，径流侵蚀力增强，从而导致浅沟沟槽宽度的增加。

图 2-21(c)和(d)表明，浅沟沟槽深度随着坡长的增大也呈现先增大后减小的趋势，沟槽深度同样在距坡底约 20 m 处达到最大值，2013 年 EGC2 浅沟深度甚至达到了 54 cm，这可能与该年内的极端降雨事件有关。对于 EGC1 和 EGC2 两条浅沟，2013 年的浅沟沟槽深度明显大于 2015 年的浅沟沟槽深度，这说明在野外自然条件下，降雨和地表汇流主要通过增加浅沟深度增加浅沟侵蚀量。因此，在进行浅沟测量及根据浅沟形态估算浅沟侵蚀量时，需要精确测量浅沟沟槽深度的变化，提高估算精度。再者，由于上方汇水面积的差异，EGC2 浅沟沟槽深度均大于 EGC1 浅沟沟槽深度。浅沟沟槽在沟头位置处的宽度和深度较小，分别介于 15～20 cm 和 10～14 cm 之间，可为浅沟沟头溯源侵蚀的室内试验提供设计依据。

2.4.3　基于立体摄影测量技术的浅沟沟槽跌坎链形态特征

将立体摄影测量技术获取的局部浅沟沟槽立体相对数据导入 Agisoft Photoscan Professional 1.2.4 软件，生成高密度点云数据，随后建立了浅沟沟槽跌坎链形态的三维模型(图 2-22)，并基于该三维模型测量了跌坎间距和跌坎处的坡度，统计了跌坎间距和坡度的分布频率(图 2-23)。

图 2-22　浅沟沟槽点云数据和三维模型

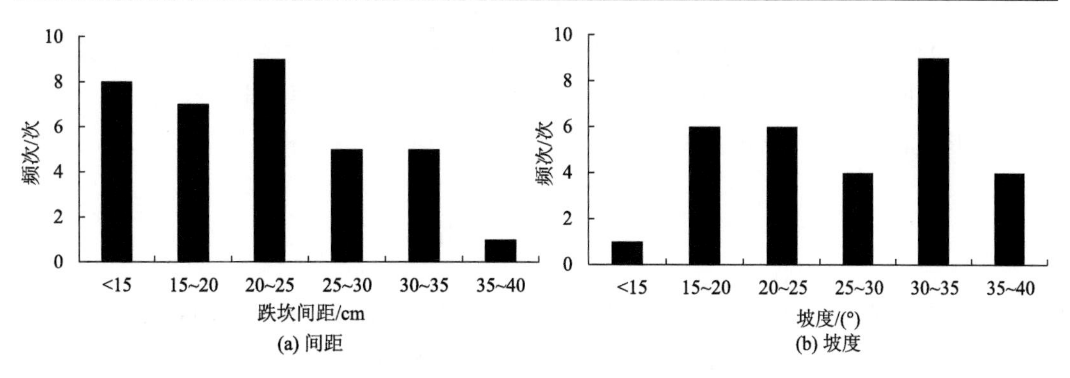

图 2-23　浅沟沟槽跌坎间距和坡度的分布频率

频率分布统计表明(图 2-23)，浅沟沟槽跌坎间距主要分布在 10～35 cm 之间，且 70%的跌坎间距均分布在 10～25 cm 之间。郑粉莉和高学田(2000)对野外自然降雨和人工模拟降雨条件下细沟发育的坡面上的跌水间距进行了统计。研究发现，野外观测中超过 70%的跌坎间距分布在 40～60 cm 之间，而室内人工模拟实验同样发现，超过 80%的跌坎间距分布在 30～60 cm 之间。与细沟侵蚀为主坡面上的跌坎间距相比，浅沟沟槽跌坎间距相对较小，这主要与两者的水流能量差别有关。在以细沟侵蚀为主的坡面上，跌坎处水流主要为薄层水流，水流能量较小；而在浅沟沟槽，跌坎处的水流为集中水流，水流能量较大，因而跌坎间距相应减小。结果还表明，跌坎处坡度分布在 15°～40°之间，这与前人的研究结果类似(张科利等, 1991)。

进一步统计了跌坎间距与坡度的关系，发现随着跌坎处坡度增大，跌坎间距呈减小趋势(图 2-24)。为此，建立了跌坎间距与坡度的关系，两者呈负指数关系，R^2 为 0.90。这表明当浅沟沟槽处坡度较小时，水流势能转为动能的速度较慢，因此水流需要较长的跌坎间距汇集足够的侵蚀能量。相反，当浅沟沟槽处坡度较大时，浅沟沟槽的水流能汇集足够的侵蚀能量形成下一个跌坎，导致跌坎间距相应地变短。

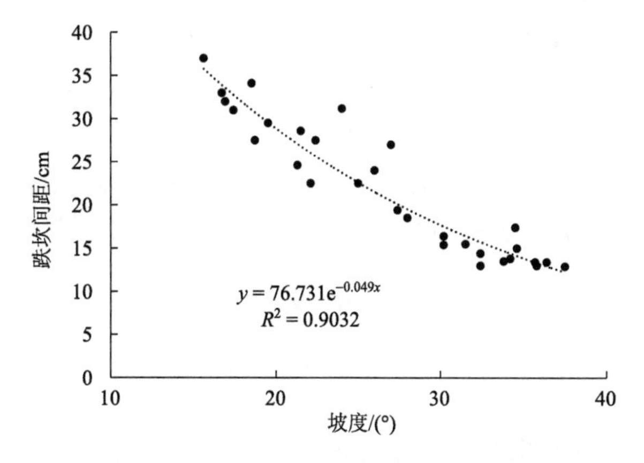

图 2-24　跌坎处跌坎间距与坡度的关系

图 2-24 还表明，当坡度大于 30°时，跌坎间距大致变化于 13～18 cm 之间，这说明形成浅沟沟槽跌坎需要一定的水流能量，而水流能量的汇集需要一定的跌坎长度。在浅沟沟槽形成的阶梯状跌坎链反映了水流能量的转换和消耗过程(和继军等, 2013)。

2.5 结　语

本章基于黄土丘陵沟壑区野外大型坡面径流场的定位监测，获取 2003～2014 年 115 场侵蚀性降雨资料，划分了侵蚀性降雨雨型并分析了侵蚀性降雨雨型对浅沟集水区侵蚀产沙过程的影响，剖析了不同侵蚀性降雨雨型下上方来水来沙对下方浅沟侵蚀带侵蚀产沙的影响，并结合三维激光扫描和立体摄影测量技术定量刻画了浅沟形态动态变化过程。主要结论如下：

(1) 利用 K 均值聚类分析和判别分析，基于降雨量(P)、降雨历时(t)和 I_{30} 将研究区的降雨雨型划分成三种雨型，其中，短历时、大雨强、小雨量的 RR1 降雨雨型引起的年径流量和侵蚀量均最大，其分别占全年径流量和侵蚀量量的 59.4%和 69.9%，表明 RR1 雨型是造成浅沟集水区土壤侵蚀的主要降雨雨型。

(2) 在 3 种降雨雨型下，次降雨土壤侵蚀量与 PI_{30} 相关性最好，进而构建了不同降雨雨型下的次降雨浅沟集水区土壤侵蚀量与 PI_{30} 的回归方程，方程验证结果表明，划分降雨雨型下回归方程的决定系数在 0.9 以上，纳什效率系数在 0.6 以上，且估算侵蚀量的平均相对误差小于 21%，整体估算精度远高于未划分降雨类型的回归方程。因此，划分降雨雨型对阐明降雨对浅沟集水区土壤侵蚀过程影响有重要意义。

(3) 不同降雨雨型下，浅沟侵蚀带增沙系数随增水系数呈线性增加趋势。对于 RR1 降雨雨型，浅沟侵蚀带增沙系数的增大幅度大于细沟侵蚀带，而对于 RR2 和 RR3 降雨雨型，浅沟侵蚀带增沙系数的增大幅度小于细沟侵蚀带。

(4) 2003～2015 年期间，不同汇水面积下的浅沟长度增加 12.1%～29.3%，年增加速率为 51.5～82.3 cm/a；浅沟沟槽断面面积增加 22.5%～65.1%，年增加速率分别为 500.0～4076.7 cm^2/a。当上方汇水面积分别增加 34%和 160%时，浅沟长度分别增加 40%和 138%，浅沟平均宽度分别增加 20%和 75%，沟槽平均深度分别增加 32%和 71%。

(5) 浅沟沟槽坡度主要分布在 15°～40°之间，沟槽内的跌坎间距主要分布在 10～35 cm，跌坎间距(y)和坡度(x)呈负指数关系式，即 $y=76.731e^{-0.049x}$。

参 考 文 献

韩芳芳, 刘秀花, 马成玉. 2012. 不同降雨历时梯田和坡耕地的土壤水分入渗特征. 干旱地区农业研究, 30(4): 14-20.

韩鹏, 倪晋仁, 李天宏. 2002. 细沟发育过程中的溯源侵蚀与沟壁崩塌. 应用基础与工程科学学报, 10(2): 115-125.

韩勇, 郑粉莉, 徐锡蒙, 等. 2016. 子午岭林区浅层滑坡侵蚀与植被的关系——以富县“7· 21” 特大暴雨为例. 生态学报, 36(15): 4635-4643.
和继军, 吕烨, 宫辉力, 等. 2013. 细沟侵蚀特征及其产流产沙过程试验研究. 水利学报, 44(4): 398-405.
李斌兵, 郑粉莉, 龙栋才. 2007. 基于支持向量机回归的次降雨小流域侵蚀产沙预报研究——以晋西王家沟为例. 水土保持通报, 27(6): 120-125.
刘远利, 郑粉莉, 王彬. 2010. WEPP 模型在东北黑土区的适用性评价——以坡度和水保措施为例. 水土保持通报, 30(1): 139-145.
卢金发, 刘爱霞. 2002. 黄河中游降雨特性对泥沙粒径的影响. 地理科学, 22(5): 552-556.
舒若杰. 2013. 降雨能量对水土流失的影响研究进展. 水资源与水工程学报, 24(2): 196-170.
唐克丽. 1983. 杏子河流域坡耕地的土壤侵蚀及其防治. 水土保持通报, 3(5): 43-48.
唐克丽, 郑粉莉, 张科利, 等. 1993. 子午岭林区土壤侵蚀与生态环境关系的研究内容和方法. 中国科学院水利部西北水土保持研究所集刊, (17): 3-10.
田世民, 王兆印, 李志威, 等. 2016. 黄土高原土壤特性及对河道泥沙特性的影响. 泥沙研究, (5): 74-80.
武敏, 郑粉莉, 黄斌. 2004. 黄土坡面汇流汇沙对浅沟侵蚀影响的试验研究. 水土保持研究, 11(4): 74-77.
肖培青, 郑粉莉. 2003. 上方来水来沙对细沟侵蚀泥沙颗粒组成的影响. 泥沙研究, (5): 64-68.
严冬春, 文安邦, 张忠启. 2007. 坡面版 WEPP 模型在川中丘陵区的应用研究. 水土保持学报, 21(5): 42-45, 63.
于国强, 李占斌, 鲁克新. 2010. 黄土高原小流域次降雨侵蚀产沙分段预报模型研究. 土壤学报, 47(4): 604-610.
袁殷, 王占礼, 刘俊娥, 等. 2010. 黄土坡面细沟径流输沙过程试验研究. 水土保持学报, 24(5): 88-91.
张科利. 1991. 浅沟发育对土壤侵蚀作用的研究. 中国水土保持, (4): 17-19.
张永东, 吴淑芳, 冯浩, 等. 2013. 黄土陡坡细沟侵蚀动态发育过程及其发生临界动力条件试验研究. 泥沙研究, (2): 25-32.
张姣, 郑粉莉, 温磊磊, 等. 2011. 利用三维激光扫描技术动态监测沟蚀发育过程的方法研究. 水土保持通报, 31(6): 89-94.
张鹏, 郑粉莉, 王彬, 等. 2008. 高精度 GPS, 三维激光扫描和测针板三种测量技术监测沟蚀过程的对比研究. 水土保持通报, 28(5): 11-15, 20.
郑粉莉. 1989. 细沟侵蚀量测算方法的探讨. 水土保持通报, 9(4): 41-47.
郑粉莉, 高学田. 2000. 黄土坡面土壤侵蚀过程与模拟. 西安: 陕西人民出版社.
郑粉莉, 康绍忠. 1998. 黄土坡面不同侵蚀带侵蚀产沙关系及其机理. 地理学报, 53(5): 422-427.
中国科学院南京土壤研究所土壤系统分类组. 1995. 中国土壤系统分类(修订方案). 北京: 中国农业科学技术出版社.
Berger C, Schulze M, Rieke-Zapp D, et al. 2010. Rill development and soil erosion: a laboratory study of slope and rainfall intensity. Earth Surface Processes and Landforms, 35(12): 1456-1467.
Bhuyan S J, Mankin K R, Koelliker J K. 2003. Watershed-scale AMC selection for hydrologic modeling. Transactions of the ASAE, 46(2): 303-310.
Bryan R B. 2000. Soil erodibility and processes of water erosion on hillslope. Geomorphology, 32(3):385-415.
Bryan R B, Jones J A A. 1997. The significance of soil piping processes: inventory and prospect.

Geomorphology, 20: 209-218.

Capra A, La Spada C. 2015. Medium-term evolution of some ephemeral gullies in Sicily (Italy). Soil and Tillage Research. 154: 34-43.

Capra A, Porto P, Scicolone B. 2009. Relationships between rainfall characteristics and ephemeral gully erosion in a cultivated catchment in Sicily (Italy). Soil & Tillage Research. 105: 77-87.

Casalí J, Gimenez R, Campobescos M A. 2015. Gully geometry what are we measuring. Soil, 1: 509-513.

Casalí J, López J J, Giráldez J V. 1999. Ephemeral gully erosion in southern Navarra (Spain). Catena, 36: 65-84.

Daggupati P, Sheshukov A Y, Douglas-Mankin K R. 2014. Evaluating ephemeral gullies with a process-based topographic index model. Catena, 113: 177-186.

Desmet P J J, Poesen J, Govers G, et al. 1999. Importance of slope gradient and contributing area for optimal prediction of the initiation and trajectory of ephemeral gullies. Catena, 37(3-4): 377-392.

Dong Y, Li F, Zhang Q, et al. 2015. Determining ephemeral gully erosion process with the volume replacement method. Catena, 131: 119-124.

Ellison W D, Ellison O T. 1947. Soil erosion studies - Part VI: Soil detachment by surface flow. Agriculture Engeering, 28: 402-408.

Evans M, Lindsay J. 2010. High resolution quantification of gully erosion in upland peatlands at the landscape scale. Earth Surface Processes and Landforms, 35(8): 876-886.

Fang H Y, Cai Q G, Chen H. et al. 2008. Effect of rainfall regime and slope on runoff in a gullied loess region on the Loess Plateau in China. Environmental Management, 42(3): 402-411.

Foster G R, Meyer L D. 1972. Transport of soil particles by shallow flow. Transactions of the American Society Agricultural Engineer, 15: 99-102.

Gong J G, Jia Y W, Zhou Z H, et al. 2011. An experimental study on dynamic processes of ephemeral gully erosion in loess landscapes. Geomorphology, 125(1): 203-213.

Han Y, Zheng F L, Xu X M. 2017. Effects of rainfall regime and its character indices on soil loss at loessial hillslope with ephemeral gully. Journal of Mountain Science, 14(3): 527-538.

Horton R E. 1945. Erosional development of streams and their drainage basins, Hydrological approach to quatitative morphology. Geological Society of America Bulletin, 56(3): 275-370.

Horton R E, Leach H R, Vliet V R. 1934. Laminar sheet-flow. Transaction of the American Geophysical Union, 15: 393-404.

Horvath S. 2002. Spatial and temporal patterns of soil moisture variations in a sub-catchment of River Tisza. Physics and Chemistry of the Earth, 27: 1051-1062.

James L A, Watson D G, Hansen W F. 2007. Using LiDAR data to map gullies and headwater streams under forest canopy: South Carolina, USA. Catena, 71(1): 132-144.

Johnston R J. 1978. Multivariate Statistical Analysis in Geography. Longman, 280.

Kompani-Zare M, Soufi M, Hamzehzarghani H, et al. 2011. The effect of some watershed, soil characteristics and morphometric factors on the relationship between the gully volume and length in Fars Province, Iran. Catena, 86(3): 150-159.

Lal R. 1976. Soil erosion on Alfisols in Western Nigeria: III. Effects of rainfall characteristics. Geoderma, 16(5): 389-401.

Miernecki M, Wigneron J, Lopz-Baeza E, et al. 2014. Comparison of SMOS and SMAP soil moisture retrieval approaches using tower-based radiometer data over a vineyard field. Remote Sensing of Environment, 154: 89-101.

Milan D J, Heritage G L, Hetherington D. 2007. Application of a 3D laser scanner in the assessment of erosion and deposition volumes and channel change in a proglacial river. Earth Surface Processes and Landforms, 32(11): 1657-1674.

Nachtergaele J, Poesen J, Sidorchuk A, et al. 2002. Prediction of concentrated flow width in ephemeral gully channels. Hydrological Processes, 2002, 16(10): 1935-1953.

Nearing M A, Simanton J R, Norton L D, et al. 1999. Soil erosion by surface water flow on a stony, semiarid hillslope. Earth Surface Processes & Landforms, 24: 677-686.

Perroy R L, Bookhagen B, Asner G P, et al. 2010. Comparison of gully erosion estimates using airborne and ground-based LiDAR on Santa Cruz Island, California. Geomorphology, 118(3-4): 288-300.

Poesen J, Nachtergaele J, Verstraetena G, et al. 2003. Gully erosion and environmental change: importanceand research needs. Catena, 50: 91-133.

Qin C, Wells R R, Momm H G, et al. 2019. Photogrammetric analysis tools for channel widening quantification under laboratory conditions. Soil and Tillage Research, 191: 306-316.

Ran Q H, Su D Y, Li P. 2012. Experimental study of the impact of rainfall characteristics on runoff generation and soil erosion. Journal of Hydrology, 424/425(6): 99-111.

Renard K G, Freimund J R. 1994. Using monthly precipitation data to estimate the R-factor in the revised USLE. Journal of Hydrology, 157: 287-306.

Richardson C W. 1983. Estimation of erosion index from daily rainfall amount. Transactions of ASAE, 26(1): 153-157.

Santhi C, Arnold J, Williams J R. 2001. Application of a watershed model to evaluate management effects on point and nonpoint source pollution. Transactions of the ASAE, (44): 1559-1570.

Savat J, Ploey J D. 1982. Sheet wash and rill development by surface flow//Bryan R B, Yair A. Badland Geomorphology and Piping. Norwich: Geobooks: 113-126.

Torri D, Poesen J. 2014. A review of topographic threshold conditions for gully head development in different environments. Earth-Science Reviews, 130: 73-85.

Vandaele K, Poesen J, Govers G, et al. 1996. Geomorphic threshold conditions for ephemeral gully incision. Geomorphology, (16): 161-173.

Vandekerckhove L, Poesen J, Oostwoud Wijdenes D, et al. 1998. Topographical thresholds for ephemeral gully initiation in intensively cultivated areas of the Mediterranean. Catena, 33(3-4): 271-292.

Vinci A, Brigante R, Todisco F, et al. 2015. Measuring rill erosion by laser scanning. Catena, 124: 97-108.

Wells R R, Momm H G, Rigby J R, et al. 2013. An empirical investigation of gully widening rates in upland concentrated flows. Catena, 101: 114-121.

Wischmeier W H, Smith D D. 1978. Predicting rainfall erosion losses: A guide to conservation planning. Washington: Agriculture Handbook, USDA.

Woodward D E. 1999. Method to predict cropland ephemeral gully erosion. Catena, 37: 393-399.

Wu H, Xu X, Zheng F, et al. 2018. Gully morphological characteristics in the loess hilly-gully region based on 3D laser scanning technique. Earth Surface Processes and Landforms, 43(8): 1701-1710.

Xu J X. 2005. Precipitation–vegetation coupling and its influence on erosion on the Loess Plateau, China. Catena, (64): 103-116.

Yu B, Rosewell C J. 1996. An assessment of a daily rainfall erosivity model for New South Wales. Australian Journal of Soil Research, (34): 139-152.

Zhang G H, Nearing M A, Liu B Y. 2005. Potential effects of climate change on rainfall erosivity in the Yellow River Basin of China. Transactions of the ASAE, (48): 511-517.

第 3 章 基于模拟试验的浅沟侵蚀过程研究

第 2 章讨论了基于野外原型观测的浅沟侵蚀过程研究，加深了对坡面浅沟侵蚀过程认识。然而，由于野外原型观测的成本大且其影响因子的随机性和不确定性多，限制了对浅沟侵蚀过程机理的解析。模拟试验可以根据试验条件需求对降雨、汇流、地面土壤水文状况和地形条件等进行控制，为揭示各种侵蚀动力因子和下垫面条件变化下的浅沟侵蚀过程提供了快速有效的研究手段。据此，本章将在野外原型观测研究的基础上，通过设计控制实验，模拟在不同侵蚀动力因子和下垫面条件下的坡面浅沟侵蚀过程，进而揭示浅沟侵蚀机理，服务于耕地浅沟侵蚀治理。

首先，降雨强度和坡度是影响浅沟侵蚀过程和浅沟形态特征的关键因子。张科利(1991)通过分析野外小区观测资料指出，浅沟侵蚀基本上与降雨量无关，浅沟侵蚀主要受降雨强度影响。Capra 等(2009)对西西里岛上的浅沟进行了 8 年的观测，发现 51 mm 降雨是能够产生浅沟的临界值。而在全球旱区一系列坡面浅沟侵蚀过程研究发现，只有少数几场高强度短历时的侵蚀性降雨对坡面浅沟的形成和发育过程有重要贡献(Casalí et al., 1999；Nachtergaele et al., 2002；Capra et al., 2009；Han et al., 2017)。

其次，上方汇流是坡面不同侵蚀带之间水流能量传递的媒介，影响下方坡面的入渗和产汇流；同时，上方汇流作为水蚀的直接侵蚀动力，对坡下方坡面侵蚀过程及其产沙有重要影响(陈浩, 1992；郑粉莉和康绍忠, 1998；孔亚平和张科利, 2003)。武敏(2005)研究发现，上方汇流增加引起的浅沟侵蚀区的产沙量占总侵蚀产沙量的 15%～70%。韩勇(2016)分析了片蚀和细沟带上方来水对浅沟侵蚀带产流产沙的影响，发现上方汇流使浅沟侵蚀带径流量增加 14%～30%，使浅沟侵蚀带侵蚀量增加 33%～41%。可见，坡面上方汇流对浅沟侵蚀有重要贡献，而上方汇流强度由上方汇水面积、降雨强度和土壤入渗情况共同决定，其结果对浅沟侵蚀过程有重要影响(Huang et al., 1999；郑粉莉等, 2006)，因此，需要定量研究不同上方汇流条件下的浅沟侵蚀过程。

再者，除上方汇流外，浅沟沟槽两侧的片蚀——细沟侵蚀区也会向浅沟沟槽提供侧方汇流。侧方汇流不仅与浅沟集水区浅沟沟槽两侧的细沟网发育有重要联系，更影响着浅沟集水区的微地形变化和水沙连通性。此外，坡面汇流是坡面不同部位之间水沙连通性的媒介，汇流可以改变坡面入渗和产流能力，影响坡面径流的剥蚀和挟沙能力，改变坡面侵蚀产沙过程与空间分布。汇流增大了汇入浅沟沟槽水流的流速、水流剪切力和水流功率，从而增大了浅沟侵蚀量(武敏等, 2004；车小力等, 2011；Wu et al., 2019)，但目前有关浅沟集水区侧方汇流对于浅沟侵蚀过程的影响的研究还相对薄弱，尤其是上方汇流和侧方汇流共同作用对浅沟侵蚀影响的研究还鲜见报道。而在自然浅沟集水区，降雨过程中上方汇流和侧方汇流同时存在，共同影响浅沟侵蚀过程(Xu et al., 2019)。

最后，基于以上分析，本章首先根据野外原型观测的浅沟集水区地形特征与极端降雨观测资料，设计了典型的降雨强度和坡度条件，研究降雨强度和坡度对浅沟侵蚀量和浅沟形态特征的影响；其次根据野外自然条件下浅沟集水区上方汇水特征，设计了不同降雨强度和上方汇流强度的模拟降雨与汇流试验，定量分析上方汇流强度对浅沟侵蚀的影响；最后基于野外浅沟集水区的形态特征，设计了不同上方和侧方汇流强度的模拟试验，分离上方汇流和侧方汇流对浅沟侵蚀的贡献，以期为浅沟侵定量预报和坡面侵蚀防治提供科学依据和理论基础。

3.1 降雨强度和坡度对浅沟侵蚀影响的试验研究

3.1.1 试验设计与研究方法

本试验在黄土高原土壤侵蚀与旱地农业国家重点实验室人工模拟降雨大厅进行，选用由中国科学院水利部水土保持研究所研制的侧喷式降雨系统，降雨高度 16 m，满足所有降雨雨滴达到终点速度，并可以保证雨滴直径和雨滴分布与天然降雨相似。该模拟降雨系统由 4 个喷头(SP 6.35 mm)组成，可模拟的降雨强度范围为 25～300 mm/h，降雨均匀度大于 80%，最大持续降雨时间 12 h，降雨实验区有效降雨面积 9 m×4 m，降雨雨滴分布于 0.2～3.8 mm 之间。供试土槽为 8 m×2 m×0.6 m(长×宽×深)的固定式液压升降钢槽，坡度调节范围 0～30°，坡度调节步长为 0.5°，钢槽底部每 1 m 长排列 4 个孔径为 2 cm 的排水孔，以保证降雨试验过程中排水良好。

供试土壤为黄土高原丘陵沟壑区安塞县的黄绵土，其颗粒组成为：砂粒(>50 μm)占 28.3%，粉砂粒(2～50 μm)占 58.1%，黏粒(<2 μm)占 13.6%，属粉壤土。试验土壤的采集样地为当地典型的农耕地，有明显的犁底层，所以试验土壤样品采集时分为耕作层和犁底层两层，分别进行采集。用重铬酸钾-外加热法测定有机质含量为 5.9 g/kg；水浸提法测定土壤 pH 为 7.9(土水比为 1∶2.5)。

为了保证所有试验土壤性状的相同，对试验土壤采取不过筛不研磨处理，尽量保持土壤的原有结构免遭破坏。试验土槽填土时，首先用纱布填充试验土槽底部的排水孔，在土槽底部填 10 cm 细沙，以保证良好的透水性。然后在沙层上填 40 cm 的安塞黄绵土。填土时将 40 cm 的土层分为耕层和犁底层，其中耕层深度为 20 cm，容重为 1.06～1.08 g/cm^3，犁底层深度为 20 cm，容重为 1.25 g/cm^3。填土时采用分层装土，每次装土深度 5 cm，以保证试验土槽装土的均匀性。每填完一层后，用齿耙将土层表面耙松，再填装下一层土壤，以保证两个土层能够很好地接触。在填土时将试验土槽的四周边壁压实，以尽可能减小边界效应的影响。

1. 试验设计

黄土区的浅沟侵蚀过程主要包括当年雨季前人为横向犁耕及当年雨季径流冲刷侵蚀过程。本研究利用模拟降雨试验，通过在室内人工建筑浅沟发育初期的雏形，研究当年雨季径流冲刷作用下的浅沟形态特征。浅沟雏形参数的设计依据是第 2 章中在野外浅沟集水区测量得到的浅沟发育初期的形态参数。在距土槽顶部 2～8 m 处用刮板模型制作了浅沟雏形，浅沟沟底与两侧沟坡高差 12 cm，浅沟雏形模型的横断面为弧形(图 3-1)。制作浅沟雏形的刮板为 2 m 长的木板(与试验土槽宽度相同)，木板两端与最低点的高程差为 12 cm，并与浅沟雏形的弧形横断面形态一致。在每次试验处理前用相同的刮板制作浅沟雏形，以保证雏形浅沟形态的一致。

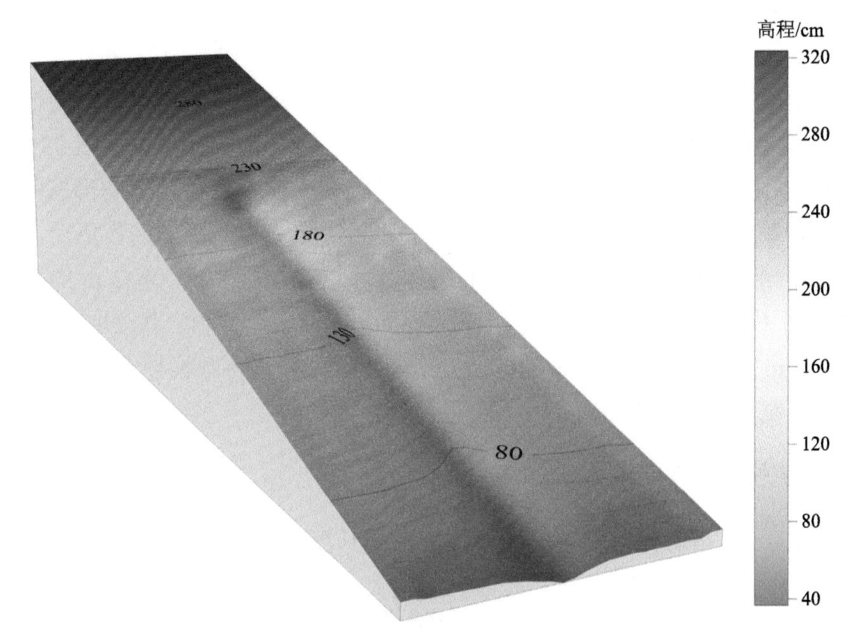

图 3-1　浅沟雏形模型形态

根据黄土高原短历时、高强度侵蚀性降雨标准(周佩华和王占礼，1987)（即 I_5 = 1.52 mm/min，5 min 瞬时雨量为 7.6 mm）以及 2003～2015 在子午岭地区观测到的最大 30 min 降雨强度为 1.5 mm/min 数据，设计模拟降雨强度为 50 mm/h、75 mm/h 和 100 mm/h (0.83 mm/min、1.25 mm/min 和 1.67 mm/min)。基于黄土高原浅沟分布较广且发育活跃的典型坡度(浅沟侵蚀一般发育在 18°～35°的坡面上，平均坡度为 23°)(张科利等, 1991；姜永清等, 1999)，设计了 3 个试验坡度为 15°、20°和 25°，每次试验历时为 70 min。

为了保证试验前坡面土壤含水量的一致性，选用 30 mm/h 降雨强度进行预降雨至坡面产流，然后静置 12 h 后开始正式降雨。正式降雨开始前，对降雨强度进行率定，当实测降雨强度与目标降雨强度的差值小于 5%时方可进行正式降雨和冲刷试验。

2. *浅沟形态监测方法与 DEM 的建立*

地形测针法是动态监测坡面土壤侵蚀的一种可靠方法，由于该方法操作简便、易于掌握且实用性强，得到了许多研究者的尝试和探讨(Casalí et al., 2006；di Stefano et al.,

2013；张鹏等, 2008；张新和, 2007)。Casalí 等(2006)对比分析了测针板测量、细节测尺法和粗略测尺法在量测浅沟断面的不同，认为测针板测量可以较精细地测量浅沟断面形态并预测浅沟侵蚀量，细节测尺法由于花费时间太多且有可能造成很大的误差，并不适合采用，粗略测尺法在测量宽且浅的浅沟具有较好的精度和测量效率，而且还应该尽可能测量更多的横断面以提高浅沟侵蚀量测量精度。Capra 等(2009)通过对西西里岛的标准小区中的细沟和农耕地流域中的浅沟用测针板法进行测量，发现浅沟形态与细沟形态具有类似性。由此可见地形测针板法由于其兼具精确性和方便廉价性，可以用于获取浅沟侵蚀形态特征。

每场降雨结束后，采用测针板法(Vinci et al., 2015)测量坡面浅沟及细沟形态，测针板宽度 1.6 m，由 53 根测针构成，测针间距为 3 cm。这样每一次可以量测 53 个高程值，精度为 1 mm。由于试验土槽宽 2 m，因此，当完成某一横断面 1 m 宽的形态测量后，将测针板移动测量同一断面另 1 m 宽的坡面形态。测量完一个断面的高程值后，将测针板沿坡长方向移动 10 cm 测量下一个断面的高程值。这样，长 8 m、宽 2 m 的试验土槽一共被分成 80 个横断面，在每个横断面上每隔 3 cm 读取一个数值，共读取 67 个，一次试验中共测量 8 m × 2 m 试验土槽的 5360 个三维坐标数据，并将数据导入 Surfer 10.0 软件，生成地面数字高程模型(DEM)。

3. 浅沟形态指标的计算

沟道密度(ρ)是指研究区域单位所有浅沟的总长度，能够反映坡面的破碎程度：

$$\rho = \frac{\sum_{i=1}^{m} L_i}{A} \tag{3-1}$$

式中，ρ 为浅沟密度，m/m^2；L_i 为第 i 条沟道及其分叉的总长度，m；A 为研究区域总面积，m^2。

地面割裂度(D)是指研究区域单位面积所有沟道的表面积之和，为无量纲单位，能够更为全面地反映坡面的破碎程度及浅沟侵蚀强度，计算式为

$$D = \frac{\sum_{i=1}^{m} A_i}{A} \tag{3-2}$$

式中，A_i 为第 i 条沟道的表面积，m^2。

浅沟复杂度(c)是指浅沟及其分叉的总长度与对应的垂直有效长度的比值，能够反映向浅沟汇流的细沟水流流路的丰富度，计算式为

$$c = L_{\mathrm{e}} / L_{\mathrm{ev}} \tag{3-3}$$

式中，L_{e} 为浅沟及其分叉的总长度，m；L_{ev} 为浅沟的垂直有效长度，m。

浅沟宽深比(R_{WD})是指浅沟宽度与对应深度的比值，该参数是无量纲参数，可以反映浅沟沟槽形状的变化，计算式为

$$R_{\mathrm{WD}}=\frac{\sum_{j=1}^{n}W_j}{\sum_{j=1}^{n}D_j} \tag{3-4}$$

式中，W_j为第j个监测点处的浅沟宽度；D_j为第j个监测点处的浅沟深度。

4. 基于 DEM 的水平方向导数计算

将每场次降雨后利用测针板测量获得的高程数据导入 Surfer 10.0 软件，生成地面数字高程模型(DEM)，并根据相邻网格的关系对 DEM 网格进行方向导数计算，获得 DEM 网格在水平 X 轴正方向上的坡度及坡度变化率(白世彪等, 2012)。本章选取了三种方向导数。

一阶导数：计算 DEM 网格表面沿水平方向的坡度，等于坡度矢量和指定方向上的单位矢量的乘积。在某一特定网格上，沿 X 轴正方向，网格处坡度上升即为正值，坡度下降为负值，可用于判定坡面沟道发生的位置，并量化地形起伏的剧烈程度。

$$\frac{\mathrm{d}f}{\mathrm{d}s}=g\bullet\begin{bmatrix}\cos\alpha\\ \sin\alpha\end{bmatrix}=\left[\frac{\mathrm{d}f}{\mathrm{d}x},\frac{\mathrm{d}f}{\mathrm{d}y}\right]\bullet\begin{bmatrix}\cos\alpha\\ \sin\alpha\end{bmatrix}=\frac{\mathrm{d}f}{\mathrm{d}x}\bullet\cos\alpha+\frac{\mathrm{d}f}{\mathrm{d}y}\bullet\sin\alpha \tag{3-5}$$

式中，$\frac{\mathrm{d}f}{\mathrm{d}s}$表示函数$f(x, y)$在$s$距离上的方向导数；$g$为网格点上的坡度矢量；$\alpha$是指定方向的角度值，本书中选取水平方向即 X 轴正方向，则 $\alpha=0$；x 和 y 分别为水平和垂直方向上的距离。

二阶导数：计算 DEM 网格表面沿水平方向的坡度的变化率，为一阶导数的方向导数。经过“二阶导数”分析生成的网格文件可以显示在水平方向上坡度变化率的等值线。在某一个特定的网格上，水平方向上的二阶导数值越大，说明网格处于地表形态转折处，如沟底和沟壁等位置。

$$\begin{aligned}\frac{\mathrm{d}^2 f}{\mathrm{d}s^2}&=\frac{\mathrm{d}\left[\frac{\mathrm{d}f}{\mathrm{d}s}\right]}{\mathrm{d}s}=\frac{\mathrm{d}\left[\frac{\mathrm{d}f}{\mathrm{d}x}\bullet\cos\alpha+\frac{\mathrm{d}f}{\mathrm{d}y}\bullet\sin\alpha\right]}{\mathrm{d}s}\\&=\frac{\mathrm{d}^2 f}{\mathrm{d}x^2}\bullet\cos^2\alpha+2\frac{\mathrm{d}^2 f}{\mathrm{d}x\mathrm{d}y}\bullet\cos\alpha\bullet\sin\alpha+\frac{\mathrm{d}^2 f}{\mathrm{d}y^2}\bullet\sin^2\alpha\end{aligned} \tag{3-6}$$

方向曲率 K_s：计算沿水平方向的剖面的切线倾角的变化率。方向曲率是对于一个表面$f(x, y)$在某一方向上的切面倾角变化率的绝对值，均为正值。它与二次导数有些类似，其极值能展示水平方向上地表形态的转折位置。

$$K_s=\frac{\left|\frac{\mathrm{d}^2 f}{\mathrm{d}s^2}\right|}{\left[1+\left(\frac{\mathrm{d}f}{\mathrm{d}s}\right)^2\right]^{\frac{3}{2}}} \tag{3-7}$$

为比较不同试验处理的地表形态及侵蚀空间分布，对降雨后坡面 DEM 网格进行方向导数计算得到一阶导数、二阶导数和方向曲率网格文件，并创建了各方向导数文件在水平方向上的剖面线并统计方向导数值，对比分析了不同试验处理下坡面侵蚀强度的空间分布。

3.1.2 降雨强度和坡度对浅沟坡面土壤侵蚀的影响

1. 降雨强度对浅沟坡面土壤侵蚀量的影响

图 3-2 展示了不同降雨强度和坡度条件下的浅沟侵蚀量。当坡度一定时，浅沟侵蚀量随着降雨强度的增加也不断增大。在 15°的试验处理中，当降雨强度从 50 mm/h 增加到 75 mm/h 和 100 mm/h 时，浅沟侵蚀量分别增大 109.5%和 327.6%；而当坡度增加到 20°和 25°时，随着降雨强度的增大，浅沟侵蚀量增大 18%～52.5%[图 3-2(a)]。

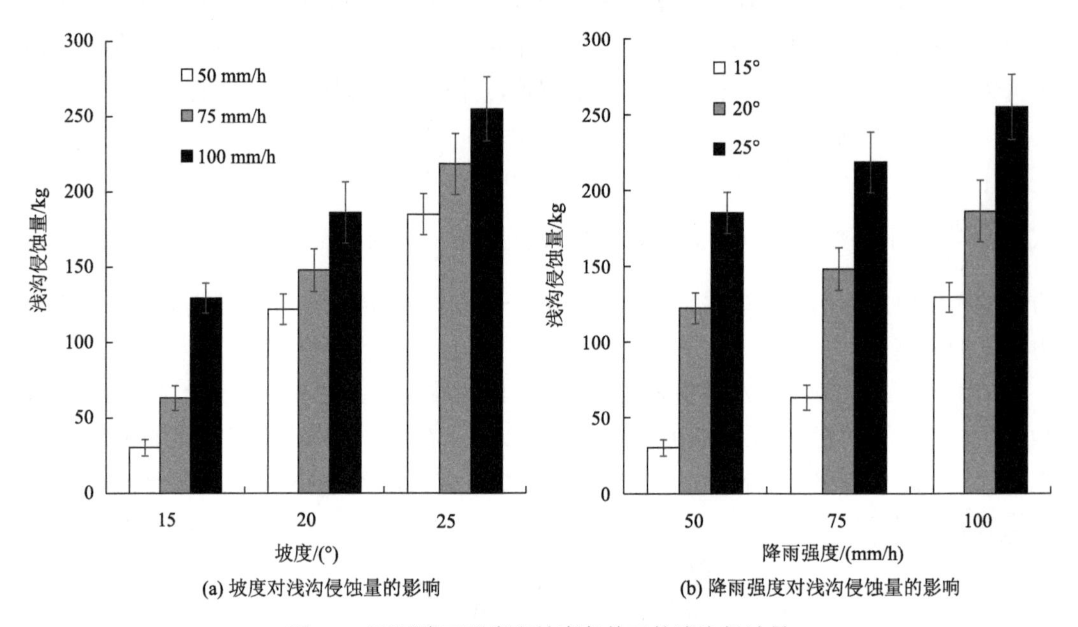

图 3-2 不同降雨强度和坡度条件下的浅沟侵蚀量

误差棒显示的是两个重复的标准偏差

当降雨强度增大时，雨滴溅蚀强度增大，雨滴对地表径流的打击使得径流紊动性增强。此外，降雨强度增大后地表径流量相应增大，径流剪切也随之增大并最终增大了侵蚀量(Nearing et al., 1999)。水蚀过程是水流侵蚀力和土壤颗粒抗侵蚀力平衡的结果(Foster and Meyer, 1972)，随着坡度的增大，水力坡度不断增大，因此泥沙的剥蚀和搬运过程被加强并最终增加了坡面浅沟侵蚀量。

2. 坡度对浅沟坡面土壤侵蚀量的影响

当降雨强度一定时，浅沟侵蚀量随着坡度的增加而不断增大。在 50 mm/h 的试验处理中，当坡度从 15°增加到 20°和 25°时，浅沟侵蚀量分别增加了 3.0 倍和 5.1 倍；当降雨强度为 75 mm/h 时，随着坡度增加，浅沟侵蚀量增加了 1.3 倍和 2.4 倍；而当降雨强度为 100 mm/h 时，随着坡度增加，浅沟侵蚀量增加了 44%和 97%[图 3-2(b)]。这些研究结果与前人关于不同坡度条件下降雨强度对浅沟侵蚀量影响的研究结果类似(武敏等, 2004；郑粉莉等, 2006；Gong et al., 2011)。

3. 降雨强度和坡度对浅沟坡面土壤侵蚀量影响的交互作用

图 3-3 展示了降雨强度和坡度对浅沟坡面土壤侵蚀量的综合影响，结果表明随着降雨强度和坡度的增加，浅沟坡面土壤侵蚀量也相应的增加。

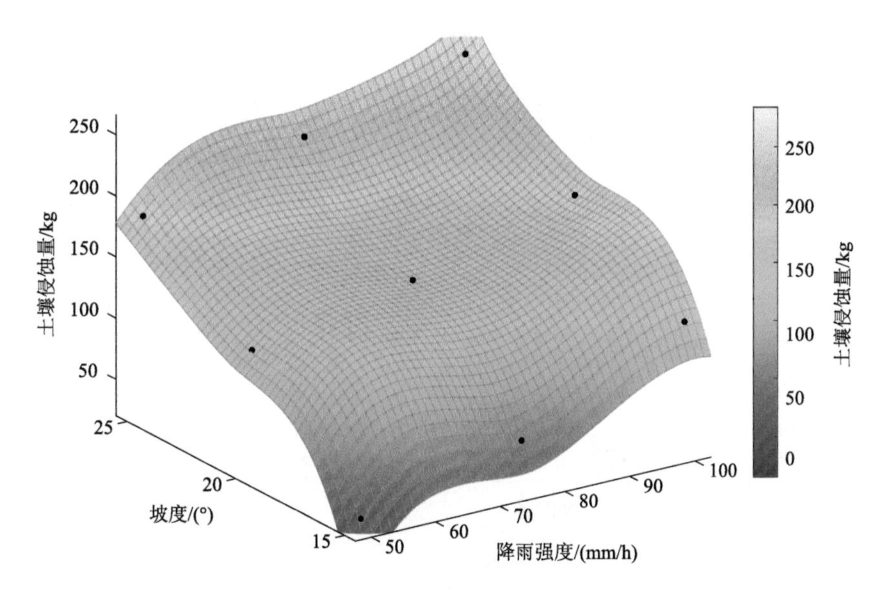

图 3-3　浅沟侵蚀量与降雨强度和坡度的关系

通过回归分析得到浅沟坡面土壤侵蚀量与降雨强度和坡度之间的回归关系：

$$\mathrm{SL} = 1.55\,\mathrm{RI} + 14.52\,S - 258.3 \quad (R^2 = 0.985,\ n = 9) \tag{3-8}$$

式中，SL 为浅沟坡面土壤侵蚀量，kg；RI 为降雨强度，mm/h；S 为坡度，(°)。拟合方程的 F 检验均达到 $P<0.01$ 极显著水平。由式(3-8)回归方程中降雨强度和坡度的系数可知，坡度值的系数大于降雨强度的系数。因此，坡度变化对坡面浅沟侵蚀量的影响大于降雨强度变化所引起的浅沟侵蚀量，这可能与试验坡度超过了浅沟侵蚀的临界坡度有关(唐克丽等, 1998；江忠善等, 2005)。在防治坡面浅沟侵蚀过程中，需要特别注意坡度的变化，在坡度超过临界值的地方应该尽可能实行工程或林草等有效的水土保持措施。

3.1.3　降雨强度和坡度对浅沟形态的影响

1. 降雨强度和坡度对浅沟坡面 DEM 和三维曲面形态的影响

根据测针板法得到的雨后地表形态的三维坐标数据，在 Surfer 软件中分别制作了各试验处理的坡面等高线图、水流流路图、地形矢量地图和三维曲面图(图 3-4)。

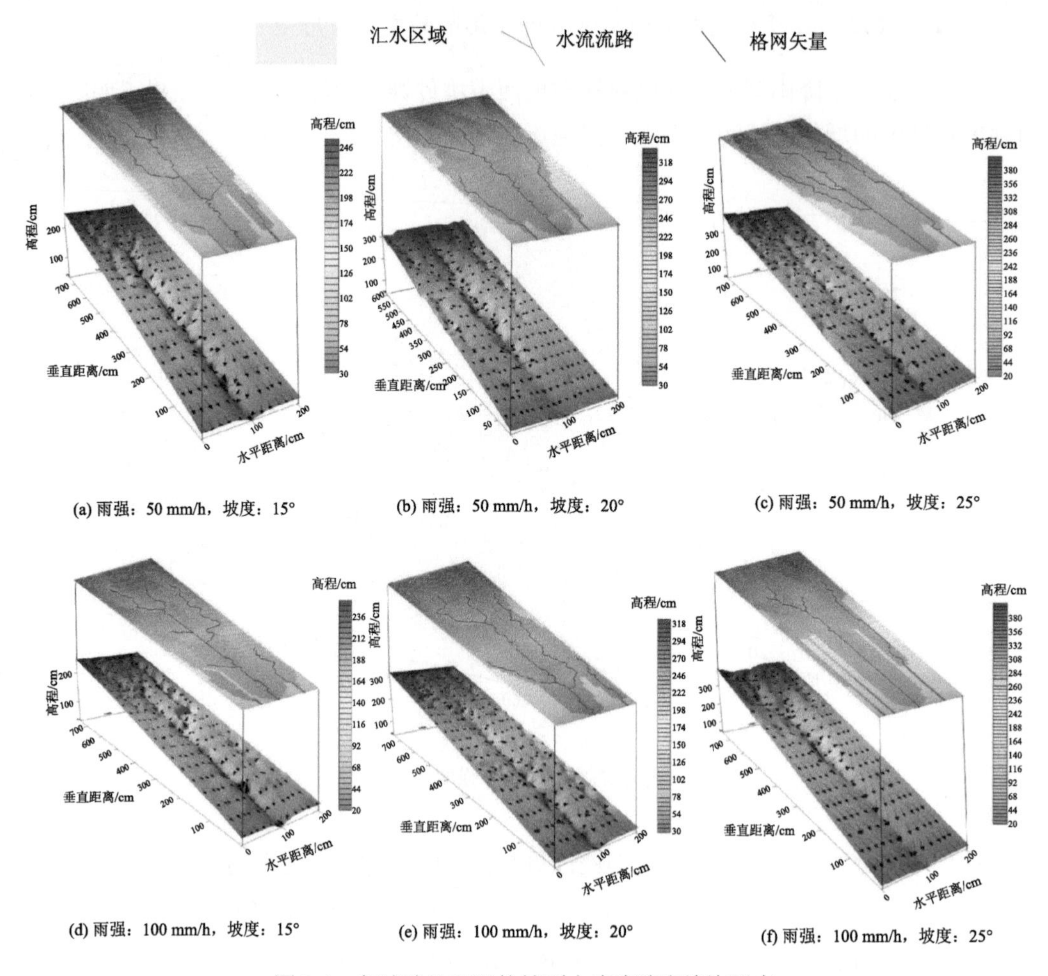

(a) 雨强：50 mm/h，坡度：15°　(b) 雨强：50 mm/h，坡度：20°　(c) 雨强：50 mm/h，坡度：25°

(d) 雨强：100 mm/h，坡度：15°　(e) 雨强：100 mm/h，坡度：20°　(f) 雨强：100 mm/h，坡度：25°

图 3-4　各试验处理下的坡面水流流路和浅沟形态

在降雨强度为 50 mm/h 和坡度为 15°时[图 3-4(a)]，坡面侵蚀主要发生在浅沟沟槽，经过 70 min 的降雨，沟头溯源侵蚀发育活跃，浅沟沟头虽未达到坡顶位置，但其上方也出现了断续的细沟下切沟头，浅沟两侧的坡面仅有很浅的非固定水流流路出现，并发生了轻微的细沟侵蚀。而坡度为 20°时[图 3-4(b)]，浅沟沟头已溯源侵蚀至坡顶位置，浅沟宽度和深度略有增加，浅沟沟槽两侧的细沟侵蚀发育明显，细沟深度和宽度均较大，已形成了固定的水流流路；当坡度增加到 25°时[图 3-4(c)]，与坡度为 15°和 20°的试验处理相比，浅沟沟槽与两侧细沟进一步加宽和加深，浅沟沟槽深度已接近犁底层位置，其中部分浅沟沟槽深度已经超过犁底层。对比 3 种坡度条件下的浅沟形态可知，在相同降雨强度和降雨历时条件下，随着坡度的增大，浅沟沟头溯源侵蚀、沟壁崩塌和沟底下切侵蚀速率增加，同时浅沟两侧坡面上的细沟发育也更加完善，土壤侵蚀加剧。

在降雨强度为 100 mm/h 和坡度为 15°时[图 3-4(d)]，坡面侵蚀主要为浅沟沟槽侵蚀和两侧坡面上的细沟侵蚀。与相同坡度 50 mm/h 降雨强度处理相比，浅沟沟槽宽度略有增加，浅沟沟槽深度由于受到犁底层的限制变化较小，而两侧坡面上的细沟侵蚀明显加剧，细沟宽度和细沟深度均明显增大，汇入浅沟沟槽的细沟数量也增多；坡度为 20°时[图 3-4(e)]，浅沟沟槽下切侵蚀明显增强，浅沟沟槽深度已超过耕层深度到达犁底层，两侧坡面细沟网发育也更为完善。坡度为 25°时[图 3-4(f)]，浅沟沟槽深度较 20°条件下略有增加，而浅沟沟壁崩塌侵蚀明显加快，浅沟沟槽宽度增加明显，几乎为 20°条件下浅沟沟槽宽度的 2 倍。而由于分叉细沟的合并，两侧细沟数量减少但细沟宽度和深度明显增加；同时，坡度的增加使得两侧的细沟水流无法在 8 m 的坡长之内汇入浅沟沟槽而直接汇入出水口。

浅沟侵蚀过程包括沟头溯源侵蚀、沟底下切侵蚀和沟壁扩张侵蚀三种过程，浅沟发育不同阶段有不同的溯源侵蚀、沟槽下切和沟壁扩张速率(郑粉莉等, 2006)。在降雨强度为 50 mm/h 的试验条件下，坡度为 15°的坡面侵蚀主要以浅沟沟头溯源侵蚀为主；坡度为 20°的坡面侵蚀已由沟头溯源侵蚀为主的阶段转入了以沟底下切侵蚀为主的阶段；而坡度为 25°的坡面则处于以浅沟沟底下切侵蚀为主的阶段，同时并存在少量的沟壁崩塌侵蚀。在 100 mm/h 降雨强度下，浅沟侵蚀过程明显加快；坡度为 15°的坡面在 70 min 降雨结束后就进入了浅沟沟底下切侵蚀和沟壁崩塌侵蚀并存的阶段，坡度为 20°的坡面则处于浅沟沟槽沟底下切侵蚀的后期，浅沟沟槽深度明显加大；而坡度为 25°的坡面则在 70 min 的降雨后结束了沟底下切侵蚀阶段，进入了以沟壁扩张侵蚀为主阶段，浅沟沟槽宽度明显增大。

对比各试验处理的水流流路图可知，在浅沟沟槽发育的同时，浅沟沟槽两侧坡面上的细沟侵蚀也明显受降雨强度的影响。在相同的降雨强度下，随着坡度的增加，原来的断续细沟逐渐形成连续细沟并连接成细沟网络，细沟宽度和深度不断增加(Shen et al., 2014)。此外，细沟汇入浅沟所需要的坡长逐渐增大，细沟汇入浅沟沟槽时与浅沟沟槽所夹的锐角角度逐渐变小。如在 100 mm/h 的降雨强度下，15°坡面左侧的细沟每隔 2～3 m 坡长汇入浅沟沟槽，20°坡面左侧的细沟每隔 4～5 m 坡长汇入浅沟沟槽，而 25°坡面在 8 m 的坡长内左侧只有 1 条细沟汇入浅沟沟槽；类似的情况也发生在右侧坡面，15°坡面右侧的细沟在坡中部汇入浅沟沟槽；同时在坡面中部也形成了一条没有汇入浅沟沟槽的细沟，20°坡面右侧的细沟在坡面下部汇入浅沟沟槽并在坡面下部形成了一条没有汇入浅沟沟槽的细沟，而 25°坡面右侧的细沟直接汇入了出水口，没有汇入浅沟沟槽。对比不同降雨强度下的细沟形态可知，降雨强度的增大促进了两侧细沟网的发育，使细沟变宽变深，而且缩短了细沟向浅沟沟槽汇流所需的坡长，即降雨强度的增大使得坡面两侧细沟网络丰富度和复杂度增加。

土壤侵蚀直接作用的结果是使地面破碎化。降雨强度和地面坡度的增加，导致浅沟侵蚀和细沟侵蚀加剧，地表更加破碎，促成了更严重的沟蚀的发生和发展，但降雨强度和坡度对坡面侵蚀影响的方式和程度不同，各试验处理的最终地表形态也不尽相同(沈海鸥等, 2015；Berger et al., 2010)。因此，需要对坡面浅沟形态特征进行量化，从坡面地形特征参数的变化探究坡面土壤侵蚀方式及侵蚀程度的强弱。

2. 降雨强度和坡度对浅沟形态特征参数的影响

坡面浅沟形态特征参数可以量化反映坡面土壤侵蚀方式及侵蚀程度的强弱。基于各试验处理的 DEM 数据，利用式(3-1)至式(3-4)计算了各试验处理下的浅沟形态特征参数(表 3-1)，量化了降雨强度和坡度对浅沟形态特征参数的影响。

表 3-1　不同降雨强度和坡度下的浅沟形态特征参数

雨强 /(mm/h)	坡度 /(°)	浅沟平均宽度/cm	浅沟平均深度 /cm	浅沟密度 ρ /(m/m^2)	浅沟割裂度 D	浅沟复杂度 c	浅沟宽深比 R_{WD}
50	15	14.6±0.3	17.4±1.4	0.74±0.08	0.13±0.01	1.64±0.15	0.82±0.05
	20	14.1±0.7	17.9±1.1	1.20±0.12	0.20±0.02	2.41±0.25	0.76±0.08
	25	18.0±0.5	17.8±0.6	1.34±0.09	0.23±0.01	2.64±0.19	1.03±0.17
100	15	16.6±1.1	17.1±1.3	0.97±0.04	0.18±0.01	2.07±0.07	0.94±0.15
	20	16.9±0.8	24.2±2.8	1.41±0.15	0.25±0.00	2.78±0.28	0.65±0.22
	25	35.0±2.4	28.0±1.6	1.48±0.11	0.29±0.02	2.84±0.23	1.27±0.16

在 50 mm/h 降雨强度下，不同坡度下的坡面浅沟沟槽宽度和深度变化较小，只有 25°坡面的浅沟沟槽平均宽度略有增大，为 15°坡面浅沟沟槽平均宽度的 1.23 倍；而当降雨强度增大到 100 mm/h 时，15°坡面的浅沟沟槽平均宽度和平均深度与 50 mm/h 雨强下的平均宽度和平均深度类似，而 20°坡面的浅沟沟槽平均深度则比 50 mm/h 雨强处理下的平均深度增加了 35.2%，25°坡面的浅沟沟槽平均宽度和平均深度分别较 50 mm/h 雨强处理下的平均宽度和平均深度增加了 94.4%和 57.3%。这说明在极端降雨和陡峻地形条件下坡面浅沟沟槽发育速度明显加快，这也是造成黄土陡坡地土壤侵蚀严重的重要原因(Gong et al., 2011)。

随着降雨强度和坡度的增大，浅沟密度、浅沟地面割裂度和浅沟复杂度均呈现增大趋势，三者分别变化于 0.74～1.48 m/m^2、0.13～0.29 m/m^2 和 1.64～2.84 m/m^2 之间。浅沟密度和浅沟地面割裂度不仅由浅沟沟槽的形态所决定，也与坡面两侧细沟形态及细沟网发育情况有关(Shen et al., 2014；Brunton and Bryan, 2015)；而浅沟复杂度主要是由汇入浅沟沟槽的细沟数量及形态决定。50 mm/h 降雨强度下，随着坡度的增加，虽然浅沟沟槽的平均宽度和平均深度变化较小，但坡面两侧细沟网发育却十分明显，浅沟沟槽两侧坡面细沟的总长度、宽度和深度都明显增大，因此浅沟密度、浅沟地面割裂度和浅沟复杂度均不断增大。而 100 mm/h 降雨强度下，坡度由 15°增加到 20°时，浅沟密度、浅沟地面割裂度和浅沟复杂度明显增大，而当坡度从 20°增加到 25°时，三者的数值变化较小，说明在坡度为 20°时坡面浅沟沟槽两侧细沟已经发育完善，坡度增加到 25°并没有使浅沟沟槽两侧坡面的细沟平面形态特征发生明显变化。

浅沟宽深比可以反映浅沟沟槽形状的变化。不同降雨强度和坡度下，浅沟宽深比为 0.65～1.27，其随降雨强度和坡度的增加而增大，这主要与浅沟发育阶段和不同主导侵蚀过程有关。在相同降雨强度下，20°坡面的浅沟沟槽宽深比小于 15°和 25°坡面的浅沟沟槽宽深比，主要原因是 20°坡面条件下的浅沟沟槽在降雨结束时正处于下切侵蚀的活跃期，浅沟沟槽深度大，而沟槽宽度则与 15°坡面的浅沟沟槽宽度差异较小，最终使得 20°坡面的浅沟沟槽宽深比最小。在黄土陡坡地上，浅沟宽深比随着降雨侵蚀的发生逐渐稳定在 1 左右(龚家国等, 2010)，而不同的降雨强度和坡度条件使得浅沟沟槽在 70 min 的降雨结束后停留在以不同侵蚀过程为主导的各个阶段，造成浅沟沟槽形态的不同。

3.1.4　基于浅沟系统方向导数值的侵蚀严重部位界定

1. 基于 DEM 的浅沟系统向导数值空间分布的数值分析

为了进一步说明浅沟沟槽及坡面侵蚀形态的变化，对比分析坡面侵蚀强度的空间分布，将各场次降雨后利用测针板测量获得的高程数据导入 Surfer 软件，生成了三个试验处理(A：降雨强度为 50 mm/h 和坡度为 20°；B：降雨强度为 50 mm/h 和坡度为 25°；C：降雨强度为 100 mm/h 和坡度为 25°)雨后的坡面 DEM，并利用式(3-5)～式(3-7)在水平方向上根据 DEM 相邻网格数值关系进行方向导数计算得到了一阶导数、二阶导数和方向曲率网格表面的等值线图(图 3-5)。

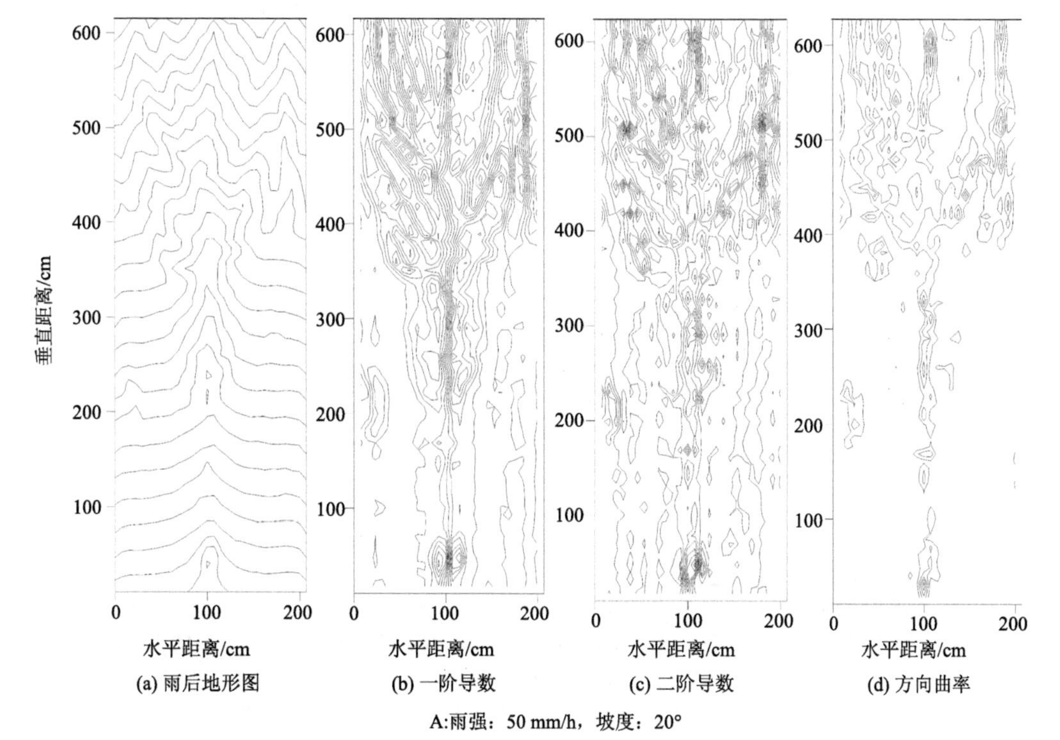

(a) 雨后地形图　(b) 一阶导数　(c) 二阶导数　(d) 方向曲率

A:雨强：50 mm/h，坡度：20°

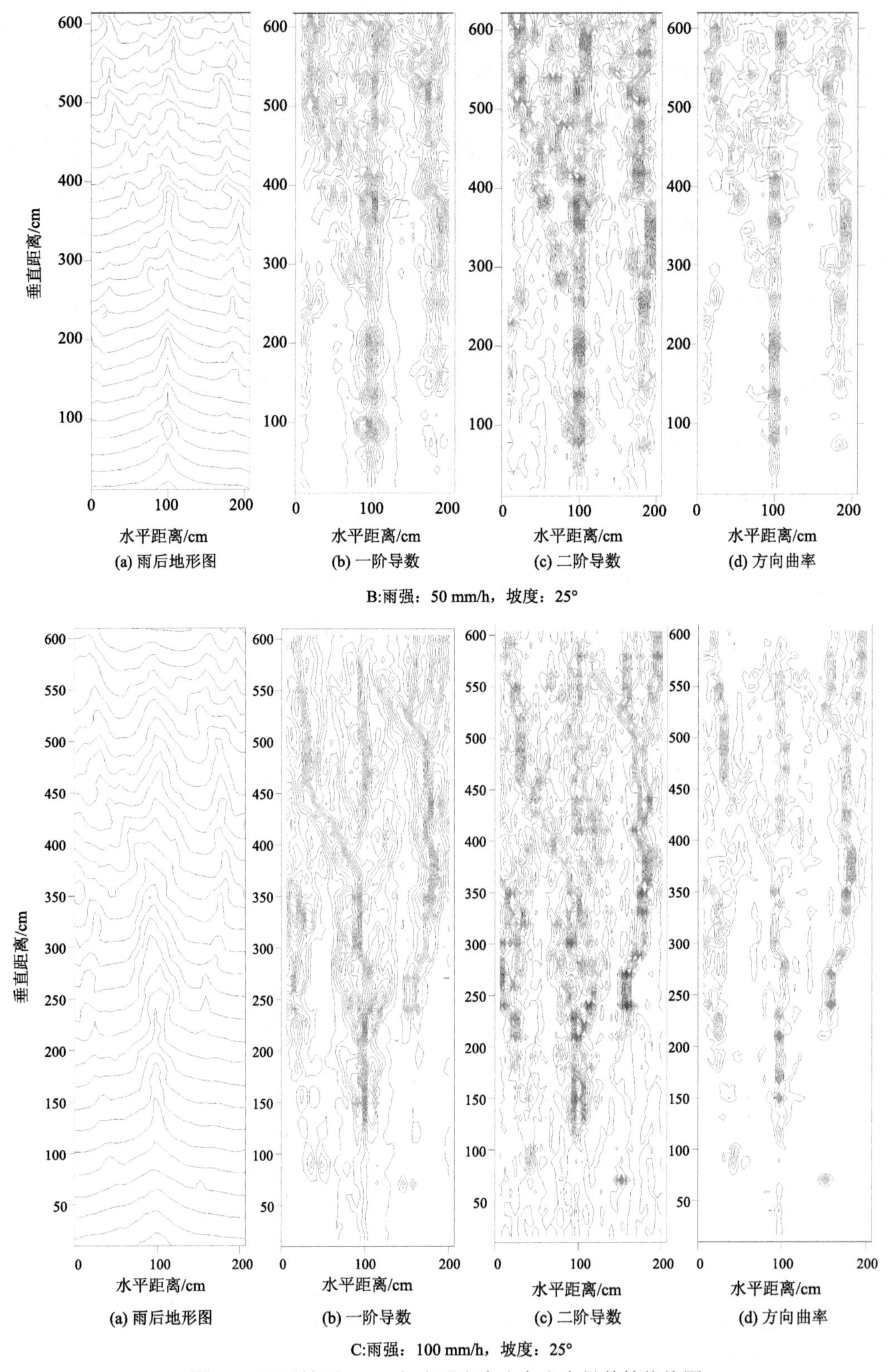

图 3-5　雨后坡面 DEM 与水平方向上各方向导数等值线图

雨后坡面 DEM 等值线图展示了不同试验处理下坡面地形状况[图 3-5(a)]；一阶导数等值线图[图 3-5(b)]可以反映水平方向上坡度分布状况，在水平方向上坡度上升该网格点值为正值，坡度下降网格点的值为负值，而等值线密集的地方即为坡度变化剧烈的地方。对比坡面水流流路图可知，等值线密集部位与水流流路即沟底位置重合，可用于估算浅沟及两侧细沟的长度。二阶导数等值线图[图 3-5(c)]反映了水平方向上坡度的变化率，在特定的网格处，坡度上升，坡度变化率值为正，坡度下降，坡度变化率值为负，图中等值线主要密集分布在坡度值变化较快的地方，也就是坡面浅沟沟槽和细沟沟槽位置，因此等值线密集的区域可用于展示坡面细沟及浅沟的平面分布位置及所占表面积。方向曲率等值线图[图 3-5(d)]展示了在水平方向上切面倾角变化率绝对值的变化情况，所有的网格值均为正值，图中等值线密集的地方为沟槽在水平方向上的曲率最大值，能够详尽展示沟底所在的位置，同时也反映了坡面侵蚀最严重的部位。

对比 3 个不同试验处理的雨后坡面地形和各方向导数等值线图可以发现，随着降雨强度和坡度的增大，浅沟沟槽处的等值线弯曲度增大，且浅沟沟槽两侧的细沟也明显增多加长，细沟处等高线弯曲度也增大[图 3-5(a)]。对比一阶导数等值线图可知[图 3-5(b)]，降雨强度和坡度的增加促进了坡面水流流路的发育，特别是浅沟沟槽两侧细沟水流流路逐渐加长并汇入了浅沟沟槽，试验处理 A 中浅沟沟槽两侧的断续细沟没有完全连接，而 B 处理中细沟水流流路连接形成连续细沟，C 处理中细沟水流流路则更加明显。二阶导数等值线图[图 3-5(c)]则显示，坡面上细沟和浅沟表面积随着坡度和降雨强度的增大也明显增大。方向曲率等值线图[图 3-5(d)]展示了侵蚀最严重的沟底位置，对比不同处理的方向曲率等值线图可知，随着坡度从 20°增加到 25°，试验处理 B 中不仅浅沟沟槽侵蚀强度明显增大，浅沟沟槽两侧的细沟沟底面积也明显增多，而且坡面右侧还出现了一条连续的细沟；而随着降雨强度从 50 mm/h 增大到 100 mm/h，试验处理 C 中浅沟沟槽两侧的细沟发育明显加强，侵蚀严重的沟底分布面积明显增大。

2. 基于方向导数的浅沟系统严重侵蚀部位横断面分析

基于图 3-5 的等值线文件创建了各试验处理 3 m 坡长处的剖面线文件，并统计了该剖面线上一阶导数、二阶导数、方向曲率和降雨后坡面 DEM 的网格表面值(图 3-6)。

对比不同处理雨后坡面 DEM 的剖面图可知[图 3-6(a)]，在 3 m 坡长处，随着降雨强度和坡度的增大，浅沟沟槽深度变大，浅沟沟槽形态逐渐由宽浅型向宽深比为 1 变化，浅沟沟槽两侧细沟也增多，细沟侵蚀强度变大。50 mm/h 降雨强度下，20°坡面浅沟沟槽宽 80 cm、深 24 cm，25°坡面的浅沟沟槽宽 75 cm、深 25 cm，均呈现宽浅型，而在 100 mm/h 和 25°条件下，浅沟沟槽宽度为 54 cm，深为 38 cm，同时两侧坡面上也有三条细沟发育，左侧槽边有一条宽为 6 cm，深为 5 cm 的细沟，其旁有一条宽为 25 cm，最大深度为 8 cm 的细沟，而右侧坡面细沟宽度为 13 cm，深度为 5 cm[图 3-6(a)]。可见，降雨强度和坡度的增大促进了坡面浅沟沟槽和两侧细沟的发育，而浅沟沟槽的深度和宽度明显大于两侧细沟侵蚀，是坡面侵蚀最严重的部位。对比各处理的不同方向导数的网格值可

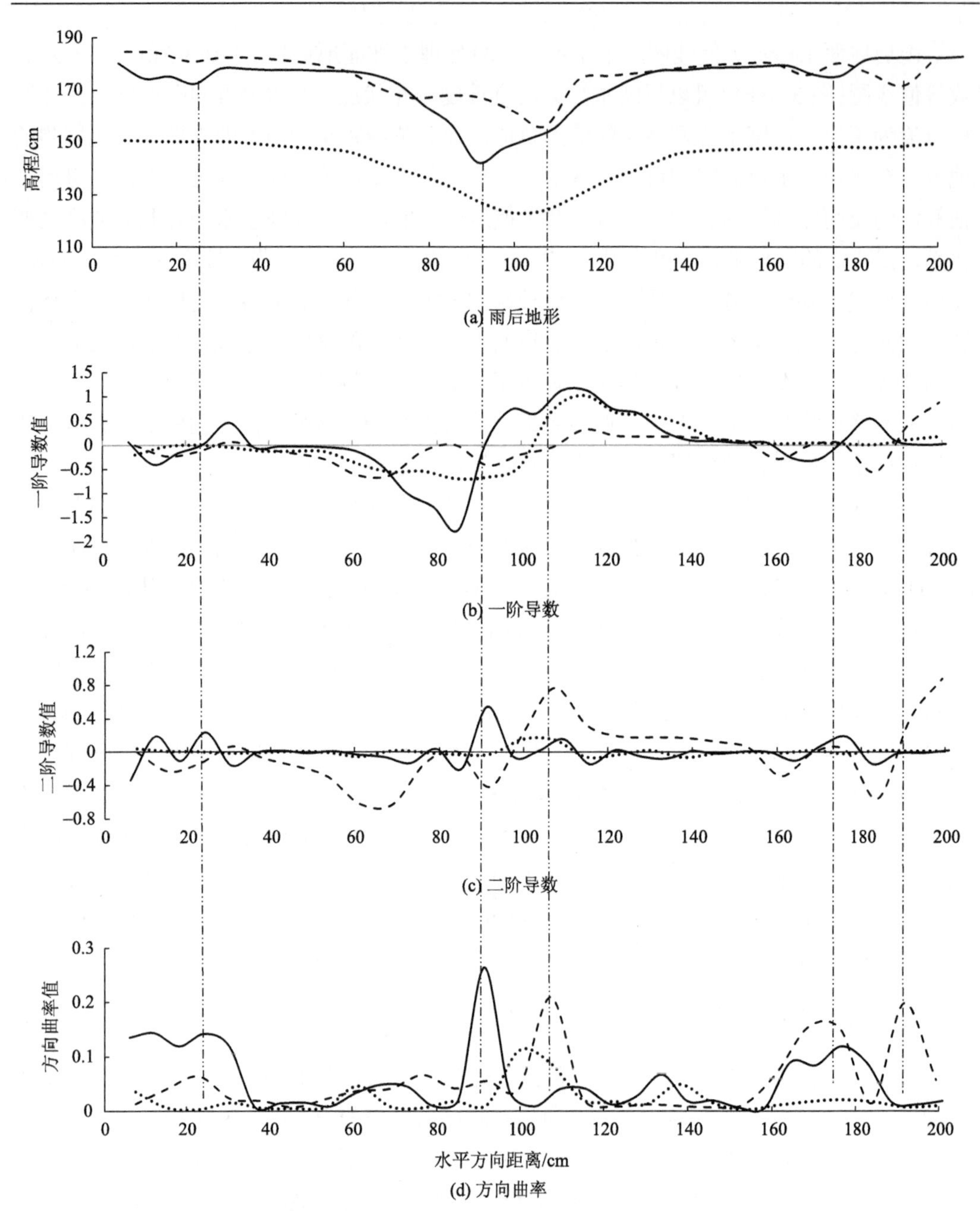

图 3-6　雨后坡面 DEM 与各方向导数网格在 3 m 坡长处的剖面图

注：–··–··–··– 所示为沟底位置

知，一阶导数表示的是雨后坡面 DEM 网格在水平方向上的坡度，所以在沟底位置一阶导数的网格表面值为 0[图 3-6(b)]；二阶导数值表示的是坡度的变化率，因此，原始坡面沟底位置即一阶导数值为 0 的地方，二阶导数值出现峰值[图 3-6(c)]；类似的，方向曲率网格表面值在沟底位置最大，且所有网格表面值均为正值[图 3-6(d)]。由各方向导剖面图可知，各方向导数网格表面值可反映坡面的侵蚀分布状况，展示坡面上细沟和浅沟沟槽的沟底位置。

3.2　坡面上方汇流对浅沟侵蚀过程影响的试验研究

3.2.1　试验设计与研究方法

本试验在黄土高原土壤侵蚀与旱地农业国家重点实验室人工模拟降雨大厅进行，试验土槽与降雨系统与 3.1.1 节类同。汇流装置由供水装置和稳流槽组成(图 3-7)，供水装置由供水管道和稳流箱组成，供水流量大小由供水管的阀门进行调节，并在稳流箱装有溢流装置，保证试验过程中设计汇水流量的稳定，稳流箱连接稳流槽。稳流槽安置在试验土槽上方，用于模拟坡面上方汇流。试验过程中，供水管道供应水流至稳流箱后进入稳流槽，并通过稳流槽消能使水流变为均匀水流汇入试验土槽。供水流量范围 0～300 L/min。试验土槽钢下端设置了径流收集装置，用于收集径流泥沙。

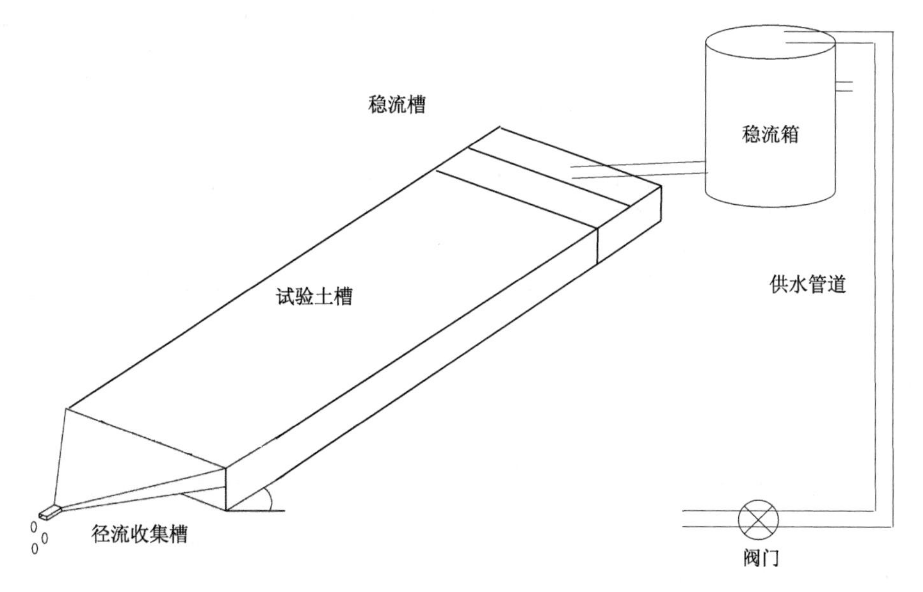

图 3-7　试验装置示意图

供试土壤为黄土高原丘陵沟壑区安塞县的黄绵土，其颗粒组成为：砂粒(>50 μm)占 28.3%，粉砂粒(2～50 μm)占 58.1%，黏粒(<2 μm)占 13.6%，属粉壤土，试验土壤的采集样地为当地典型的农耕地，有明显的犁底层，所以试验土壤样品分为耕作层和犁底层两层，分别进行采集。为了保证所有试验土壤性状的相同，对试验土壤采取不过筛不研磨处理，尽量保持土壤的原有结构免遭破坏。试验土槽装填土壤的方法与 3.1.1 节相同。

在长期的侵蚀和耕作循环下，浅沟的出现使得黄土坡面呈现瓦背状地形特征(Gong et al., 2011)。为此，根据野外自然条件下的初始浅沟形态特征，在室内用浅沟雏形刮板制作了位于坡中部 2～8 m 坡长位置的雏形浅沟，雏形沟的深度为 12 cm。随后对坡面进行了深度 20 cm 的翻耕，用于模拟自然条件下每年 4 月份雨季前对黄土坡面的横向耕作(武敏, 2005)。

AS^2(上方汇水面积和坡度平方的乘积)是描述浅沟发生位置和浅沟侵蚀程度的重要的地形特征因子(Desmet et al., 1999; Valentin et al., 2005)，其值在不同区域特别是在黄土高原上的空间分布差异很大(Cheng et al., 2007)。因此，本试验设计了一系列 AS^2 值以探究地形因子对浅沟侵蚀强度的影响。根据黄土高原短历时高强度侵蚀性降雨标准(I_5 =1.52 mm/min；约 91.2 mm/h)以及第 2 章野外观测的最大 30 min 降雨强度为 1.5 mm/min，设计了 3 个典型的降雨强度(50 mm/h、75 mm/h 和 100 mm/h)，每次降雨大约持续 70 min。根据黄土坡面浅沟广泛分布于 15°(26.8%)到 35°(70.0%)；基于黄土丘陵区浅沟分布的地表坡度，设计了 3 个典型坡度 15°、20°和 25°(26.8%、36.4%和 46.6%)。共设计 9 个试验处理(3 个降雨强度和 3 个坡度处理)，每个试验处理设置 2 个重复，对所有试验数据取平均值并计算标准偏差(SD)。

上方汇流流量根据上方汇水面积和降雨强度计算确定，在每个试验处理中，分别测试了 5 个逐渐增大的上方汇水面积(16 m^2、32 m^2、64 m^2、96 m^2 和 128 m^2)，用于分析不同汇水流量对浅沟侵蚀的影响(表 3-2)。上方汇流流量通过式(3-9)计算：

$$\mathrm{IR} = \alpha \cdot A \cdot \cos S \cdot \mathrm{RI} \tag{3-9}$$

表 3-2 地形特征参数值及其对应的上方汇流流量

坡度/(m/m)	地形特征值		上方汇流流量		
	上方汇水面积 A /(m^2)	AS^2 / (m^2)	RI=0.83 mm/min	RI=1.25 mm/min	RI=1.66 mm/min
26.8% (15°) §	16	1.15	1.28	1.93	2.57
	32	2.30	2.58	3.86	5.15
	64	4.60	5.15	7.73	10.31
	96	6.90	7.73	11.59	15.45
	128	9.19	10.31	15.45	20.60
36.4% (20°)	16	2.12	1.25	1.88	2.50
	32	4.24	2.51	3.76	5.01
	64	8.48	5.01	7.52	10.03
	96	12.72	7.52	11.28	15.04
	128	16.96	10.03	15.04	20.04
46.6% (25°)	16	3.47	1.21	1.81	2.41
	32	6.95	2.42	3.63	4.83
	64	13.90	4.83	7.25	9.67
	96	20.85	7.25	10.88	14.50
	128	27.80	9.67	14.50	19.33

§ 括号值为地表坡度，单位为(°)

式中，IR 为上方汇流流量，L/min；RI 为上方汇流强度，mm/min；α 为径流系数，根据黄土高原坡耕地上的研究结果(Wei et al., 2007)，该系数为 0.1。

为保证试验前坡面土壤含水量的一致性，压实疏松的表面土壤颗粒并减少初始表面糙率的空间差异，选用 30 mm/h 降雨强度在 5%的坡度条件下进行预降雨至坡面产流，随后用塑料布覆盖土壤表面防治土壤水分蒸发并静置 24 h 使水分均匀分布后开始正式降雨。

正式降雨开始前，对降雨强度和汇流流量进行率定，当实测降雨强度和汇流流量与目标降雨强度和汇流流量的差值小于 5%后，将土槽调至目标坡度后方可进行正式试验。

本试验的目的是模拟野外自然条件下当年雨季浅沟不断发育的过程，而随着雨季的进行，浅沟沟槽不断加宽加深并成为了坡面汇流的主要通道。因此本试验设计了连续增大的汇流流量，模拟随着降雨历时增加不断连通的浅沟沟槽发育过程，同时在每次增大汇流量之前，增加了没有汇流只有降雨的阶段，而此阶段的侵蚀值就可以作为下一段上方汇流贡献的侵蚀参考值。因此，本章中上方汇流在降雨过程中以逐渐增大汇流流量的方式进行上方汇流试验，研究上方汇流对浅沟侵蚀速率的影响。

每场试验开始后，首先进行仅有降雨试验，直到坡面开始产流后，用 15 L 的塑料桶在试验土槽径流收集装置处连续采集径流和泥沙样。在采集 6 个样品后，供给 16 m^2 汇水面积对应的上方汇流量，在大约经过 2 min 的稳定后，采集 4 个径流泥沙样，用于验证上方汇流对坡面侵蚀的影响。之后停止上方汇流并采集 6 个径流泥沙样，作为下一个试验阶段(32 m^2)的侵蚀量参考值。然后将以上步骤重复并依次供给 32 m^2、64 m^2、96 m^2 和 128 m^2 汇水面积对应的上方汇流量。一次试验过程共采集 30 个单独降雨的径流泥沙样和 20 个降雨+上方汇流径流泥沙。每次试验结束后，将试验土槽的剩余土壤移出，保留试验土槽底部的沙层，然后再重新按照装填试验土槽过程准备下一次试验。

在试验过程中，每 3 min 在四个坡段(坡长 1 m、3 m、5 m 和 7 m)分别用高锰酸钾染色法测量坡面水流的表层流速(V_s)，通过用秒表测量染色剂流过 1 m 长路径的时间，获取坡面表层流速。降雨结束后，去除径流样的上层清液，然后放入设置恒温为 105℃烘箱，烘干后称量计算径流和侵蚀速率。

考虑到使用染色剂示踪法测定的径流流速为坡面优势流流速，因此，浅沟沟槽径流平均流速是根据实测的流速乘以修正系数计算的：

$$V=kV_s \tag{3-10}$$

式中，V_s 是表层流速，cm/s；V 是断面平均流速，cm/s；k 是修正系数，在层流情况下取 0.67，在紊流情况下取 0.8。

3.2.2　上方汇流强度对浅沟坡面侵蚀的影响

表 3-3 展示了不同上方汇流条件下上方汇流引起的侵蚀量对总侵蚀量的贡献。结果表明，在 50 mm/h 降雨强度的处理中，上方汇流引起的侵蚀量占坡面侵蚀量的百分数(上方汇流对坡面侵蚀贡献率)均超过了 50%，而随着上方汇水面积的增大，上方汇流对坡

面总侵蚀的贡献率急剧增大，甚至达到了 70%以上。而当坡度增大时，上方汇流引起侵蚀量占总侵蚀量的贡献率基本保持不变，这与不同坡度下坡面侵蚀特征有关。在陡坡情况下，坡面侵蚀率与坡度的正弦值呈线性关系(Liu et al., 1994)。因此，坡面总侵蚀量和上方汇流引起的侵蚀量均急剧增加，使上方汇流对坡面侵蚀量的贡献率基本保持不变。

表 3-3　不同降雨强度和坡度条件下上方汇流对坡面侵蚀的贡献

降雨强度/(mm/h)	坡度/%	汇流强度/(mm/h)	侵蚀速率/(kg/min)					上方汇流对侵蚀的贡献/%
			无汇流	标准偏差	有汇流	标准偏差	由上方汇流引起的侵蚀速率	
50	26.8	4.8	0.77	0.10	1.66	0.32	0.89	53.7
		9.7	0.87	0.06	1.86	0.15	0.99	53.3
		19.3	0.89	0.23	2.93	0.41	2.04	69.6
		29.0	1.25	0.25	3.19	0.32	1.94	60.9
		38.7	1.26	0.26	4.86	0.63	3.60	74.1
	36.4	4.7	0.76	0.12	1.62	0.39	0.86	53.2
		9.4	1.35	0.11	3.31	0.31	1.97	59.3
		18.8	3.18	0.41	11.70	0.68	8.52	72.8
		28.2	7.06	0.55	16.23	0.99	9.17	56.5
		37.6	8.00	0.65	23.29	1.31	15.29	65.7
	46.6	4.5	2.06	0.30	4.31	0.62	2.25	52.2
		9.1	2.46	0.36	5.03	0.52	2.57	51.1
		18.1	4.00	0.35	14.60	0.74	10.60	72.6
		27.2	10.08	0.65	22.31	0.83	12.23	54.8
		36.3	12.25	0.59	28.03	1.01	15.78	56.3
75	26.8	7.2	1.13	0.14	2.19	0.41	1.06	48.3
		14.5	1.64	0.13	5.08	0.42	3.44	67.7
		29.0	2.34	0.32	6.05	0.69	3.71	61.3
		43.5	2.57	0.38	6.55	0.85	3.98	60.7
		57.9	2.88	0.41	8.23	0.94	5.35	65.0
	36.4	7.1	2.23	0.10	4.29	0.35	2.06	48.0
		14.1	2.56	0.40	7.14	0.61	4.58	64.1
		28.2	3.31	0.36	11.67	0.94	8.36	71.6
		42.3	7.72	0.72	17.76	0.97	10.04	56.5
		56.4	8.85	0.78	23.89	1.14	15.04	63.0
	46.6	6.8	2.58	0.43	6.02	0.73	3.44	57.2
		13.6	3.69	0.53	9.21	0.68	5.51	59.9
		27.2	4.88	0.53	17.05	1.13	12.18	71.4
		40.8	11.81	0.78	31.66	2.76	19.85	62.7
		54.4	13.45	1.08	37.94	2.32	24.49	64.6

续表

降雨强度/(mm/h)	坡度/%	汇流强度/(mm/h)	侵蚀速率/(kg/min)					上方汇流对侵蚀的贡献/%
			无汇流	标准偏差	有汇流	标准偏差	由上方汇流引起的侵蚀速率	
100	26.8	9.6	3.78	0.69	5.35	0.61	1.58	29.5
		19.3	3.45	0.57	5.51	0.67	2.06	37.4
		38.7	4.05	0.45	10.88	0.73	6.83	62.8
		57.9	5.04	0.76	11.75	1.24	6.71	57.1
		77.3	5.23	0.87	13.11	0.91	7.89	60.1
	36.4	9.4	4.38	0.70	6.37	0.63	1.98	31.2
		18.8	4.09	0.58	7.06	0.91	2.97	42.0
		37.6	4.58	0.51	12.87	0.74	8.29	64.4
		56.4	8.29	0.60	19.23	1.29	10.95	56.9
		75.2	9.69	1.00	19.09	1.04	9.40	49.2
	46.6	9.0	5.45	0.60	9.58	0.99	4.13	43.1
		18.1	5.06	0.77	9.26	0.67	4.20	45.3
		36.3	6.23	0.59	18.72	1.34	12.48	66.7
		54.4	11.72	0.97	33.87	1.80	22.15	65.4
		72.5	14.03	0.65	38.31	1.59	24.29	63.4

在相同坡度条件下，上方汇流引起的侵蚀量随上方汇水面积的增大而逐渐增大，然而，上方汇流对坡面侵蚀的贡献率大多在 64 m^2 上方汇水面积的情况下达到最大值。对比不同阶段仅单独降雨的坡面侵蚀量，发现在供给 64 m^2 上方汇水面积对应的汇流量前，坡面侵蚀量基本保持不变，但供给 64 m^2 上方汇水面积对应的上方汇流流量后，坡面侵蚀量急剧增大。上方汇流对坡面侵蚀量的贡献率在 64 m^2 汇流面积对应的上方汇流时达到最大值，这主要与浅沟快速发育阶段有关(郑粉莉等, 2006)。当上方汇流量增大时，土壤表面颗粒所受到的径流剪切力明显增大。此外，土壤水分已充分饱和，土壤抗侵蚀能力很低。因此，土壤颗粒被剥离并随被浅沟沟槽集中水流全部搬运，因而造成坡面侵蚀量的增大和上方汇流对坡面侵蚀贡献率的增大。当上方汇水面积从 64 m^2 调整到 96 m^2 和 128 m^2 时，上方汇流对坡面侵蚀的贡献率略微下降，这与此阶段仅有降雨条件的坡面侵蚀量较大有关。同样，当降雨强度从 50 mm/h 增加到 75 mm/h 和 100 mm/h 时，由于仅有降雨条件的坡面侵蚀较大，因而导致上方汇流对坡面侵蚀量的贡献率呈现先增大后减小的趋势。

浅沟侵蚀强度随着上方汇流强度的增加明显增大(图 3-8)。在 50 mm/h 降雨强度下[图 3-8(a)]，在试验开始阶段没有上方汇流时，25°坡度下的侵蚀速率比坡度 15°和 20°试验处理的坡面侵蚀速率增加 1.69 倍。

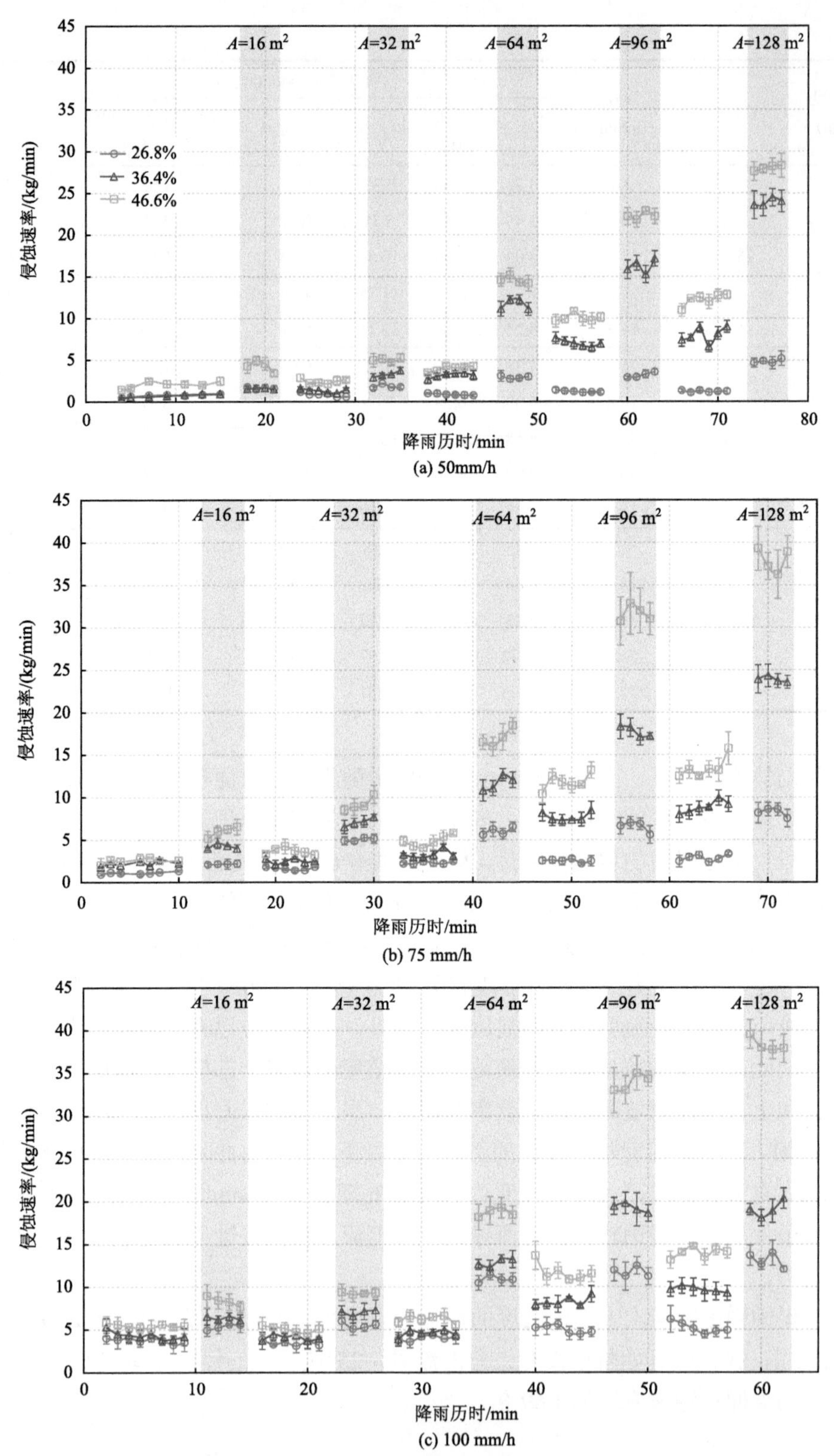

图 3-8　不同降雨强度和坡度处理下的坡面侵蚀速率对上方汇流的影响

注：误差棒显示的是两个重复的标准偏差

当供给 16 m^2 汇水面积对应的汇流时，坡面侵蚀率增大 1.09～1.14 倍，此时对于 25°坡度的试验处理，坡面侵蚀量从 2.06 kg/min 增加到 4.31 kg/min，而对于 15°和 20°坡度的试验处理，坡面侵蚀量从 0.76 kg/min 增加到 1.64 kg/min（表 3-3）。根据试验观测以及高分辨率录像记录可知，25°坡度试验处理坡面上，浅沟沟槽形成了下切沟头，下切沟头溯源侵蚀导致坡面侵蚀率急剧增大，而对 15°和 20°两个坡度试验处理，坡面侵蚀方式仍以片蚀为主。由此可知，坡度的增大也加速了浅沟沟槽的发育过程。

试验过程中，当完成上方汇入 16 m^2 的汇水面积对应的坡面汇流试验后，停止上方汇流并采集仅有降雨条件下的径流含沙样，用于检查仅有降雨条件下坡面侵蚀的变化情况。结果表明，此时在相同的降雨强度下，坡面侵蚀速率变化很小。基于此，在坡面上方供给 32 m^2 上方汇水面积对应的坡面汇流量，发现三个坡度试验处理的坡面侵蚀速率增加 1.04～1.45 倍。与对应 16 m^2 上方汇水面积的汇流量相比，15°和 25°两个坡度试验处理的坡面侵蚀速率分别增加了 12%和 16%，而 20°坡度试验处理的坡面侵蚀速率则从 1.62 kg/min 增加到 3.31 kg/min，增加了 1.04 倍（表 3-3）。基于试验观测和试验过程中的高分辨率录像记录可知，此时 20°坡度试验处理的浅沟沟槽中出现了明显的下切沟头，下切沟头溯源侵蚀导致了坡面侵蚀量的急剧增加。

当完成 32 m^2 的汇水面积对应的坡面汇流试验后，停止上方汇流并采集仅有降雨条件下的径流含沙样，用于检查仅有降雨条件下坡面侵蚀的变化情况。结果表明，三个坡度试验处理在停止上方汇流后坡面侵蚀速率明显减少，但由于坡面浅沟的发育，20°和 25°两个坡度试验条件下的坡面侵蚀量均大于上方汇流前坡面侵蚀量（图 3-8）。此后供给 64 m^2 汇水面积对应的上方汇流量，三个坡度试验处理的坡面侵蚀速率均呈现明显上升的趋势，平均土壤侵蚀速率比加入汇流前的分别增大 2.29 倍、2.67 倍和 2.65 倍，64 m^2 汇水面积试验条件下的坡面侵蚀量比 16 m^2 和 32 m^2 汇水面积试验条件下的坡面侵蚀量增加 0.57～6.22 倍（表 3-3）。这一时段快速增大的坡面侵蚀速率与活跃的沟头溯源侵蚀和沟底下切侵蚀有关。研究结果还表明，当上方汇水面积即上方汇流流量增大到一定程度时，上方汇流的加入会急剧地加快浅沟侵蚀过程。这与 Cheng 等（2007）和 Capra 等（2009）分别在黄土高原和意大利西西里岛的野外调查结果以及 Gong 等（2011）在室内模拟试验的结果相似。

当完成 64 m^2 的汇水面积对应的坡面汇流试验后，停止上方汇流，此时坡面侵蚀速率再次降低但并没有返回到加入上方汇流之前的侵蚀速率；与对应加入上方汇流之前的仅有降雨条件的坡面侵蚀速率相比，此时坡面侵蚀速率增加 0.4～1.52 倍。这主要与该试验过程坡面浅沟集水区浅沟发育及对应的坡面侵蚀速率增加有关。

当 64 m^2 的汇水面积对应的试验结束后，分别供给 96 m^2 和 128 m^2 汇水面积对应的上方汇流量，其试验过程与对应的 16 m^2，32 m^2 和 64 m^2 汇水面积试验处理相同。结果表明，在三个坡度试验条件下，对应 96 m^2 汇水面积的汇流量引起的侵蚀速率较没有上方汇流试验处理的增加了 1.21～1.55 倍，而且其比对应 64 m^2 汇水面积的汇流量的引起的侵蚀速率增大 8.7%～52.8%；对于 128 m^2 的汇水面积对应的汇流量，三个坡度试验条件下的坡面平均侵蚀速率分别较没有上方汇流增加了 1.28～2.85 倍。

图 3-9 表明，坡面侵蚀速率随着总汇流量(降雨引起的汇流和上方汇水面积引起的汇流之和)的增加呈线性增加，最差与最佳的回归关系结果表明，R^2 值为 0.86～0.9966。Cheng 等(2007)与 Capra 和 La Spada(2015)的研究结果表明，上方汇流的增大对浅沟的发生和发育过程有很大影响，浅沟侵蚀强度与上方汇流特征值有良好的回归关系，这与本研究结果相似。研究结果还表明，坡度对浅沟侵蚀强度有重要影响，当坡度增加到一定的临界坡度值时，坡面侵蚀量急剧增大，这与黄土高原以及其他以地表径流为主要侵蚀动力区域的研究结果和规律相同(Poesen et al., 2003; Cheng et al., 2007; Li et al., 2016)。

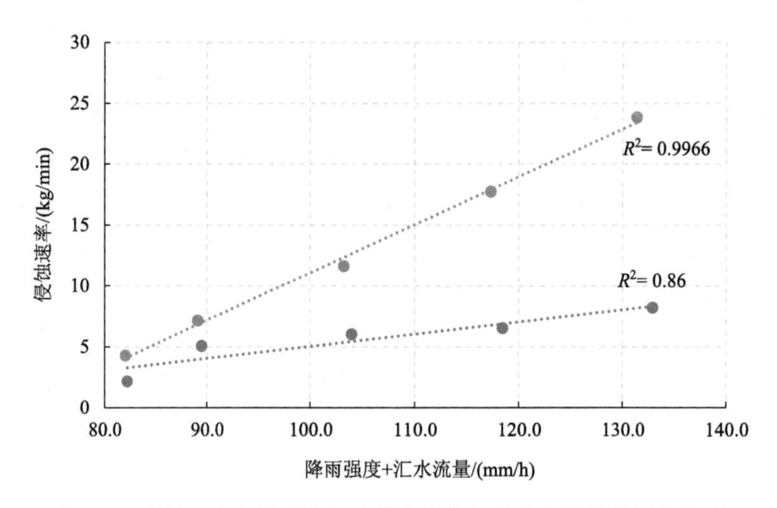

图 3-9　侵蚀速率与降雨和汇流量之和之间最佳与最差的回归关系

3.2.3　上方汇流强度对浅沟沟槽水流流速的影响

当坡面发生浅沟侵蚀后，浅沟沟槽的泥沙搬运过程即成为整个坡面输沙过程的主要部分(Poesen et al., 2003；郑粉莉等, 2006；Capra and La Spada, 2015)。上方汇流对浅沟沟槽水流流速有重要影响(图 3-10 和图 3-11)，而径流流速则是影响坡面径流剥离和搬运土壤颗粒能力的关键因素(Mancilla et al., 2005；Li et al., 2016)。因而，上方汇流对浅沟沟槽水流流速的影响决定了对侵蚀速率的影响。

随着上方汇流流量的增大，浅沟沟槽水流流速不断增大，这里以 50 mm/h 降雨强度处理为例，展示了不同坡度处理下的浅沟沟槽的水流流速(图 3-10)。15°处理下的沟槽平均流速分布于 17.5～26.5 cm/s 之间。浅沟沟槽的形成和发育为坡面径流提供了集中通道，因此水流流速随着降雨强度和上方汇流的增加不断增大。当坡度从 15°增大到 20°和 25°时，平均流速分别为 25.3～34.6 cm/s 和 29.4～45.7 cm/s。与没有上方汇流相比，增加上方汇流后浅沟沟槽径流流速增大了 22.7%～79.4%。Zhang 等(2002，2009)的研究表明，与其他水力学参数相比，径流流速与土壤颗粒的剥蚀率有更好的相关关系。此外，径流流速还与径流的泥沙搬运能力呈线性关系，这与本试验研究结果相同(表 3-3)。

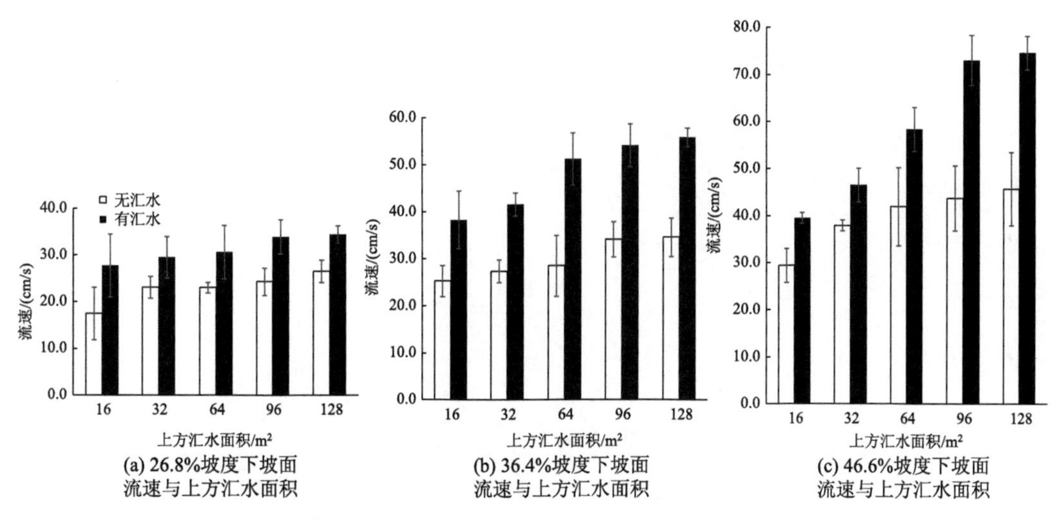

(a) 26.8%坡度下坡面流速与上方汇水面积　(b) 36.4%坡度下坡面流速与上方汇水面积　(c) 46.6%坡度下坡面流速与上方汇水面积

图 3-10　50 mm/h 降雨强度处理下不同坡度和上方汇水面积条件下的浅沟沟槽水流流速

以 15°坡度处理为例，研究了不同降雨强度处理下浅沟沟槽的水流流速(图 3-11)。在没有上方汇流只有降雨的情况下，50 mm/h、75 mm/h 和 100 mm/h 降雨强度处理的浅沟沟槽水流流速分别为 17.5～26.5 m/s、20.3～30.8 m/s 和 27.9～31.6 cm/s。与 50mm/h 降雨强度相比，75 mm/h 和 100 mm/h 降雨强度试验下的浅沟沟槽分别增加 16%和 35.5%。

当加入上方汇流后，浅沟沟槽水流流速明显增大。对 100 mm/h 降雨强度试验处理，有上方汇流加入的径流流速比没有上方汇流的径流流速增加 30.8%～51.5%，这说明上方汇流对浅沟沟槽径流流速具有很大影响。因此，在防治浅沟侵蚀时，需要采取措施控制上方汇水面积的径流进入坡面下部，减小径流动能从而减少侵蚀。

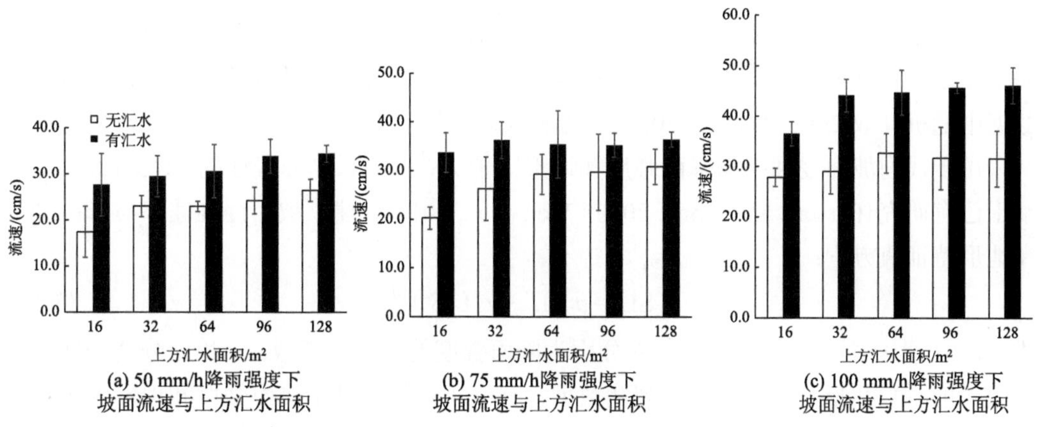

(a) 50 mm/h降雨强度下坡面流速与上方汇水面积　(b) 75 mm/h降雨强度下坡面流速与上方汇水面积　(c) 100 mm/h降雨强度下坡面流速与上方汇水面积

图 3-11　15°坡度处理中不同降雨强度和上方汇水面积条件下的浅沟沟槽水流流速

3.2.4　浅沟坡面侵蚀率与上方汇水区地形及降雨强度的关系分析

在 Matlab 软件中绘制了浅沟坡面侵蚀率与降雨强度和上方汇流地形(AS^2)关系的三维图(图 3-12)。

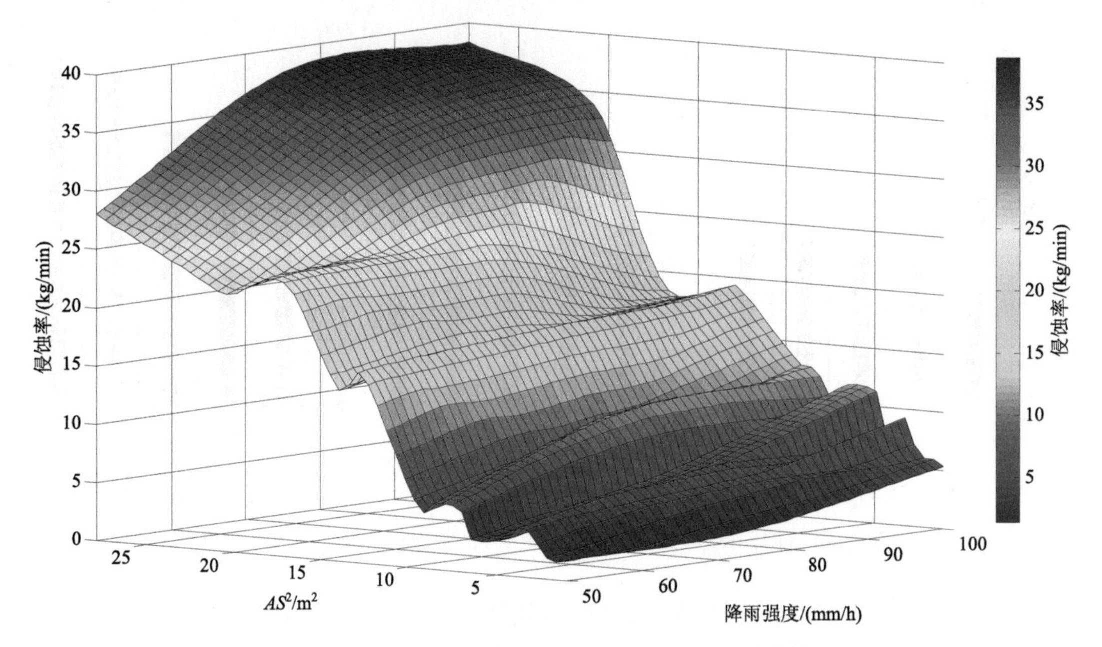

图 3-12　坡面侵蚀率与降雨强度和地形特征参数(AS^2)的关系

从图 3-12 中可以明显看出，侵蚀率与降雨强度和地形特征值不是线性关系，且侵蚀速率受降雨强度和 AS^2 的综合影响，并随着两者的增大而增大。此外，AS^2 比降雨强度对侵蚀率的影响更明显。当 AS^2 从 0 增加到 27 m² 时，侵蚀率呈阶梯状上升并有两个明显的临界值，一个临界值是当 AS^2 为 10 m² 时，侵蚀率从 12.87 kg/min 陡然增大到 16.23 kg/min，另一个临界值是当 AS^2 为 20 m² 时，侵蚀率从 22.31 kg/min 陡然上升至 28.03 kg/min。这个结果表明了影响浅沟侵蚀的地形特征存在临界值。

为了定量研究降雨和地形对浅沟坡面侵蚀率的影响，需要构建立坡面侵蚀率与降雨强度和地形特征值 AS^2 的方程。为了确保方程构建和验证所用数据的独立性，从所有的数据中随机抽取 2/3 的数据(n=30)进行方程拟合，其余 1/3 的数据(n=15)用于验证方程。

由于浅沟坡面侵蚀率与降雨强度和地形因子 AS^2 的关系是非线性的(图 3-12)，这里基于已有研究(Parsons and Stone, 2006；Wen et al., 2015)，建立坡面侵蚀速率与降雨强度和地形特征值方程：

$$\mathrm{SL} = a\,\mathrm{RI}^{\,b} + c\,(AS^2)^{\,d} \tag{3-11}$$

式中，SL 为坡面侵蚀速率；a 和 b 分别为降雨强度的系数和指数；c 和 d 分别为地形因子 AS^2 的系数和指数。基于试验观测数据，建立了最优的基于降雨强度和地形因子估算浅沟侵蚀的拟合方程：

$$\mathrm{SL} = 0.156\,\mathrm{RI}^{\,0.482} + 0.537\,(AS^2)^{\,1.225} \quad (R^2 = 0.90, P < 0.05, n = 30) \tag{3-12}$$

利用随机选取的 15 组数据对式(3-12)进行率定，图 3-13 是由式(3-12)计算得到的侵蚀速率值与对应的实测值的交叉检验结果。可以看出式(3-12)计算得到的侵蚀速率值均分布在 1:1 线附件，决定系数(R^2)和纳什系数(E_{NS})分别是 0.80 和 0.87。结果表明，建立的方程达到了可接受的精度，可用式(3-12)估算黄土陡坡降雨和地形条件下的浅沟侵蚀量。

由式(3-12)可知，降雨强度和 AS^2 的指数分别是 0.482 和 1.225，表明在浅沟发育坡面上，上方汇流地形因子比降雨强度因子对侵蚀量的影响更大。此结果与 Wen 等(2015)在东北黑土区的研究结果差异很大，主要原因是侵蚀方式的不同，黑土坡面侵蚀方式以片蚀为主，而本研究则以浅沟侵蚀方式为主。

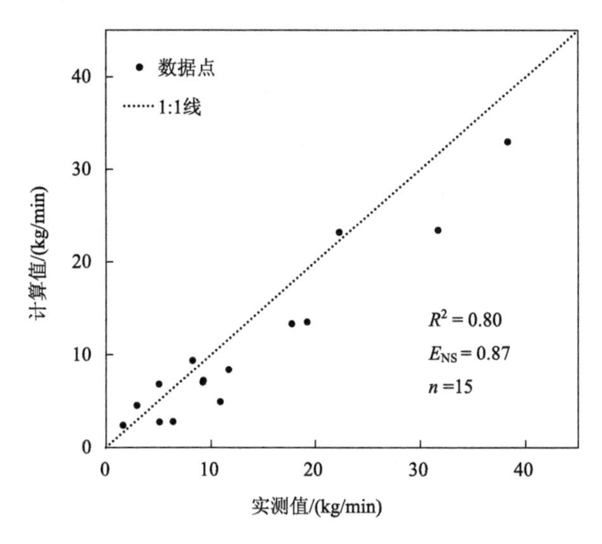

图 3-13　坡面侵蚀率实测值和计算值的比较

3.3　坡面上方汇流和侧方汇流对浅沟侵蚀影响的试验研究

3.3.1　试验设计与研究方法

本试验在黄土高原土壤侵蚀与旱地农业国家重点实验室人工模拟降雨大厅进行。试验所用设备包括试验土槽、降雨系统、上方汇流装置和侧方汇流装置，其中试验土槽和降雨系统与 3.1 节相同，上方汇流装置与 3.2 节类同(图 3-14)，在此基础上，本试验增加了侧方汇流装置。侧方汇流装置由两块防渗板和两条供水管道组成，防渗板长 8 m，宽 20 cm，并用螺丝固定在试验土槽侧壁上用于放置提供侧方汇流的供水管道。根据第 2 章中野外观测的浅沟地形数据，设计防渗板与试验土槽平面呈 15°夹角，模拟自然条件下浅沟集水区的沟槽间区域与沟槽间横向坡降。在试验土槽两侧设置两排提供侧向汇流的塑料管，并每隔 10 cm 在塑料管上钻取一个直径为 2 mm 的圆孔，以保证在试验过程中能够均匀地供给侧方汇流。为使侧方径流能够均匀地进入试验土槽，在防渗板上方覆盖一层高透水性纱布。试验开始后，当需要供给侧方汇流时，将供水管放置在试验土槽两侧的防渗板上；当不需要供给侧方汇流时，将防渗板上的供水管移除即可(图 3-14)。

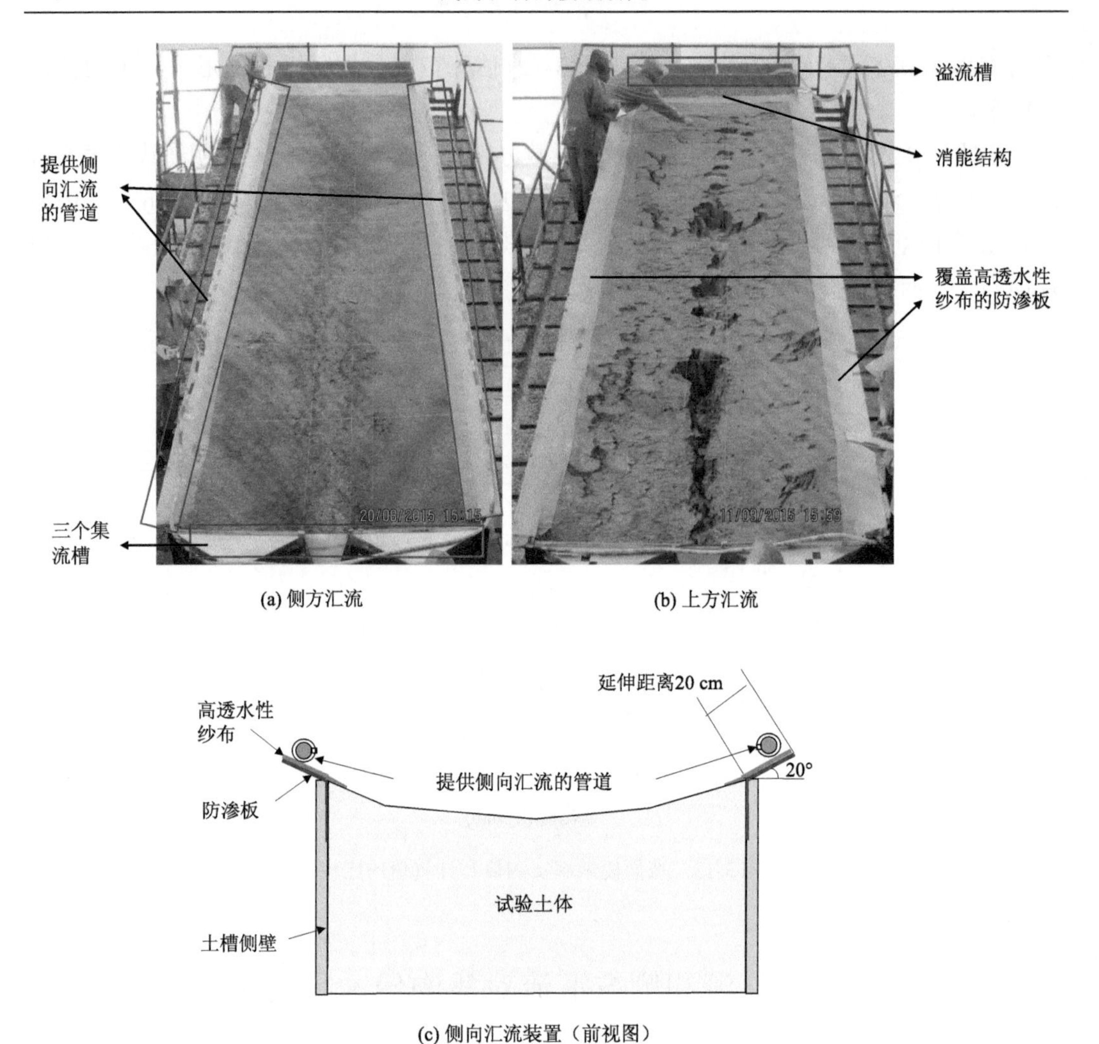

(a) 侧方汇流　　(b) 上方汇流

(c) 侧向汇流装置（前视图）

图 3-14　试验装置

试验土槽底端设有径流收集装置，用于采集试验过程的径流泥沙样。本次试验共设置了三个径流收集装置，即两侧的径流收集装置，其槽宽度为 85 cm，用于收集从浅沟沟槽两侧的径流量；还有位于试验土槽下端中间位置的径流收集装置，其宽度为 30 cm，用于采集浅沟沟槽径流泥沙样。试验过程为了防止浅沟沟槽发育过程中在出水口的淤积，在试验土中间径流收集装置内部设置了人工可上下移动的浅沟沟槽径流泥沙收集装置，其作用是可根据试验过程浅沟沟槽深度的变化调节浅沟沟槽径流收集装置的高度，最低的位置位于低于原始土壤表面 40 cm，即试验土槽底部沙层的装填深度。这样不但可利用这个活动式的试验装置收集浅沟沟槽径流泥沙样，也保证了整个试验过程中不会在浅沟沟槽出口处发生泥沙沉积，影响侵蚀量的测定。

供试土壤为黄土高原丘陵沟壑区安塞县的黄绵土，其颗粒组成为：砂粒（>50 μm）占 28.3%，粉砂粒（2～50 μm）占 58.1%，黏粒（<2 μm）占 13.6%，属粉壤土。试验土壤的采

集样地为当地典型的农耕地，有明显的犁底层，所以试验土壤样品采集时分为耕作层和犁底层两层，分别进行采集。为了保证所有试验土壤性状的相同，对试验土壤采取不过筛不研磨处理，尽量保持土壤的原有结构免遭破坏。

根据野外自然条件下的初始浅沟形态特征，设计了浅沟雏形模型，随后在土槽表面 1～8 m 坡长的中间位置制作了雏形浅沟地形，雏形沟的深度为 12 cm，浅沟雏形模型的横断面为与野外类似的弧形(图 3-14)。随后对坡面进行了 20 cm 深度的翻耕，用于模拟自然条件下每年 4 月份雨季前对浅沟集水区坡面的横向耕作。

根据黄土高原短历时高强度侵蚀性降雨标准(I_5 =1.52 mm/min；约 91.2 mm/h)以及第 2 章野外观测的最大 30 min 降雨强度为 1.5 mm/min，设计了 2 个典型的降雨强度(50 mm/h 和 100 mm/h)。基于黄土高原浅沟分布较广且发育活跃的典型坡度(张科利等, 1991；姜永清等, 1999)，设计试验坡度为 15°和 20°。本试验一共设计了 3 个试验处理(15°和 50 mm/h，20°和 50 mm/h，20°和 100 mm/h)，比较不同雨强和坡度下上方和侧方汇流对坡面浅沟侵蚀的贡献，各试验处理重复 2 次，所有试验数据取平均值并计算标准偏差(SD)。

上方和侧方汇流强度根据第 2 章野外观测的浅沟集水区形态及黄土丘陵沟壑区浅沟地形特征设计(张科利等, 1991；Cheng et al., 2007)。张科利等(1991)研究了黄土高原典型浅沟分布特征规律，发现浅沟平均间隔为 16 m，浅沟发生的上方临界坡长为 40 m，因此，对于 8 m 长的试验区域来说，上方汇水面积约为 640 m^2，而侧方汇水面积约为 128 m^2。根据典型黄土高原坡耕地的径流系数为 0.1(Wei et al., 2007)，设计上方汇流和侧方汇流强度分别为 40 L/min 和 8 L/min。即上方汇流强度为侧方汇流强度的 5 倍。

为了分离上方汇流和侧方汇流对浅沟侵蚀的贡献，本章设计了一系列有、无上方汇流的处理(表 3-4)，每场试验共分为 4 个阶段，第一阶段只有降雨，采集 4 个泥沙样品，用于计算只有降雨情况下的侵蚀量；随后第二阶段，增加侧方汇流并采集 4 个泥沙样品，确定侧方汇流对浅沟侵蚀的贡献，然后停止侧方汇流，再采集两个仅降雨情况下的泥沙样用于检查汇流前后坡面侵蚀量的变化；第三个阶段，增加上方汇流并采集 4 个样品，

表 3-4　试验流程

试验阶段	试验流程	采集径流泥沙样的个数	目的
Ⅰ	仅有降雨	4	分析降雨引起的坡面侵蚀
Ⅱ	降雨+侧方汇流	4	分析侧方汇流对侵蚀的影响
	仅有降雨	2	检查侧方汇流前后坡面侵蚀变化
Ⅲ	降雨+上方汇流	4	分析上方汇流对侵蚀的影响
	仅有降雨	2	检查上方汇流前后坡面侵蚀变化
Ⅳ	降雨+上方汇流+侧方汇流	4	分析上方和侧方汇流共同的影响
	降雨+侧方汇流	4	分析侧方汇流对侵蚀的影响
	仅有降雨	2	检查侧方汇流前后坡面侵蚀变化

确定上方汇流对浅沟坡面侵蚀的贡献，然后停止上方汇流，再采集两个样品确定汇流前后坡面侵蚀量的变化；第四个阶段，同时增加上方汇流和侧方汇流并采集 4 个样品，确定上方汇流和侧方汇流对浅沟侵蚀的贡献，然后停止上方汇流只留下侧方汇流并采集 4 个样品，确定此时侧方汇流对坡面侵蚀的贡献，最后停止侧方汇流并采集 2 个泥沙样品，检查此时仅有降雨条件下坡面侵蚀量的变化(表 3-4)。

为了保证试验前坡面土壤含水量的一致性，选用 30 mm/h 降雨强度进行预降雨至坡面产流，然后静置 12 h 后开始正式降雨。试验开始之前先率定降雨强度和汇流流量。率定目标降雨强度时，在长 8 m、宽 2 m 的试验土槽均匀布设 27 个雨量筒，待降雨稳定后收集 5 min 的降雨，然后量测各雨量筒的降雨量，并计算平均降雨强度。率定 50 mm/h 和 100 mm/h 两个设计的目标雨强的空间分布如图 3-15 所示，降雨强度空间分布均匀度的计算方法如下：

$$K = 1 - \sum_{i-1}^{n} \frac{\left| x_i - \overline{x} \right|}{n\overline{x}} \tag{3-13}$$

式中，K 为降雨均匀度；x_i 为第 i 个观测点的降雨强度；$\overline{x}$ 为所有监测点的平均降雨强度；n 为观测点的个数。

由于试验的目的是分离上方汇水和侧方汇水对坡面浅沟侵蚀的贡献，降雨强度空间分布的均匀性十分重要。只有当率定降雨强度平均值达到设计雨强(±5%)，且均匀度大于 80%时，方可进行正式降雨试验。图 3-15 展示的降雨强度空间分布表明，坡面中部雨强较大，而上部和下部雨强相对较小，但降雨均匀度大于 80%，满足试验要求。

在试验过程前率定汇流流量时，在试验土槽表面覆盖一层不透水塑料布，并让上方汇流或侧方汇流沿溢流槽和侧方供水管道进入土槽，在试验土槽出水口收集径流；当汇流流量值达到设置的目标汇流量 95%时，方可进行正式试验。整个试验过程中保持水管阀门开度和水压稳定，待需要加入上方或侧方汇流时，分别将供水管道放入试验土槽上方的稳流槽或土槽两侧的供水装置上，需要停止上方汇流和侧方汇流时，立即将供水管道移开。

试验过程中分别在坡长 1 m、3 m、5 m 和 7 m 处的浅沟沟槽和两侧坡面上用染色剂法测量水流流速、流宽和流深，所有位置的流速测量在 3 min 内完成，以保证测量的数据均在同一试验时间段内，具有可比较性。

在试验进行过程中，每隔 3 min 用莱卡 Nova MS50 全站扫描仪(Leica Geosystems AG，Heerbrugg，Switzerland)对坡面浅沟发育过程进行动态监测，并将全站扫描仪获取的点云数据导入 ArcGIS10.4 平台，分析不同浅沟发育时期的坡面水流流路。

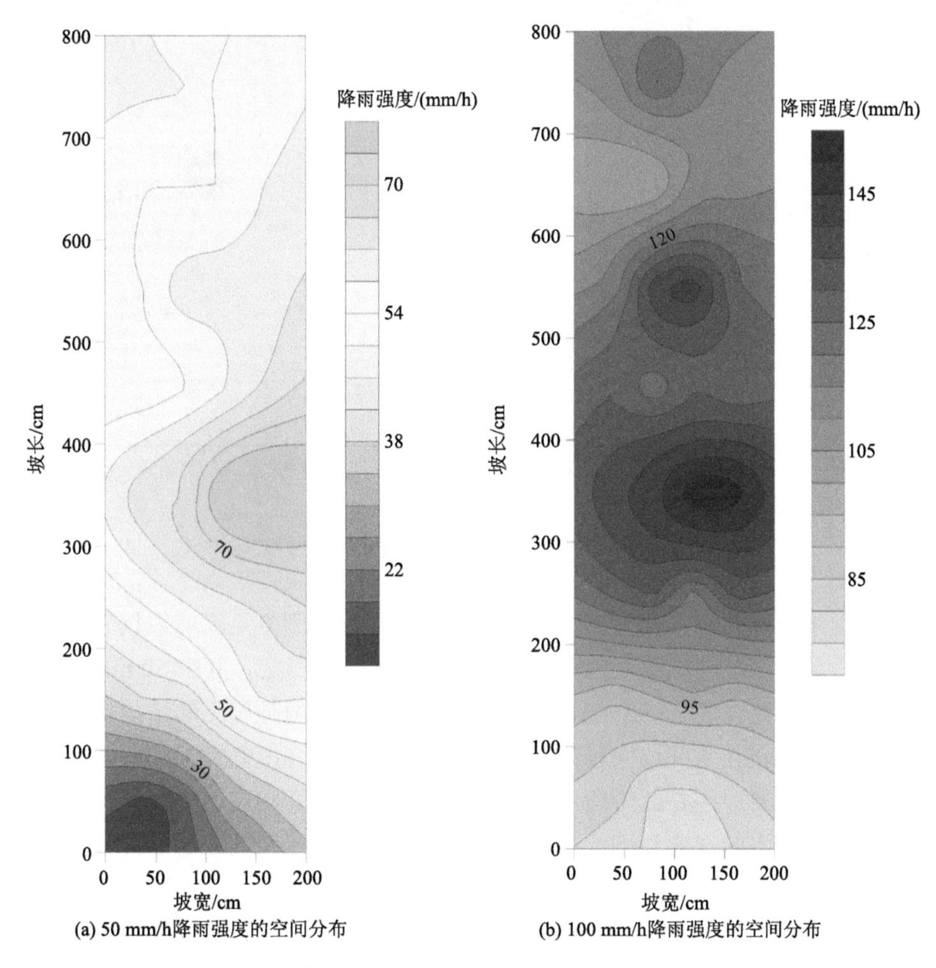

图 3-15　两个目标雨强(50 mm/h 和 100 mm/h)下的降雨空间分布图

3.3.2　上方汇流和侧方汇流对坡面径流和侵蚀过程的影响

图 3-16 展示了不同降雨强度和坡度处理下的径流过程。在试验最初仅有降雨阶段，50 mm/h 降雨强度下的两个坡度处理的径流过程线基本重叠，坡面径流强度变化在 1.5～3.0 L/min 之间；而降雨强度增加到 100 mm/h 时，坡面径流强度增加到 6.3～12.1 L/min 之间，说明降雨强度增大，使坡面降雨强度远远超过了坡面的入渗能力，多余的降雨均转化成了坡面径流，使得坡面径流量增大(Wei et al., 2007；Xu et al., 2017)。随后在浅沟沟槽两侧加入侧方汇流时，受侧方汇流的影响，坡面径流强度也明显增大，此时 50 mm/h 降雨强度下的坡面径流强度变化在 7.8～10.9 L/min 之间，而 100 mm/h 降雨强度下的坡面径流强度则变化于 28.0～32.6 L/min 之间，是 50 mm/h 降雨强度下坡面径流强度的 3.4 倍。这说明侧方汇流对浅沟集水区径流过程有明显的影响。

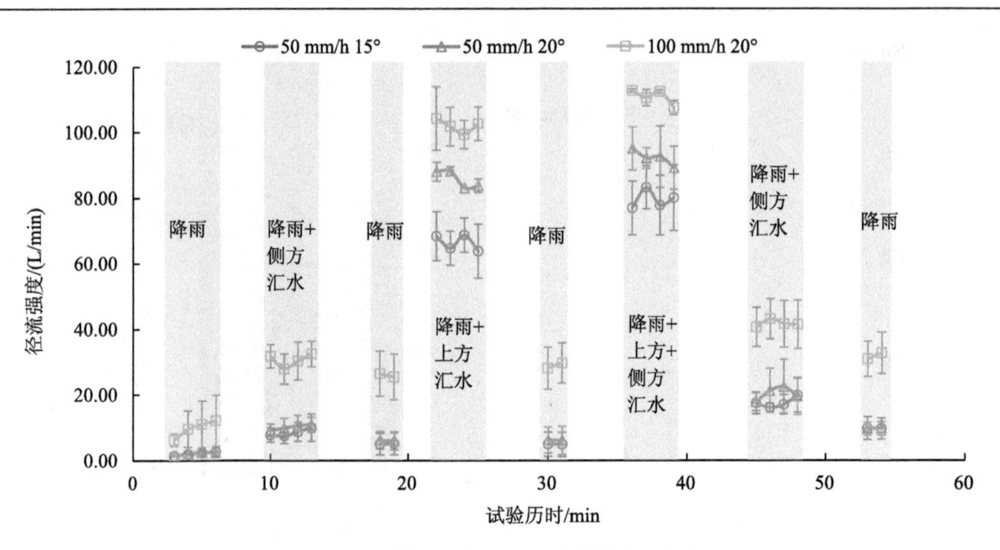

图 3-16　不同试验处理下的坡面径流过程

此后，继续降雨并停止侧方汇流汇入坡面，检查加入侧方汇流前后仅有降雨时坡面径流的变化。此时，不同试验处理下坡面径流率基本保持稳定，其中 50 mm/h 降雨强度下坡面径流强度变化在 5.2～9.9 L/min 之间，100 mm/h 降雨强度下的坡面径流强度则变化于 25.5～38.8 L/min 之间。两种降雨强度下的坡面径流强度均大于加入侧方汇流前的坡面径流强度，主要原因是此阶段土壤含水量基本达到饱和状态，降雨全部转化为坡面径流，同时坡面浅沟的发育和细沟的形成增加了坡面水流流路的连通性，也使坡面径流强度增加。

在降雨+上方汇流条件下，上方汇流的加入明显改变了坡面的径流过程。三个试验处理的坡面径流强度分别变化于 64.0～68.9 L/min、83.2～88.4 L/min 和 99.4～104.4 L/min 之间，比仅有降雨条件下的坡面径流强度增大了 2.8～12.0 倍。同样，在降雨过程中同时加入上方汇流和侧方汇流后，坡面径流强度达到最大，三个试验处理的坡面平均径流强度分别变化于 77.2～83.5 L/min、89.3～95.3 L/min 和 107.61～112.9 L/min 之间。此时，停止上方汇流而仅保留降雨后，坡面径流量明显减少；但由于受浅沟集水区水流流路的贯通的影响，坡面径流强度较之此前呈增加趋势，三个试验处理的坡面平均径流强度分别变化在 16.3～20.1 L/min、18.1～22.7 L/min 和 40.7～43.2 L/min 之间。

试验条件下坡面侵蚀速率变化过程对不同汇流的响应与径流过程类似(图 3-17)。在试验最初仅有降雨的阶段，降雨强度大小是影响坡面侵蚀速率的关键因素。当降雨强度从 50 mm/h 增大到 100 mm/h 时，坡面侵蚀率从 0.3～0.8 kg/min 增大到 1.5～4.8 kg/min，侵蚀速率增大了 5～6 倍，这也与前人研究结果相同(Gong et al., 2011)。降雨强度的增大不仅增加了坡面径流强度和径流能量，而且也增加了土壤剥蚀能力和径流搬运能力，同时雨滴击溅作用及其对坡面表层径流的扰动作用也增加了坡面侵蚀量。当在降雨过程中加入侧方汇流后，坡面径流强度的增大导致侵蚀量相应的增大。此时，对应于 50 mm/h 降雨强度的两个试验处理，坡面侵蚀率变化于 2.4～5.3 kg/min 之间，坡面侵蚀方式以侧向汇流和降雨共同作用引起的片蚀和浅沟沟槽两侧的细沟侵蚀为主；而 100 mm/h 降雨强度处理的坡面侵蚀速率则增大到 12.3～16.0 kg/min，这主要是由浅沟沟头溯源侵蚀和两侧细沟发育共同导致的。

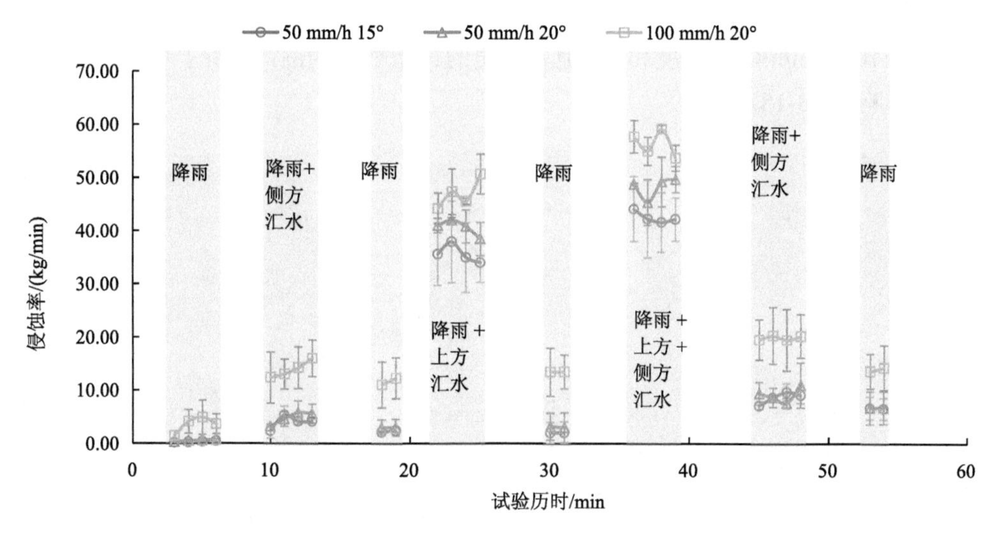

图 3-17　不同试验处理下的坡面侵蚀过程

在停止侧方汇流仅有降雨条件下，由于坡面浅沟沟槽和细沟网络的形成，坡面侵蚀量大于加入侧方汇流前的侵蚀量；此时三个试验处理下的坡面侵蚀速率分别增加到 2.2～2.5 kg/min、3.0～3.1 kg/min 和 11.0～12.3 kg/min 之间，其较加入上方汇流前的坡面侵蚀速率增加 5.2 倍、4.1 倍和 2.3 倍。随后继续在降雨过程中加入上方汇流，导致三个试验处理下的坡面侵蚀量急剧增大，其变化幅度分别达 34.0～38.0 kg/min、38.4～42.1 kg/min 和 44.3～50.7 kg/min。此时对于 3 个试验处理，一方面上方汇流引起了浅沟沟槽的快速发育，使浅沟沟槽的断续沟头连接以及沟槽下切侵蚀过程等，坡面土壤剥蚀能力加强；而另一方面浅沟沟槽的形成也使径流搬运能力增加，从而导致坡面土壤侵蚀率急剧增加。当停止上方汇流而仅保留降雨条件时，坡面土壤侵蚀率又急剧下降，但其大于加入上方汇流前的坡面侵蚀量，这可能与上方汇流加速了坡面浅沟沟槽两侧细沟与浅沟沟槽的连通性有关。

在降雨过程中同时汇入上方汇流和侧方汇流后，三个试验处理的坡面侵蚀速率分别达到 41.7～44.2 kg/min、45.4～49.7 kg/min 和 53.7～59.2 kg/min，这说明上方汇流和侧方汇流分别从不同坡面位置向浅沟沟槽输沙，使得坡面侵蚀速率增大。当停止上方汇流而仅有侧方汇流和降雨时，三个试验处理的坡面侵蚀速率分别变化在 7.2～9.7 kg/min、7.6～11.0 kg/min 和 19.6～20.4 kg/min 之间，较上一个仅有侧方汇流阶段的坡面侵蚀速率明显增大，这说明随着试验降雨历时的增大，浅沟集水区沟槽两侧的水流流路连通，侧方汇流对坡面侵蚀贡献也不断增大。综上所述，上方汇流和侧方汇流对坡面不同位置的水沙连通有重要作用，无论是上方来水还是侧方来水，皆是浅沟集水区水流能量的传输媒介，影响着浅沟集水区侵蚀的空间分布，且对浅沟集水区输沙过程有重要影响。

3.3.3　坡面汇流流路与浅沟发育过程

在连续的降雨和汇流条件下，浅沟不断发育，而浅沟发育又反过来影响坡面径流路径。这里以 100 mm/h 降雨强度和 20°地表坡度的试验处理为例，分析了坡面汇流对浅沟发育过程影响(图 3-18)。

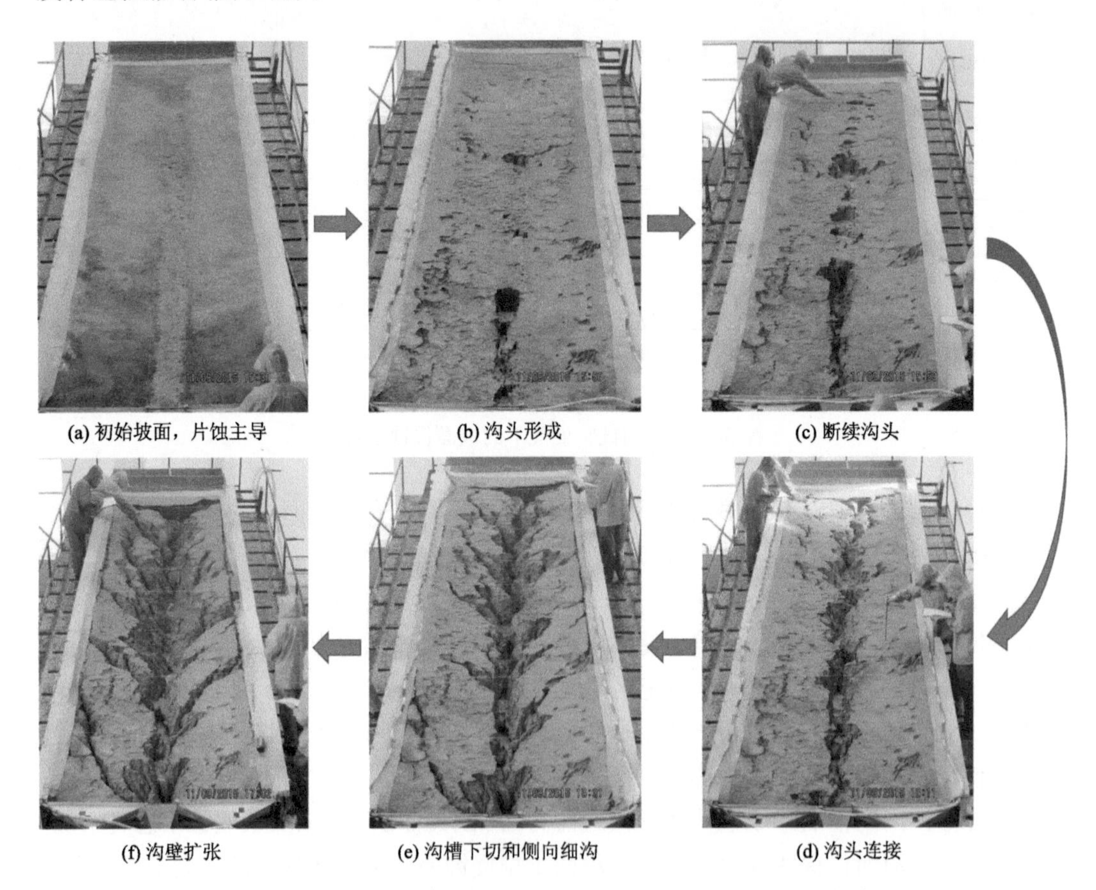

(a) 初始坡面，片蚀主导　(b) 沟头形成　(c) 断续沟头

(f) 沟壁扩张　(e) 沟槽下切和侧向细沟　(d) 沟头连接

图 3-18　100 mm/h 降雨强度和 20°坡度试验处理下的坡面侵蚀过程

从试验最初只有降雨时的坡面汇流可知[图 3-18(a)]，当坡面发生产流后，坡面径流沿着浅沟集水区两侧坡面的横向比降向浅沟沟槽汇集。随后，随着降雨和汇流过程的进行，浅沟沟槽开始形成断续的下切沟头[图 3-18(b)，图 3-18(c)]，浅沟沟槽两侧的坡面上也在片蚀作用下开始出现固定的水流流路。在随后的试验阶段，断续的浅沟沟头逐渐连通，形成了连续的浅沟沟槽[图 3-18(d)]，此时坡面上方汇流基本上全部汇入浅沟沟槽。之后在降雨汇流和侧方汇流的共同作用下，浅沟沟槽两侧的坡面上也不断形成了细沟，浅沟沟槽也不断地加宽；在降雨、上方汇流和侧方汇流的共同作用下，浅沟沟槽的不断下切使得浅沟沟槽不断加深[图 3-18(e)]。在最后的试验阶段，随着汇流向浅沟

沟槽的集中，浅沟沟槽不断加宽加深，整个浅沟沟槽已经完全发育，且浅沟两侧坡面细沟也逐渐成为侧方汇流向浅沟沟槽汇流的主要通道。正是由于在降雨、上方汇流和侧方汇流叠加作用下，坡面浅沟侵蚀和细沟侵蚀发育活跃，导致侵蚀产沙量急剧增大。

试验条件下浅沟发育使地表地形发生变化，而地形的改变引起了坡面水流流路的变化(图 3-19)，同时坡面水流流路的改变又影响坡面侵蚀过程，所以坡面水流流路的变化可以解释上方和侧方汇流对坡面侵蚀的影响。

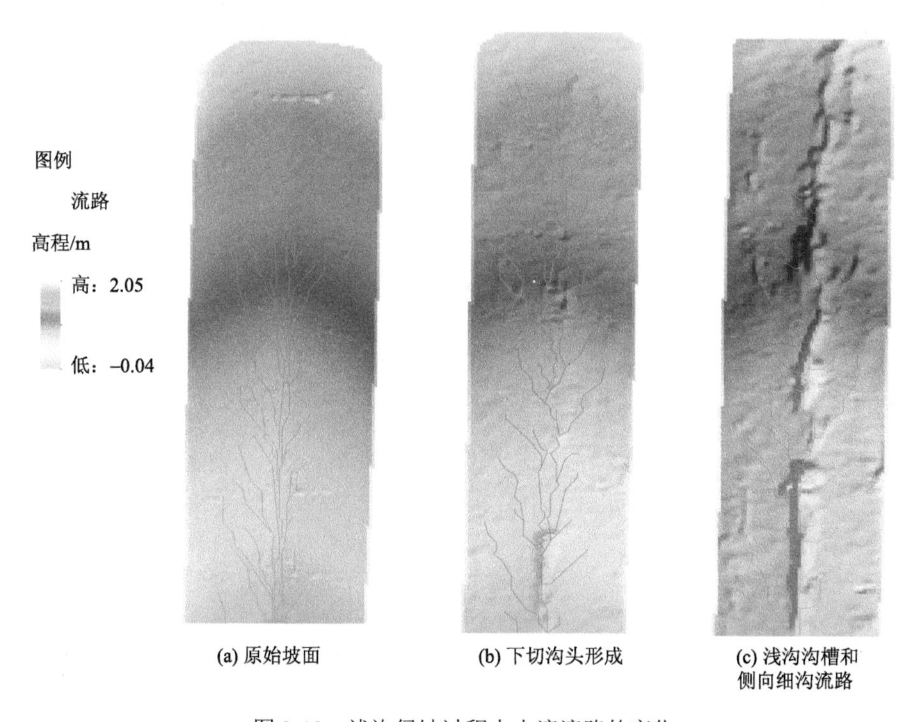

图 3-19　浅沟侵蚀过程中水流流路的变化

在试验初期，坡面水流主要沿原始地形的变化而累积，并在坡面上形成树枝状水流流路[图 3-19(a)]，而在初始浅沟沟槽位置，由于两侧汇流量的累积同样会形成几条接近平行的水流流路，这与试验中观察到的现象一致[图 3-19(a)]。随后随着降雨过程的进行，尤其是加入侧方汇流后，在浅沟沟槽两侧形成比较固定的水流流路[图 3-19(b)]；同时由于径流汇集，使水流流路的总长度和分叉机会相应减小。此时在浅沟沟槽下部形成下切沟头，使浅沟沟槽上方水流在下切沟头集中，形成相对稳定的单条水流流路；而在沟槽上中部，坡面水流流路仍呈树枝状。

在试验后期，由于浅沟沟槽断续沟头的连接，在浅沟沟槽形成连续固定单条水流流路；而在浅沟沟槽两侧坡面，细沟沟槽的形成也使绝大多数的侧方汇流沿着细沟沟槽流向浅沟沟槽[图 3-19(c)]。因而，此时坡面水流流路已完全沿坡面浅沟沟槽分布，水流流路总长度和复杂度也相应降低。此时，上方汇流主要沿浅沟沟槽运移，而侧方汇流则沿浅沟沟槽两侧的细沟沟槽运移，并逐渐形成固定的水流网络，这与第 2 章中野外观测的结果相似。

3.3.4 上方和侧方汇流对坡面土壤侵蚀量的贡献分析

表 3-5 列出了仅有降雨、降雨+侧方汇流、降雨+上方汇流、降雨+上方汇流+侧方汇流下的坡面径流强度和侵蚀速率。

表 3-5 各处理下的平均径流率和侵蚀率以及上方和侧方汇流的贡献分离

处理方式	径流强度/(L/min)			侵蚀速率/(kg/min)		
	50 mm/h 雨强和 15°坡度	50 mm/h 雨强和 20°坡度	100 mm/h 雨强和 20°坡度	50 mm/h 雨强和 15°坡度	50 mm/h 雨强和 20°坡度	100 mm/h 雨强和 20°坡度
仅有降雨	2.16	2.25	9.79	0.38	0.59	3.54
降雨+侧方汇流	8.60	10.20	30.71	4.05	4.81	13.91
侧方汇流的贡献/%	56.74	58.28	41.65	66.17	62.47	45.36
仅有降雨	5.28	6.26	26.05	2.36	3.02	11.66
降雨+上方汇流	66.67	85.99	102.11	35.68	40.58	46.98
上方汇流的贡献/%	89.81	91.29	71.60	89.64	89.44	72.27
仅有降雨	5.16	6.36	29.03	2.09	3.09	13.46
降雨+上方汇流+侧方汇流	79.75	92.45	110.93	42.60	48.29	56.43
上方汇流与侧方汇流的总贡献/%	90.53	91.23	72.52	89.75	89.82	75.70
降雨+侧方汇流	17.88	20.54	41.78	8.70	9.17	19.95
侧方汇流的贡献/%	12.95	13.45	10.19	10.18	8.81	11.06
仅有降雨	9.94	9.86	31.93	6.64	6.74	13.96
上方汇流的贡献/%	77.58	77.78	62.34	79.58	81.01	64.65

在降雨+侧方汇流的情况下，侧方汇流对坡面径流和侵蚀的作用受降雨强度的影响。在 50 mm/h 降雨强度下，侧方汇流对坡面径流和侵蚀的贡献分别变化于 56.7%～58.3% 和 62.5%～66.2%之间；而在 100 mm/h 降雨强度下侧方汇流对坡面径流和侵蚀的贡献则分别是 41.7%和 45.4%，其明显小于 50 mm/h 降雨强度下侧方汇流对坡面径流和侵蚀的贡献。这说明随着降雨强度的增大，侧方汇流对径流和侵蚀的贡献会相应减小。而随着坡度的增大，侧方汇流对径流和侵蚀的贡献几乎没有变化。

在降雨+上方汇流条件下，上方汇流对坡面径流和侵蚀的贡献也受降雨强度的影响。在 50 mm/h 降雨强度下，上方汇流对坡面径流和侵蚀的贡献分别变化于 89.8%～91.3% 和 89.4%～89.6%之间；而在 100 mm/h 降雨强度条件下，上方汇流对坡面径流和侵蚀的贡献则分别是 71.6%和 72.3%，明显小于 50 mm/h 降雨强度下上方汇流对坡面径流和侵蚀的贡献，其与侧方汇流的对坡面径流量和侵蚀量的贡献有相同的规律。同样的，坡度的增加并没有使侧方汇流对径流和侵蚀的贡献发生明显变化。

对比上方汇流和侧方汇流试验结果，发现试验条件下上方汇流对坡面径流和侵蚀的贡献明显大于侧方汇流，即上方汇流对坡面径流和侵蚀的贡献分别是侧方汇流的 1.35～1.76 倍，说明防治坡面汇流对防治浅沟侵蚀有重要意义。

在降雨、上方汇流和侧方汇流同时存在时，上方和侧方汇流对坡面径流和侵蚀的作用均受降雨强度的影响，而受坡度影响较小。在 50 mm/h 降雨强度下，上方和侧方汇流共同作用对坡面径流和侵蚀的贡献均在 90%左右；而在 100 mm/h 降雨强度下，上方和侧方汇流共同作用对坡面径流和侵蚀的贡献变化于 72.5%～75.7%，其明显小于 50 mm/h 降雨强度下上方汇流+侧方汇流对坡面径流和侵蚀的贡献；而坡度的增大并没有使上方和侧方汇流对径流和侵蚀的贡献发生明显变化。

此外，上方汇流和侧方汇流对浅沟集水区的径流和侵蚀的贡献程度不同。对比侧方汇流和上方汇流对坡面径流和侵蚀的贡献可知，侧方汇流对坡面径流和侵蚀贡献变化于 10.2%～13.5%和 8.8%～11.1%，而上方汇流对坡面径流和侵蚀的贡献变化于 62.3%～77.8%和 64.7%～81.0%。这说明上方汇流仍然是影响浅沟集水区坡面侵蚀的最重要的因素。

3.4　结　　语

本章基于模拟降雨和汇流试验，定量研究了降雨强度和坡度对浅沟坡面土壤侵蚀过程及浅沟形态特征的影响，剖析了上方汇流对浅沟侵蚀影响的过程机理，分离了上方汇流和侧方汇流对坡面侵蚀的贡献，阐明了浅沟发育过程对坡面水流流路连通的影响。主要结论如下：

(1) 随着降雨强度从 50 mm/h 增加到 100 mm/h 时，不同坡度处理下浅沟坡面土壤侵蚀量增大了 0.1～3.3 倍。而随着坡度从 15°增加到 20°和 25°时，不同降雨强度下浅沟坡面土壤侵蚀量分别增加了 0.4 倍和 5.1 倍。坡度较之降雨强度对浅沟坡面土壤侵蚀影响更加明显。25°和 100 mm/h 条件下的浅沟平均宽度和深度分别较 15°和 50 mm/h 条件下的平均宽度和深度增大 1.40 倍和 0.61 倍，说明在极端降雨和陡峻地形条件下坡面浅沟沟槽发育速度明显加快，这也是造成黄土陡坡地土壤侵蚀严重的重要原因。

(2) 受浅沟沟槽和两侧细沟网发育状况的影响，浅沟密度、浅沟地面割裂度和浅沟复杂度均随着降雨强度和坡度的增大呈现增大趋势，对雨后坡面 DEM 在水平方向上根据相邻网格关系进行了方向导数计算，并统计了剖面线上的网格表面值，发现方向导数等值线图可以反映坡面浅沟和细沟的长度、表面积及侵蚀最严重的沟底位置，剖面线也可以展示坡面上细沟和浅沟沟底的位置，而浅沟沟槽宽度和深度明显大于两侧细沟。

(3) 浅沟坡面土壤侵蚀量随着降雨强度、坡度和上方汇水面积的增加而增大，其与总汇流量(降雨和上方汇流之和)呈正相关线性关系。此外，建立了浅沟坡面土壤侵蚀量与降雨强度和上方汇流地形特征值的方程，即 $SL = 0.156\ RI^{0.482} + 0.537\ (AS^2)^{1.225}$。该方程的率定结果表明，决定系数($R^2$)和纳什系数($E_{NS}$)分别是 0.80 和 0.87，说明该方程达到了可接受的精度，可用于估算黄土陡坡浅沟坡面侵蚀量。

(4) 上方汇流和侧方汇流分别对浅沟沟槽及其两侧细沟的水沙连通有重要作用，并影响着浅沟集水区土壤侵蚀的空间分布。在降雨、上方汇流和侧方汇流同时存在时，侧方汇流对坡面侵蚀量的贡献变化于 8.8%～11.1%之间；而上方汇流对坡面侵蚀量的贡献变化于 64.7%～81.0%之间。这说明上方汇流是影响整个浅沟集水区侵蚀过程的最重要因素。

(5) 坡面细沟和浅沟发育对坡面水流流路有重要影响，上方汇流主要通过沟沟槽运动，而侧方汇流主要通过浅沟沟槽两侧的细沟沟槽运动，并逐渐形成固定的水流网络。虽然侧向汇流对坡面侵蚀量的贡献小，但侧方汇流产生的细沟网是坡面水流向浅沟沟槽集中的重要途径，同时侧方汇流也是浅沟集水区侧向比降和瓦背状地形产生的重要原因。

参 考 文 献

白世彪, 王建, 常直杨. 2012. Surfer 10 地学计算机制图. 北京: 科学出版社.

车小力, 王文龙, 郭军权, 等. 2011. 上方来水来沙对浅沟侵蚀产沙及水动力参数的影响. 中国水土保持科学, 9(3): 26-31.

陈浩. 1992. 降雨特征和上坡来水对产沙的综合影响. 水土保持学报, 6(2): 17-23.

龚家国, 周祖昊, 贾仰文, 等. 2010. 黄土区浅沟侵蚀沟槽发育及其水流水力学基本特性模拟实验研究. 水土保持学报, 24(5): 92-96.

韩勇. 2016. 侵蚀性降雨雨型对黄土区浅沟坡面侵蚀特征的影响. 北京: 中国科学院研究生院(教育部水土保持与生态环境研究中心).

江忠善, 郑粉莉, 武敏. 2005. 中国坡面水蚀预报模型研究. 泥沙研究, (4): 1-6.

姜永清, 王占礼, 胡光荣, 等. 1999. 瓦背状浅沟分布特征分析. 水土保持研究, (2): 181-184.

孔亚平, 张科利. 2003. 黄土坡面侵蚀产沙沿程变化的模拟试验研究. 泥沙研究, (1): 33-38.

卢金发, 刘爱霞. 2002. 黄河中游降雨特性对泥沙粒径的影响. 地理科学, 22(5): 552-556.

沈海鸥, 郑粉莉, 温磊磊, 等. 2015. 降雨强度和坡度对细沟形态特征的综合影响. 农业机械学报, 46(7): 162-170.

舒若杰. 2013. 降雨能量对水土流失的影响研究进展. 水资源与水工程学报, 24(2): 196-170.

唐克丽, 张科利, 雷阿林. 1998. 黄土丘陵区退耕上限坡度的研究论证. 科学通报, (2): 89-92.

田世民, 王兆印, 李志威, 等. 2016. 黄土高原土壤特性及对河道泥沙特性的影响. 泥沙研究, (5): 74-80.

武敏. 2005. 坡面汇流汇沙与浅沟侵蚀过程研究. 杨凌: 西北农林科技大学.

武敏, 郑粉莉, 黄斌. 2004. 黄土坡面汇流汇沙对浅沟侵蚀影响的试验研究. 水土保持研究, 11(4): 74-77.

肖培青, 郑粉莉. 2003. 上方来水来沙对细沟侵蚀泥沙颗粒组成的影响. 泥沙研究, (5): 64-68.

袁殷, 王占礼, 刘俊娥, 等. 2010. 黄土坡面细沟径流输沙过程试验研究. 水土保持学报, 24(5): 88-91.

张科利. 1991. 浅沟发育对土壤侵蚀作用的研究. 中国水土保持, (4): 17-19.

张科利, 唐克丽, 王斌科. 1991. 黄土高原坡面浅沟侵蚀特征值的研究. 水土保持学报, (2): 8-13.

张鹏, 郑粉莉, 王彬, 等. 2008. 高精度 GPS、三维激光扫描和测针板三种测量技术监测沟蚀过程的对比研究. 水土保持通报, 28(5): 11-15.

张新和. 2007. 黄土坡面片蚀—细沟侵蚀—切沟侵蚀演变与侵蚀产沙过程研究. 杨凌: 西北农林科技大学.

郑粉莉, 康绍忠. 1998. 黄土坡面不同侵蚀带侵蚀产沙关系及其机理. 地理学报, 53(5): 422-428.

郑粉莉, 武敏, 张玉斌, 等. 2006. 黄土陡坡裸露坡耕地浅沟发育过程研究. 地理科学, 26(4): 438-442.

周佩华,王占礼. 1987. 黄土高原土壤侵蚀暴雨标准.水土保持通报, (1): 38-44.

Berger C, Schulze M, Rieke-Zapp D, et al. 2010. Rill development and soil erosion: a laboratory study of slope and rainfall intensity. Earth Surface Processes and Landforms, 35(12): 1456-1467.

Brunton D A, Bryan R B. 2015. Rill network development and sediment budgets. Earth Surface Processes and Landforms, 25(7): 783-800.

Capra A, La Spada C. 2015. Medium-term evolution of some ephemeral gullies in Sicily (Italy). Soil and Tillage Research, 154: 34-43.

Capra A, Porto P, Scicolone B. 2009. Relationships between rainfall characteristics and ephemeral gully erosion in a cultivated catchment in Sicily (Italy). Soil and Tillage Research, 105: 77-87.

Casalí J, Loizu J, Campo M A, et al. 2006. Accuracy of methods for field assessment of rill and ephemeral gully erosion. Catena, 67(2): 128-138.

Casalí J, López JJ, Giráldez JV. 1999. Ephemeral gully erosion in southern Navarra (Spain). Catena, 36: 65-84.

Cerdà A. 1998. Effect of climate on surface flow along a climatological gradient in Israel: A field rainfall simulation approach. Journal of Arid Environments, 38: 145-159.

Cheng H, Zou X, Wu Y, et al. 2007. Morphology parameters of ephemeral gully in characteristics hillslopes on the Loess Plateau of China. Soil and Tillage Research, 94(1): 4-14.

Desmet P J J, Poesen J, Govers G, et al. 1999. Importance of slope gradient and contributing area for optimal prediction of the initiation and trajectory of ephemeral gullies. Catena, 37(3-4): 377-392.

di Stefano C, Ferro V, Pampalone V, et al. 2013. Field investigation of rill and ephemeral gully erosion in the Sparacia experimental area, South Italy. Catena, 101: 226-234.

Ellison W D, Ellison O T. 1947. Soil erosion studies - Part VI: Soil detachment by surface flow. Agriculture Engeering, 28: 402-408.

Fang H Y, Cai Q G, Chen H. et al. 2008. Effect of rainfall regime and slope on runoff in a gullied loess region on the Loess Plateau in China. Environmental Management, 42(3): 402-411.

Foster G R, Meyer L D. 1972. Transport of soil particles by shallow flow. Transactions of the American Society Agricultural Engineer, 15: 99-102.

Gong J G, Jia Y W, Zhou Z H, et al. 2011. An experimental study on dynamic processes of ephemeral gully erosion in loess landscapes. Geomorphology, 125(1): 203-213.

Han Y, Zheng F L, Xu X M. 2017. Effects of rainfall regime and its character indices on soil loss at loessial hillslope with ephemeral gully. Journal of Mountain Science, 14(3): 527-538.

Horton R E. 1945. Erosional development of streams and their drainage basins, Hydrological approach to quatitative morphology. Geological Society of America Bulletin, 56(3): 275-370.

Horton R E, Leach H R, Vliet V R. 1934. Laminar sheet-flow. Transaction of the American Geophysical Union, 15: 393-404.

Huang C H, Wells L K, Norton L D. 1999. Sediment transport capacity and erosion processes: Model concepts and reality. Earth Surface Processes & Landforms, 25: 503-516.

Li G F, Zheng F L, Lu J, et al. 2016. Inflow rate impact on hillslope erosion processes and flow hydrodynamics. Soil Science Society of America Journal, 80(3): 711-719.

Liu B Y, Nearing M A, Risse L M. 1994. Slope gradient effects on soil loss for steep slopes. Transactions of the American Society Agricultural Engineer, 37(6): 1835-1840.

Mancilla G A, Chen S, McCool D K. 2005. Rill density prediction and flow velocity distributions on agricultural areas in the Pacific Northwest. Soil and Tillage Research, 84: 54-66.

Nachtergaele J, Poesen J, Sidorchuk A, et al. 2002. Prediction of concentrated flow width in ephemeral gully channels. Hydrological Processes, 16(10): 1935-1953.

Nearing M A, Simanton J R, Norton L D, et al. 1999. Soil erosion by surface water flow on a stony, semiarid hillslope. Earth Surface Processes and Landforms, 24: 677-686.

Parsons A J, Stone P M. 2006. Effects of intra-storm variations in rainfall intensity on interrill runoff and erosion. Catena, 67: 68-78.

Poesen J, Nachtergaele J, Verstraetena G, et al. 2003. Gully erosion and environmental change: Importance and research needs. Catena, 50: 91-133.

Savat J, Ploey J D. 1982. Sheet wash and rill development by surface flow//Bryan R B, Yair A. Badland Geomorphology and Piping. Norwich: Geo books: 113-126.

Shen H, Zheng F, Wen L, et al. 2014. An experimental study of rill erosion and morphology. Geomorphology, 231: 193-201.

Valentin C, Poesen J, Li Y. 2005. Gully erosion: Impacts, factors and control. Catena, 63: 132-153.

Vinci A, Brigante R, Todisco F, et al. 2015. Measuring rill erosion by laser scanning. Catena, 124: 97-108.

Wei W, Chen L D, Fu B J, et al. 2007. The effect of land uses and rainfall regimes on runoff and soil erosion in the semi-arid loess hilly area, China. Journal of Hydrology, 335: 247-258.

Wen L L, Zheng F L, Shen H O, et al. 2015. Rainfall intensity and inflow rate effects on hillslope soil erosion in the Mollisol region of Northeast China. Natural Hazards, 79: 381-395.

Wu T, Pan C, Li C, et al. 2019. A field investigation on ephemeral gully erosion processes under different upslope inflow and sediment conditions. Journal of Hydrology, 572: 517-527.

Xu X, Zheng F, Qin C, et al. 2017. Impact of cornstalk buffer strip on hillslope soil erosion and its hydrodynamic understanding. Catena, 149: 417-425.

Xu X, Zheng F, Wilson G V, et al. 2019. Quantification of upslope and lateral inflow impacts on runoff discharge and soil loss in ephemeral gully systems under laboratory conditions. Journal of Hydrology, 579: 124174.

Zhang G H, Liu B Y, Nearing M A, et al. 2002. Soil detachment by shallow flow. Transactions of the American Society Agricultural Engineer, 45: 351-357.

Zhang G H, Liu Y M, Han Y F, et al. 2009. Sediment transport and soil detachment on steep slopes: I. Transport capacity estimation. Soil Science Society of America Journal, 73: 1291-1297.

第4章　壤中流和土壤管道流对浅沟沟头溯源侵蚀过程的影响

近地表壤中流不仅能增加坡面径流量和侵蚀产沙量(Huang and Laflen, 1996；Gabbard et al., 1998；Huang et al., 2001；Zheng et al., 2004)，更能导致坡面侵蚀过程机制发生改变。Zheng 等(2000)研究发现，当地表土壤水文条件由自由下渗转变为壤中流时，坡面侵蚀过程由剥离受限转变为搬运受限的侵蚀特征。土壤管道流是土壤水分及溶解物通过土壤大孔隙形成的一种快速非均匀流，是土壤优先流的主要形式之一(Bryan and Jones, 1997)。一方面，土壤优先流通过土壤大孔隙及土壤管道时水流汇集，导致水流剪切力超过土壤颗粒被搬运的临界剪切力，加剧侵蚀的发生；另一方面，由于土壤颗粒被搬运，土壤大孔隙或管道会随着时间逐渐扩大，形成土壤管道崩塌，并加快浅沟侵蚀过程(Faulkner et al., 2004；Wilson et al., 2008；Wilson, 2009；Bernatek-Jakiel et al., 2017；Bernatek-Jakiel and Wrońska-Wałach, 2018；Kariminejad et al., 2019)。

沟头溯源侵蚀过程是浅沟侵蚀过程中最重要的过程之一，对整个浅沟侵蚀产沙过程有重要贡献。Bennett(1999)建立了地表径流对沟头溯源侵蚀过程影响研究的试验方法与试验设备，随后许多学者用类似的试验设备开展了沟头溯源侵蚀试验研究，并分别从不同角度量化地形、土壤性质、初始沟头高度和不同地表水流量等因子对沟头溯源侵蚀过程的影响(Bennett, 1999；Bennett et al., 2000；Bennett and Casalí, 2001；Alonso et al., 2002；Gordon et al., 2007；Wells et al., 2009b，2010)。

土壤管道崩塌引起浅沟侵蚀的过程受制于气候条件、土壤性质和土地利用等多种因素(Wilson et al., 2008，2015)。目前，有关土壤管道侵蚀的研究多集中在土壤管道的形成原因(Bernatek-Jakiel et al.，2017)、管道流的水力学特性(张洪江等，2001，2003)、土壤性质和植被根系等对管道形成过程的影响等(Bernatek-Jakiel et al., 2016; Bernatek-Jakiel and Poesen, 2018)；而有关土壤管道流及土壤管道崩塌特征对浅沟侵蚀过程的研究还相对较少。土壤管道流引起的土壤管道崩塌可加快浅沟沟头溯源侵蚀过程，但由于通过土壤大孔隙或土壤管道运移的地下径流很难观测，因而常常被人们所忽视，故而针对地表径流的水土保持措施很难对近地表壤中流和土壤管道流引起的土壤侵蚀进行防治(Wilson et al., 2016，2017)。因此，需要强化近地表壤中流和土壤管道流对浅沟集水区土壤侵蚀过程影响的量化研究。

本章基于室内控制条件的模拟试验，研究了近地表壤中流对沟头溯源侵蚀速率和沟头跌水坑形态变化的影响，并探究土壤管道流对浅沟沟头溯源侵蚀过程的影响，以期为不同近地表土壤水文条件下浅沟侵蚀防治提供科学依据。

4.1　试验设计与研究方法

4.1.1　模拟试验设备

试验是在美国农业部农业研究局国家泥沙实验室(USDA-ARS National Sedimentation Laboratory)进行的。根据野外浅沟沟槽宽度和深度的分布规律可知，浅沟沟头位置的沟槽宽度为 15～20 cm，深度为 10～14 cm，因此，选用 5.5 m 长，16.5 cm 宽和 45 cm 深的可调节坡度的试验土槽开展模拟试验研究，分析壤中流和土壤管道流对浅沟沟头溯源侵蚀过程的影响。试验所用设备如图 4-1 所示(Bennett, 1999)。试验设备组成为最前端有一个连接着抽水泵的稳流水箱，在进入稳流水箱的接口处安装阀门和流量计，并将流量计与数据采集器(Campbell Scientific Inc.，UT)连接，可实现实时动态监测试验过程中流量变化；当稳流水箱中的水位超过土槽表面后，就会平稳地进入过渡段，然后供水水流进入试验土槽表面。试验土槽两侧为玻璃壁，可以清晰地观察到浅沟沟头溯源过程速率及形态变化。在试验土槽末端设置上下两个径流流出装置，用来分别采集试验过程中的地表径流和近地表径流的泥沙样[图 4-1(a)]。

在水流进入土槽过渡段和出水口处分别安装了声学测距探头，型号为 TS-30S1-IV (Senix Co.，VT，U.S.A)，声学探头同样连接到数据采集器，用于记录试验过程中地表径流水深的变化。在试验土槽右侧设置了用于排水和形成壤中流的试验槽设备[图 4-1(b)]。对于自由下渗试验，将设备槽与试验土槽连接的管道开口打开，用于试验土槽多余水量的排水。试验过程中在设备槽处放置灯光，用于更清晰地从试验土槽上方和侧方捕捉浅沟沟头溯源侵蚀(浅沟沟头前进过程)的照片。对于壤中流试验，将马氏恒压瓶(Mariotte's bottle)设置在试验设计高度处，并将其与排水口连接，使水流能够均匀地向土体渗透，进而形成壤中流。

为了动态监测沟头溯源侵蚀过程，在试验土槽的上方设置了一个可以移动的滑轮车，将两台相机(Nikon D7100，手动对焦，焦距 24 mm，光圈 f/2.8，ISO 250)固定在滑轮车的上方和侧方。在试验过程中，随着沟头的溯源侵蚀过程，滑轮车沿沟头溯源前进方向移动，两台相机分别从上方和侧方监测沟头跌水坑形态的动态发育过程[图 4-1(a)]。

依据密西西比州 Goodwin Creek 流域沟头溯源侵蚀过程中存在的管道流作用，对上述试验装置进行了改造，用于研究土壤管道流对沟头溯源侵蚀过程的影响。首先对试验土槽的出水口进行了改装，将原试验中固定在试验土槽末端的挡板去掉，换成可活动的挡板，在挡板距顶部出口位置 15 cm 处钻取一个直径为 1.5 cm 的圆孔，用于制作土壤管道。土壤管道是由长 3 m、外径为 1.5 cm 的空心钢管制作。在试验土槽的最前端的相同深度处，用一根软管连接试验土槽和设备槽，并用直角塑料管连接软管和空心铁管，为抽取空心钢管后的土壤管道提供管道汇流[图 4-2(b)]。

(a) 布设两台相机分别从上方和侧方监测沟头跌水坑形态的动态发育过程

(b) 壤中流和土壤管道流模拟装置

图 4-1　试验装置（USDA-ARS National Sedimentation Laboratory）

为了在土壤表面形成致密的结皮，在距试验土槽上方垂直距离 4 m 处安装降雨机，该降雨机类型为槽式人工模拟降雨机（Meyer and McCune, 1958），包括两个喷头，喷头的压力为 41 N/m，进入喷头的流量控制在 22.1 L/min 左右；在设计的喷头压力和供水流量条件下，大多数雨滴均能够在接触土壤表面时达到雨滴终点速度。

图 4-2　土壤管道装置（USDA-ARS National Sedimentation Laboratory）

4.1.2　模拟试验设计

1. 近地表壤中流对沟头溯源侵蚀影响的试验设计

试验所用土壤为密西西比州 Atwood 砂质黏壤土（thermic typic paleudalfs；USDA taxnomy），其中砂粒含量 59%，粉粒含量 17%，黏粒含量 24%。

试验设计包括自由下渗和壤中流两种试验处理。在自由下渗试验中，共设计两个试验坡度（1%和 5%）研究坡度对浅沟沟头溯源侵蚀过程的影响；在壤中流试验中，试验开始前，将马氏瓶中的水头高度设置在两个不同高度（初始沟头高度和高于初始沟头 3 cm），然后保持水头高度不变，研究不同壤中流水头高度对沟头溯源侵蚀过程的影响。

试验土壤从野外采集后自然风干，然后过 4 mm 筛待用。在试验土槽装填过程中，首先在底部铺设 3 列排水管道，用高透水纱布包裹排水管，并在其上填铺沙层，用于多余水分的排水。随后在其上分层填装试验土壤。每层填装深度为 0.03 m，为了控制土壤容重，每层土装填质量均为 15 kg，装填完毕后，用刮板将土壤表面刮平，随后在土体上放置一个 2.75 m 长、0.165 m 宽的铁板并在铁板上安装了 3 个震动马达，插上电源后保持震动 4 min 压实土壤，震动完成后，在土壤表面铺设下一层土壤。当填装至最后一层土壤直到土壤表面与出水口高度平齐时，在距进水口 2.3 m 的位置处安装铝制的挡板用于形成初始沟头，随后在其上填装另外 15 kg 的供试土壤，并用另一块 2.3 m 长、0.165 m

宽安装有 3 个震动马达的铁板对表层土壤同样震动 4 min 压实土壤至设计容重。随后将过 1 mm 筛子的细颗粒均匀撒在土壤表面上，用于形成结皮。试验土槽装填结束后，静置 12 小时。

每次试验土槽填土后皆要进行预降雨处理并在土壤表面形成结皮，用于保障试验过程中仅发生沟头溯源侵蚀，而不在土壤表面发生片蚀。预降雨强度控制在 20 mm/h (±2 mm/h) 左右。预降雨过程中，从侧面玻璃面板上观察土壤水分的入渗情况，当湿润锋穿透所有土层达到沙层后停止降雨，此时试验土壤表面的结皮已经形成。随后将沟头挡板去掉，形成初始高度为 3 cm 的沟头。另外，为了保证进水口与土体连接处不发生侵蚀，连接处喷洒快干型的橡胶阻水剂(RUST-OLEUM Co.，IL，USA)，用于防止地表径流在进入土体表面时发生侵蚀，并使径流能够平稳进入土槽。在预降雨结束后，根据试验设计对应的壤中流水头高度，安装声学测距探头和监测沟头溯源侵蚀过程的相机等，检查供水装置，并正式开始径流冲刷试验。地表径流产生后，连续收集径流泥沙样品，用于分析沟头溯源侵蚀过程。

2. 土壤管道流对沟头溯源侵蚀影响的试验设计

土壤管道试验所选用的土壤是密西西比州 Goodwin Creek 流域中最常见的黄土(Loring，thermic oxyaquic fragiudalfs)，其中砂粒含量 15%，粉粒含量 69%，黏粒含量 16%，有机质含量 0.9%，pH 为 6.4。野外采集的土壤风土并过 4 mm 筛后备用。在试验土槽装填过程中，底层沙层和土壤层装填方法与上节的装填方法一致，即每 15 kg 土壤装填一层，装填厚度为 3 cm。当装填 10 cm 高的土壤后，将活动挡板放入试验土槽，并将空心钢管插入正在填土的土层表面(图 4-2)。随后在其上继续按照每层 15 kg 继续填装试验土槽。后期制作初始沟头的步骤与上节内容一致。

在完成装填试验土槽后进行预降雨。由于供试 Loring 土壤的入渗速度较慢，因此一般需要预降雨 6 h。在预降雨结束后，将试验土槽静置半小时，然后从试验土槽出口处将埋入土层的空心钢管缓慢拉出，形成土壤管道。为了确保在钢管拉出土体时形成没有坍塌的土壤管道，在空心钢管中安装了内窥相机，这样在拉出钢管时，就可以观察到是否形成了完整没有坍塌的土壤管道(图 4-3)。

正式试验开始前，将试验土槽出口处的活动挡板去掉，率定地表径流强度和土壤管道流径流强度，待达到设计的径流强度后(正负误差为 5%)，方可进行正式试验。本试验共设计三种试验处理：一是自由下渗，二是壤中流，三是壤中流和土壤管道流同时存在。每个处理重复两次。设计的地表径流强度约为 68 L/min，土壤管道流径流强度为 1 L/min，坡度为 1%(表 4-1)。

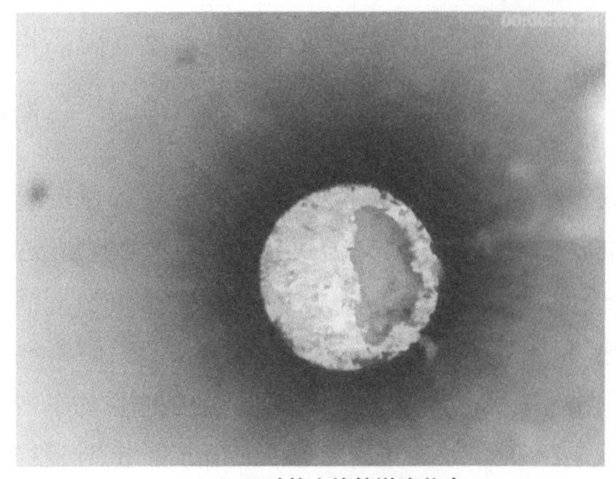

(a) 30.5s 时的土壤管道流状态

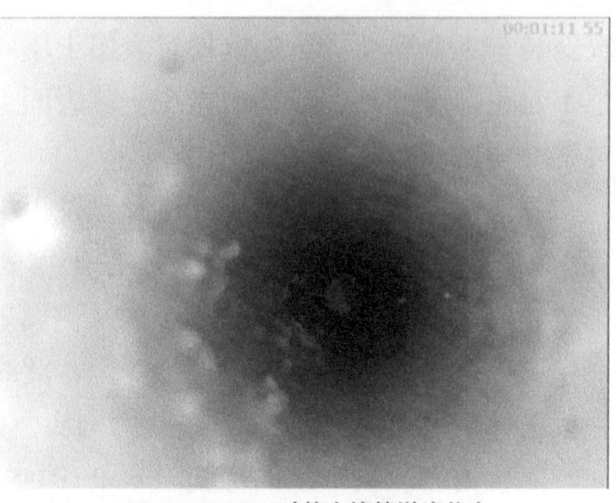

(b) 1min 11.92s 时的土壤管道流状态

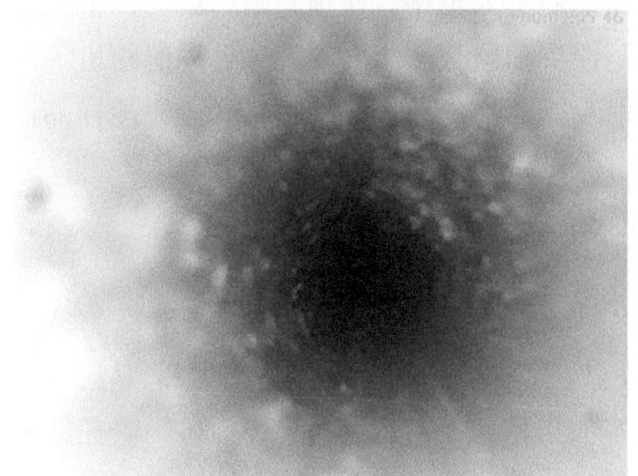

(c) 2min 5.77s 时的土壤管道流状态

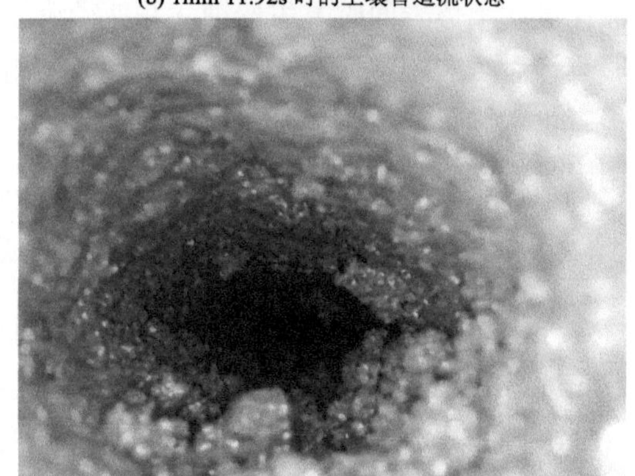

(d) 壤中流条件下的土壤管道流状态

图 4-3 钢管抽出形成土壤管道过程(a)、(b)、(c)和壤中流条件下的土壤管道(d)

表 4-1 试验设计

土壤管道存在	近地表水文状况	地表径流流量/(L/min)	土壤管道流流量/(L/min)	试验标记	重复次数
否	自由下渗	68.0	—	FD&OF&N	2
否	壤中流	68.8	—	SP&OF&N	2
是	自由下渗	68.0	—	FD&OF	2
是	壤中流	68.4	—	SP&OF	2
是	壤中流	68.9	1.00	SP&OF&PF	2
是	壤中流	—	0.98	SP&PF	2

注："—"代表无流量；FD&OF&N 为自由下渗条件下有地面径流无土壤管道； SP&OF&N 为壤中流条件下有地面径流无土壤管道；FD&OF 为自由下渗条件下有地表径流和土壤管道；SP&OF 为壤中流条件下有土壤管道；SP&OF&PF 为壤中流条件下有地面径流和土壤管道流；SP&PF 为壤中流条件下无地面径流和有土壤管道流。全书同。

4.1.3 跌水坑形态特征指标

在试验过程中，固定于滑轨车上方和侧方的两个相机每隔 1 s 获取一张试验过程中的照片，试验结束后将照片导入 Origin 9.0 中，在同一个坐标系下进行数字化。根据 Bennett

等(2000)和 Gordon 等(2007)对沟头溯源侵蚀过程中沟头形态参数的描述(图 4-4)，计算不同近地表水文情况下沟头形态特征参数，包括入射角 θ、跌水坑深度 S_D、跌水坑长度 S_L、浅沟沟头至出水口淤积深度 d_T、沟头位置 M 等(Wells et al., 2009a)。由于试验过程中，在不同位置拍摄的图片变形以及人工判读过程可能存在偏差，因此在试验后期数字化过程中将其误差控制在 5.0%以内。

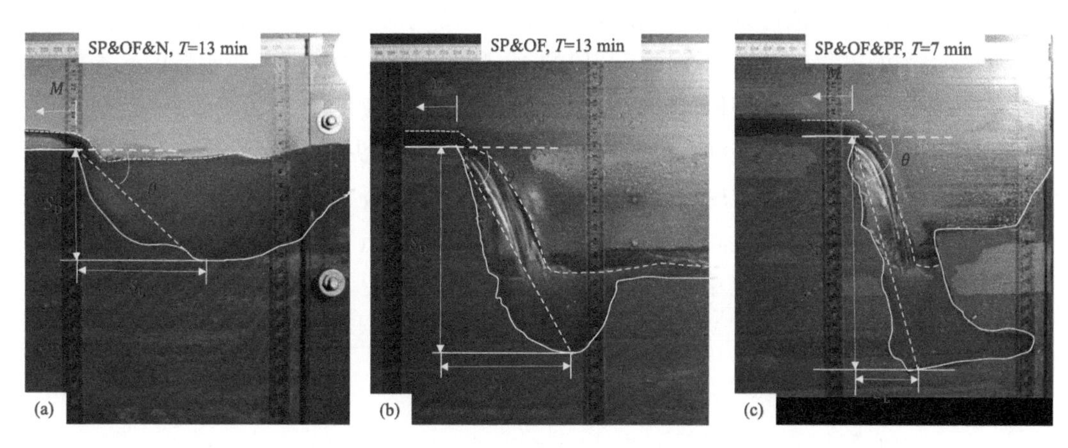

图 4-4　不同试验处理下跌水坑形态数字化过程

4.2　壤中流水头高度和坡度对浅沟沟头溯源侵蚀过程的影响

4.2.1　壤中流水头高度对浅沟沟头溯源侵蚀及跌水坑形态的影响

表 4-2 中列出了不同试验处理下浅沟沟头溯源侵蚀速率以及跌水坑形态特征值。结果表明，与自由下渗条件下相比，在壤中流水头高度位于初始沟头高度时，浅沟沟头溯源侵蚀速率增大约 42%，侵蚀率增加 46.5%，而跌水坑深度和长度均呈现减小趋势，这说

表 4-2　不同壤中流水头高度和水力坡度处理下浅沟沟头溯源侵蚀特征值

土壤容重 /(kg/m³)	流量 Q/(L/min)	水头高度	坡度 S/%	浅沟沟头溯源速率 M/(cm/min)	跌水坑深度 S_D/cm	跌水坑长度 S_L/cm	侵蚀率 /(g/s)
1378	68.1	自由下渗	5	7.56	14.7	9.9	22.8
1405	69.0		5	8.10	15.0	9.5	23.4
1325	68.3		1	7.98	9.5	7.6	11.7
1464	69.1		1	8.34	10.2	9.8	12.6
1451	67.8	位于初始沟头位置	1	11.52	13.7	9.8	15.8
1472	67.9		1	11.58	9.9	8.1	19.8
1405	70.2	高于沟头位置 3cm	1	31.86	2.6	7.9	32.1
1405	67.8		1	65.52	2.9	5.9	43.1

明壤中流的发生增加了土壤可蚀性。而当水头高度继续上升至超过沟头高度 3 cm 时，浅沟沟头溯源速率较自由下渗条件增加了 3.8～8.2 倍，相应的侵蚀率也增加了 2.1 倍；而浅沟沟头跌水坑的深度和长度则分别减小了 77%和 23%，这说明壤中流水头高度对浅沟沟头溯源侵蚀速率有重要影响。

图 4-5 展示的是不同试验处理下径流含沙浓度随时间的变化。结果表明，不同试验处理条件下径流含沙浓度均呈现先快速增大，然后趋于稳定的趋势(图 4-5)，这与浅沟沟头溯源侵蚀的过程有关系。在试验开始的 1 min，原始沟头位置存在明显的水力坡度，因此，在原始沟头位置土壤侵蚀明显发生，然后随着沟头跌水坑的发育，径流含沙量明显增大并出现峰值。而随着跌水坑的形态达到稳定后，沟头以相对稳定速率进行溯源侵蚀，导致此时的径流含沙浓度趋于稳定。与自由下渗相比，壤中流处理中的径流含沙浓度明显增大，特别是当水头高度增加并超过沟头位置 3 cm 时，径流含沙浓度由 10 g/L 增加到 30 g/L 左右，说明壤中流的形成明显加剧了浅沟沟头溯源侵蚀过程。

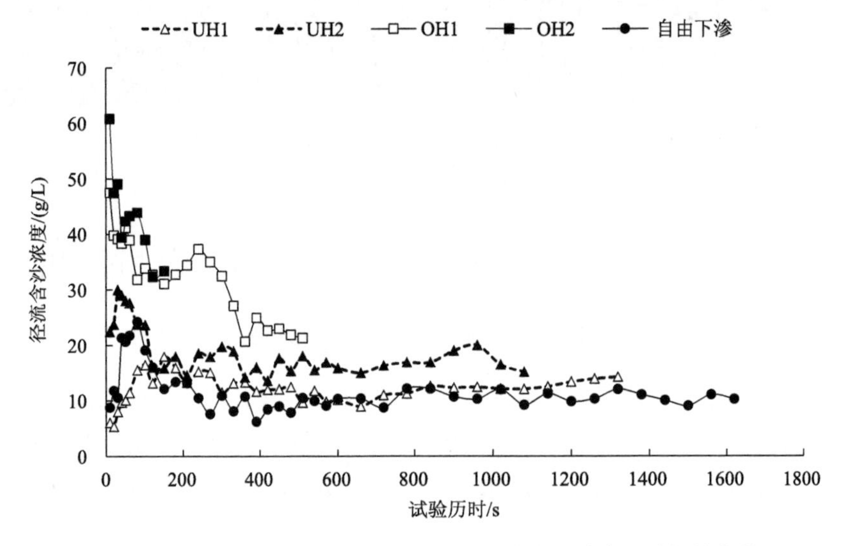

图 4-5　不同壤中流水头高度处理下的径流含沙浓度随时间的变化

UH1 和 UH2 分别代表壤中流水头位于初始沟头位置；OH1 和 OH2 分别代表高于沟头位置 3 cm

当壤中流水头高度位于初始沟头位置时，与自由下渗时的沟头形态相比，入射角 θ 明显减小，跌水坑深度和宽度也明显减小，跌水坑形成的回旋水漩涡消失，这说明壤中流发生使沟头垂直壁的稳定性降低，无法形成下部被掏涮而上部土体仍然存在的形态。而当壤中流水头高度高于初始沟头 3 cm 时，跌水坑形态基本消失，水流入射角 θ 小于 30°，而在浅沟沟头与出水口之间几乎没有发生泥沙沉积，其均被直接搬运至出水口，使径流含沙浓度增加(图 4-5)。

4.2.2　坡度对浅沟沟头溯源侵蚀过程的影响

在 1%和 5%两个试验坡度条件下，浅沟沟头溯源侵蚀速率差别较小，但沟头跌水坑结构明显不同。与 1%坡度相比，5%坡度下的跌水坑平均深度和长度分别增加了 55%和 30%，土壤表面与跌水坑水面高度差增加了 2.6 倍。因此，虽然两个试验坡度条件下沟头溯源侵蚀速率变化较小，但跌水坑形态参数的变化导致侵蚀率增加了 95%。图 4-6 展示了不同坡度试验处理下的径流产沙过程，在相同汇流条件下，5%坡度试验处理下的侵蚀率是 1%坡度的 2 倍。

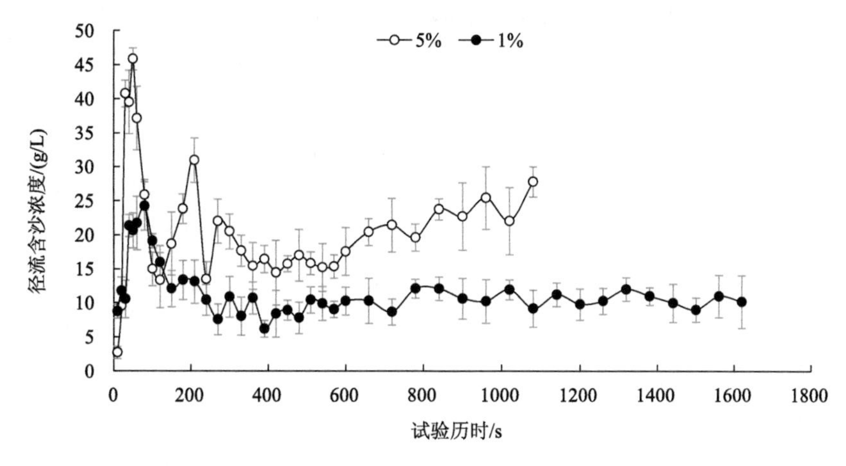

图 4-6　不同坡度试验处理下的径流含沙浓度随时间的变化

通过分析两个试验坡度处理下跌水坑形态特征指标(深度 S_D、长度 S_L、浅沟沟头至出水口淤积深度 d_T 和水流入射角 θ)的动态变化(图 4-7)，发现两个坡度处理下的沟头位

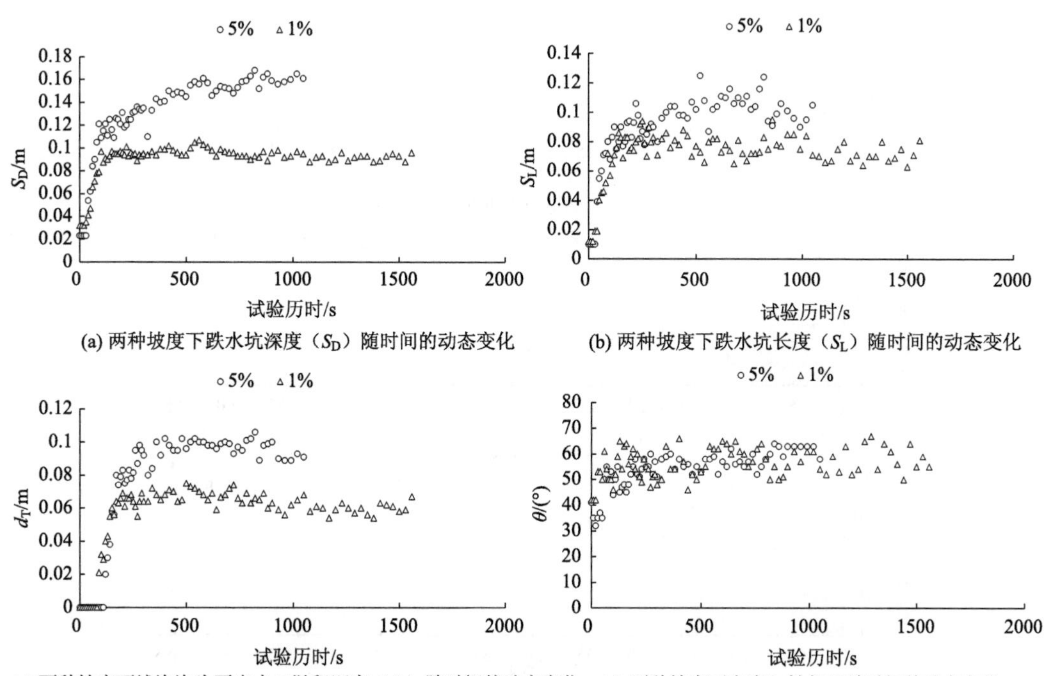

图 4-7　不同坡度处理下浅沟沟头跌水坑形态特征参数随时间的变化

置随时间的变化过程基本一致，这说明两个坡度条件下沟头溯源侵蚀速率基本相同，但跌水坑形态参数则明显不同。与1%坡度处理相比，5%坡度处理的S_D、S_L、d_T分别增加50.8%、11.5%和66%，这说明坡度对跌水坑形态参数有重要影响，因而随着坡度的增加，侵蚀率增加。而两个坡度试验处理下的水流入射角θ基本相同，大体上变化于50°～75°之间。

4.3　土壤管道流对浅沟沟头溯源侵蚀过程的影响

4.3.1　无土壤管道时的沟头溯源侵蚀过程

当没有土壤管道存在时，地表径流流量与设计径流流量相同，在68 L/min左右波动［图4-8(a)，图4-8(b)］，自由下渗和壤中流处理中的平均流量分别是68.8 L/min和69.1 L/min。图4-9比较了自由下渗和壤中流处理地表径流的含沙浓度，结果发现在没有土壤管道存在时，壤中流条件下的地表径流含沙浓度比自由下渗条件下增加32%。

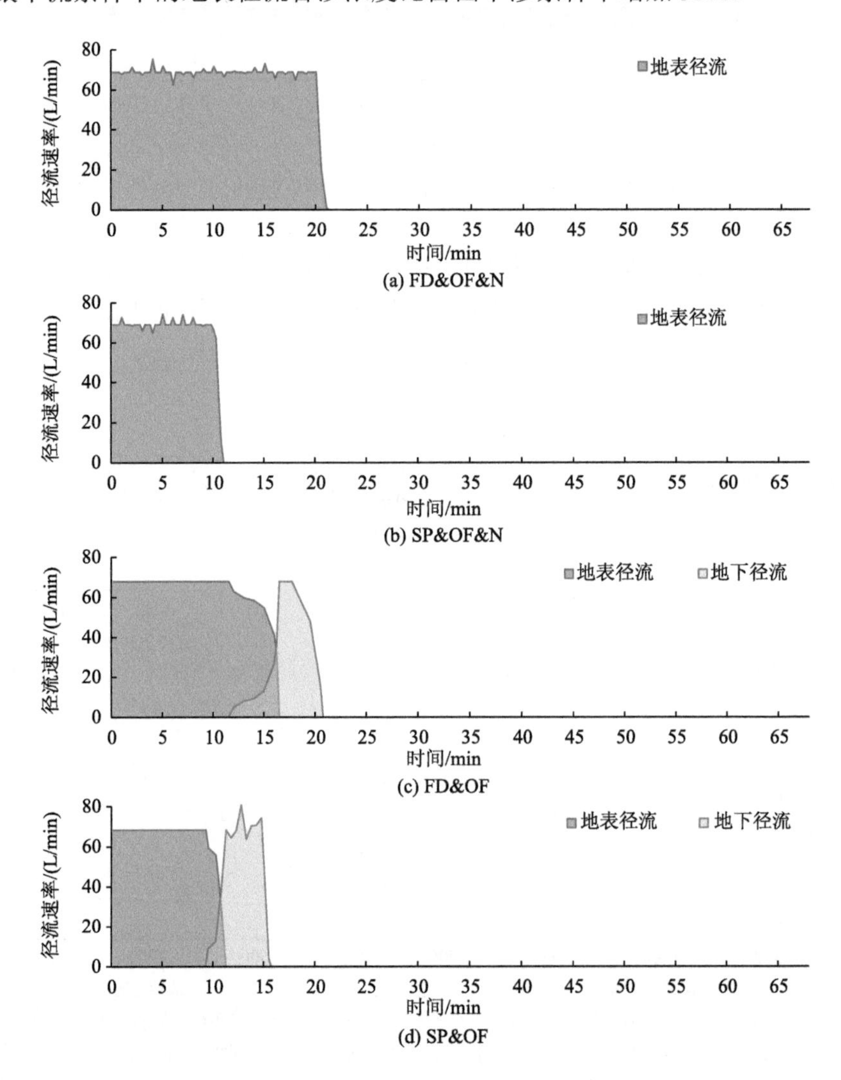

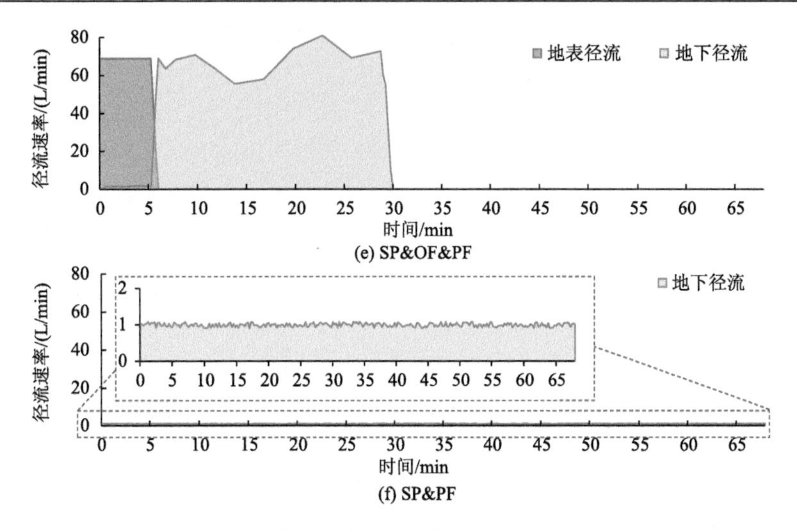

图 4-8　各试验处理中代表径流和地下径流速率随时间的变化

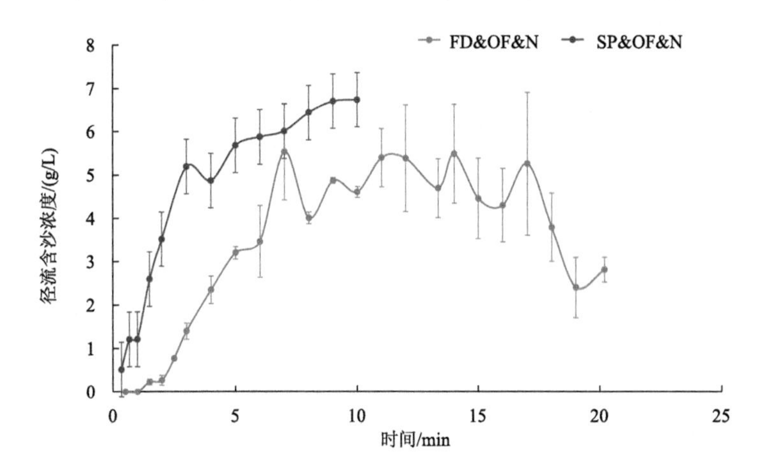

图 4-9　无土壤管道时自由下渗和壤中流条件下的径流含沙浓度变化

与自由下渗条件下的沟头跌水坑形态[图 4-10(a)]相比，壤中流条件下的沟头溯源侵蚀速率明显较快[图 4-10(c)]。在试验历时 15 min 时，壤中流条件下的沟头溯源前进了 20 cm，而自由下渗条件下的沟头仅前进了 12 cm。另外，在两种试验处理下的沟头跌水坑的深度则大致相同。结合径流含沙浓度变化的结果可知，壤中流发生增加了土壤颗粒所受的托举力，因而更多的土壤颗粒被剥离和搬运，从而导致径流含沙浓度增加和沟头溯源侵蚀过程加快。

跌水坑形态特征的定量分析结果同样表明，FD&OF&N 和 SP&OF&N 处理下的跌水坑深度 S_D 在试验最初阶段基本相同，而在最后阶段壤中流处理的深度略小于自由下渗处理的深度[图 4-11(c)，图 4-11(d)]，表明壤中流的发生促使跌水坑的加长速率大于加深速率，从而改变了跌水坑形态。另外，对于跌水坑长度 S_L，壤中流处理始终大于自由下渗处理，表明壤中流条件下沟头溯源侵蚀速率加快[图 4-11(e)，图 4-11(f)]。而对于水流入射角 θ，壤中流处理与自由下渗处理的差别较小[图 4-11(g)，图 4-11(h)]。

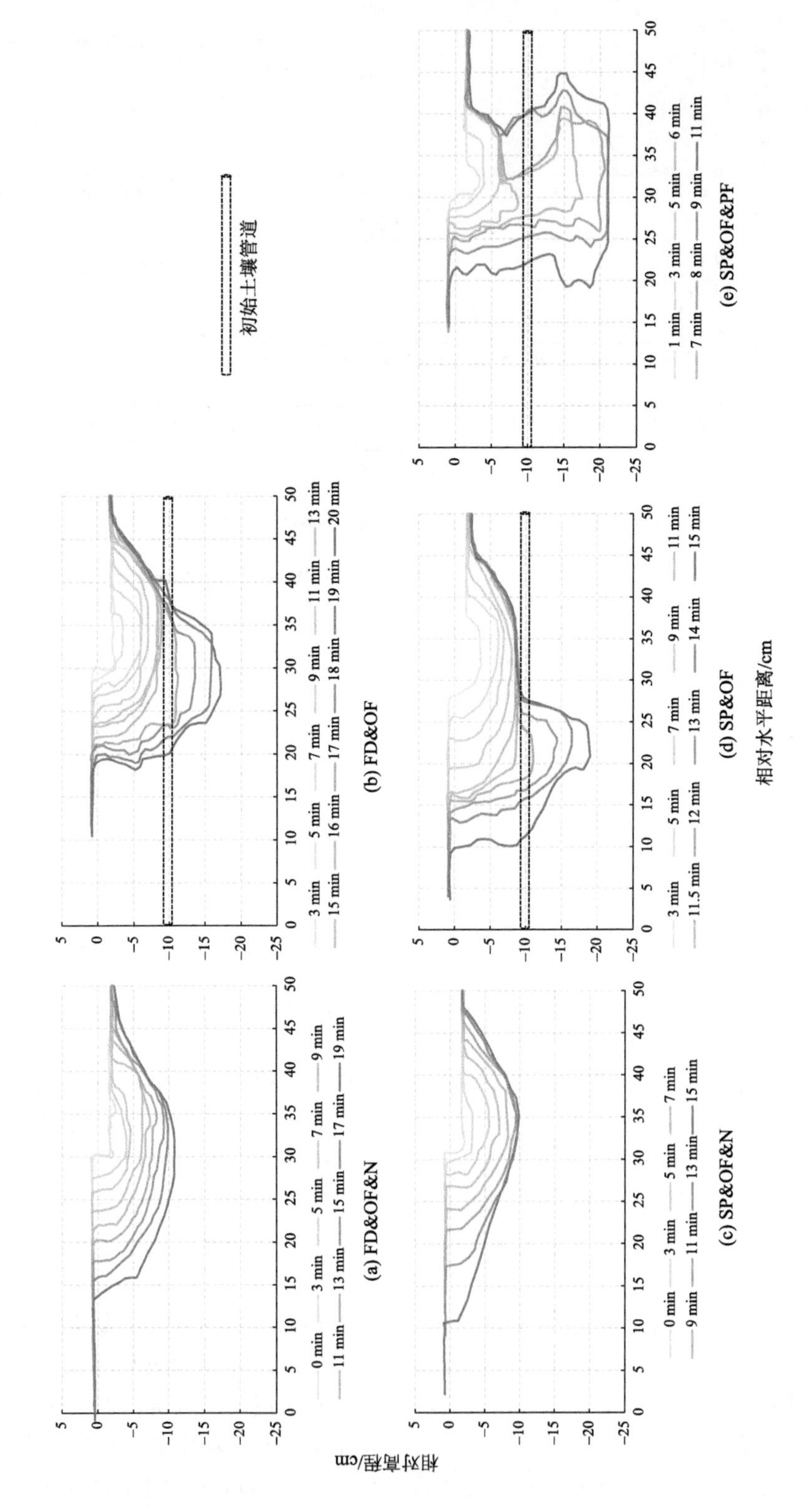

图 4-10　不同试验处理下不同时间的沟头跌水坑形态特征

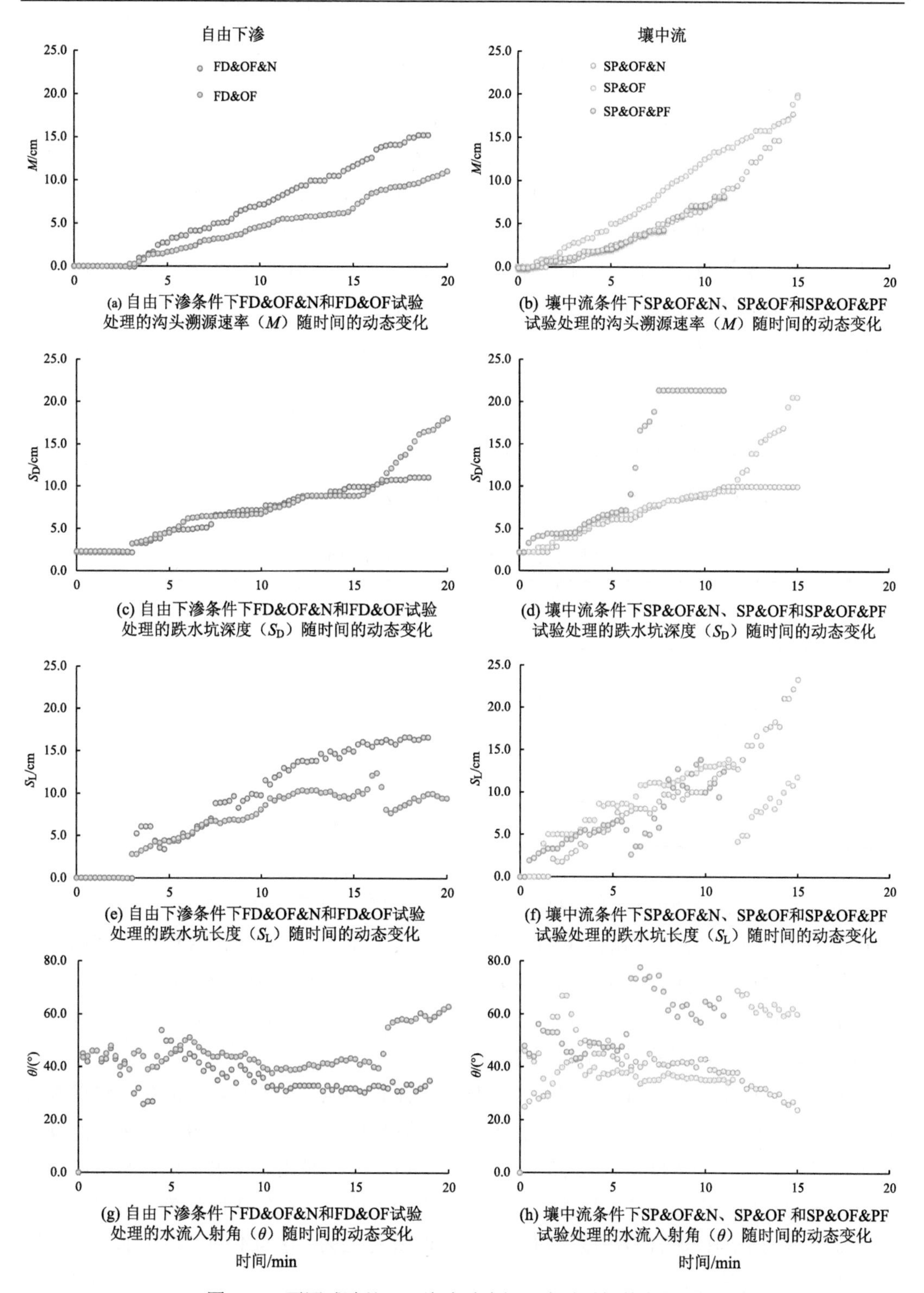

图 4-11　不同试验处理下沟头跌水坑形态随时间的变化特征

4.3.2 土壤管道存在对浅沟沟头溯源侵蚀过程的影响

在土壤管道存在的试验中(FD&OF，SP&OF)，试验开始前，装填土槽末端的可移动板将被移除，因此，土壤管道会处在开放的环境中自由发育。在没有土壤管道的自由下渗试验处理中(FD&OF)，由于没有壤中流渗入土壤管道，因此在试验开始阶段没有地下径流产生。然而，随着试验历时的增加，跌水坑变深直至切穿原有的土壤管道，地表径流开始进入土壤管道，转变成地下径流[图 4-8(c)]。由图 4-8(c)可知，在试验的 11.6 min 时，地表径流突然开始转为地下径流，这时跌水坑深度刚刚达到土壤管道上边界。而随着地表径流进入土壤管道，1.5 cm 直径的土壤管道无法承接全部的地表径流。因此在径流的作用下，土壤管道不断扩张，直至 4.9 min 后在试验的 16.5 min 时，地表径流全部转为地下径流通过土壤管道输送(表 4-3)。此结果说明即使是在没有土壤管道流存在的情况下，地表径流也可以切穿土壤管道转化为地下径流，这与 Jones(1987)在实验室内得到的结论和 Nichols 等(2016)在亚利桑那州观测的现象均一致。

表 4-3 地表径流切穿土壤管道前后的试验参数变化

试验参数	试验处理		
	FD&OF	SP&OF	SP&OF&PF
地下径流发生时间/min	11.6	9.3	0.5
地表径流完全转为地下径流时间/min	16.5	11.5	6.1
地表径流阶段沟头溯源侵蚀速率/(cm/min)	0.55	1.18	0.41
地下径流阶段沟头溯源侵蚀速率/(cm/min)	0.57	1.83	2.62
地表径流平均含沙浓度/(g/L)	4.85	6.42	6.64
地下径流平均含沙浓度/(g/L)	19.42	33.44	46.68

而在没有土壤管道的壤中流试验处理中(SP&OF)，由于壤中流渗入土壤管道，在试验开始阶段也有微小流量的地下径流产生。由于壤中流作用，沟头溯源侵蚀速率比自由下渗条件下的速率更快(表 4-3)，地表径流开始转为地下径流的时间缩短了 2.3 min，地表径流完全转为地下径流的时间提前了 5.0 min，因此，从地表径流进入土壤管道开始到全部转为地下径流所用的时间缩短了 2.2 min。

无论是自由下渗还是壤中流条件，当地表径流转为地下径流时，径流含沙浓度都急剧增加(表 4-3)。自由下渗条件下，径流含沙浓度从 4.85 g/L 增加到 19.42 g/L，而壤中流条件下，径流含沙浓度从 6.42 g/L 增加到 33.44 g/L，这是由于跌水坑扩大和下游土壤管道扩张的双重作用引起的。图 4-9 展示了地下径流的含沙浓度变化趋势，可以发现壤中流处理下的平均径流含沙浓度比自由下渗处理增大 72%，这与不同处理中的地表径流含沙浓度变化特征类似。

与自由下渗条件下没有土壤管道的跌水坑形态特征相比(FD&OF&N)，自由下渗条件下土壤管道存在处理(FD&OF)中的跌水坑深度 S_D 明显增大[图 4-11(c)]，跌水坑形态也由于土壤管道的存在发生了明显变化[图 4-10(a)，图 4-10(b)]。在试验历时 15 min 之前，有无土壤管道处理的跌水坑形态相似，跌水坑深度 S_D 都达到了 10 cm。而在试验历时 15 min 之后，两个处理的跌水坑形态完全不同，在没有土壤管道的 FD&OF&N 处理中，沟头位置仍然以与之前相同的速率向前移动，跌水坑深度 S_D 持续增加，在试验历时 19 min 时达到 12 cm；而在土壤管道存在的 FD&OF 处理中，跌水坑深度 S_D 快速增加，并在试验历时 19 min 时达到了 17 cm，跌水坑形态也从无土壤管道处理的长浅型变成了有土壤管道处理中的短深型。

跌水坑形态的变化在壤中流条件下表现得更为明显[图 4-10(c)和图 4-10(d)]，在试验历时 11 min 之前，有无土壤管道处理中跌水坑形态变化差异不大，这与自由下渗情况下类似。在试验历时 11 min 之后呈现出了两种不同的沟头发育方式，在没有土壤管道的 SP&OF&N 处理中，S_D 值缓慢增加至 15 min 时的 11 cm，而在有土壤管道的 SP&OF 处理中，S_D 值快速增加至 15 min 时的 20 cm[图 4-11(d)]。另外，此时由于地表径流被土壤管道截断，从而形成一个更深的跌水坑，新的更深跌水坑使得入射流获得了更大的能量，从而加深了跌水坑深度，并形成了一个新的溯源平衡过程。

为量化土壤管道形成对跌水坑形态特征的影响，图 4-11 展示了不同处理下沟头位置 M、跌水坑深度 S_D、长度 S_L 和入射角度 θ 随试验历时的变化。在自由下渗条件下，由于不连续的崩塌作用，沟头位置随试验历时的增加呈现相对稳定的溯源侵蚀过程，并伴随着微小的波动[图 4-11(a)]。FD&OF 处理中的值在试验历时 15 min 左右呈现出一个明显的增加，这正是地表径流切穿土壤管道的时刻，与图 4-10(b)中的结果相互印证。而跌水坑长度则随着试验历时的增加而不断增加，当地表径流切穿土壤管道时，其出现了明显的下降，这是由于新形成的跌水坑显著地减小了跌水坑长度[图 4-10(b)]。水流入射角度在试验开始时先呈现波动状态并在沟头稳定溯源前进时逐渐减小，最后当地表径流切穿土壤管道时，入射角度显著增加至 60°[图 4-11(b)]。

在壤中流条件下，跌水坑形态的变化特征与自由下渗条件下的情况类似。与没有初始土壤管道的 SP&OF&N 处理相比，SP&OF 处理下的 S_D 值出现了明显的变化，从试验历时 11.5 min 时的 9.4 cm 增加到试验历时 15 min 的 20.6 cm[图 4-11(d)]。与之相反，SP&OF 处理下的 S_L 值呈现出了明显的下降，相应时间的 S_L 值从 11.5 cm 减小到 4.2 cm [图 4-11(f)]，与图 4-10(d)中的结果相印证。壤中流处理中入射角的变化也在地表径流切穿土壤管道时发生了从 35°到 60°的明显变化，这是新的跌水坑和溯源侵蚀平衡形成的结果。

4.3.3　土壤管道流对浅沟沟头溯源侵蚀过程的影响

在 SP&OF&PF 处理中，在试验土槽上方加入了 1 L/ min 的土壤管道流，从而加速了地表径流转为地下径流的过程[图 4-8(e)]。在土壤管道流加入后，试验历时 0.5 min 后土壤管道流就从 2.75 m 长的土壤管道中流出，在试验历时 5.3 min 时，地表径流下切至初始土壤管道位置。随后所有地表径流在短短的 0.8 min 内全部转为了地下径流，在试验历时 6.1 min 时，地表径流全部转为了地下径流，与 SP&OF 处理和 FD&OF 处理相比提前了 5.4 min 和 10.4 min[表 4-3，图 4-8(c)，图 4-8(d)，图 4-8(e)]。

SP&OF&PF 处理的地下径流含沙浓度也随着试验历时呈现快速变化(图 4-12)。在试验开始的 6 min 内，地下径流主要由上方加入的土壤管道流组成，径流含沙浓度也稳定在 100 g/L 左右波动，这主要是由于土壤管道内部的团聚体剥离和搬运造成的，而内部的土壤管道也在不断地扩大。当地表径流切穿至土壤管道后，由于地表径流量远大于地下土壤管道流量，地下径流含沙浓度迅速下降至 20 g/L 左右(图 4-12)，但其仍较地表径流含沙浓度大 6.0 倍，这是由于地下土壤管道将径流约束在了狭窄的管道内，引发了高强度的土壤剥蚀率。而由于土壤管道流的存在，SP&OF&PF 处理的地下径流含沙浓度较 SP&OF 处理增加了 40%(表 4-3)。

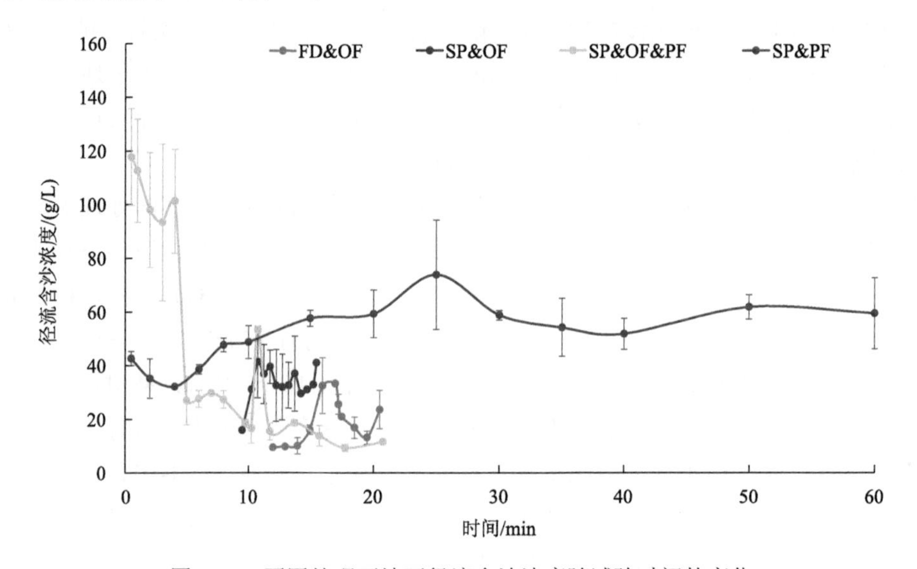

图 4-12　不同处理下地下径流含沙浓度随试验时间的变化

在仅有地下土壤管道流而没有地表径流的 SP&PF 试验处理中，地下径流速率持续稳定在 1 L/min 左右，径流含沙浓度大约 50 g/L，表明了在没有地表径流影响下土壤管道流的剥蚀能力和搬运能力相对稳定。此外，在试验过程中，地下径流不断剥蚀搬运土壤颗粒致使土壤管道扩大，也引起了地表土壤崩塌并在土壤表面形成了数个开口[图 4-13(a)、图 4-13(b)和图 4-13(c)]，而这些开口又可以拦截地表径流，并使地表径流转为地下径流[图 4-13(d)和图 4-13(e)]。

从沟头跌水坑形态的变化过程分析可知，与 SP&OF 和 FD&OF 试验处理相比，有土壤管道流汇入的 SP&OF&PF 处理下的跌水坑形态发生了明显的变化。在试验开始的 5 min，SP&OF&PF 处理的跌水坑形态变化与 SP&OF 处理基本类似，但由于 SP&OF&PF 处理中存在土壤管道流，地下土壤管道提前发生了扩张，因此，跌水坑与土壤管道连接的时间，即地表径流切穿土壤管道的时间提前了 6.1 min。从试验历时的 6～8 min，扩张的土壤管道造成跌水坑下游悬空的土体，跌水坑形态也呈现了靴子状，此时跌水坑深度也在

2 min 内增加了大约 12 cm。在试验第 9 min，这块土体才发生崩塌并被径流搬运到了出水口，9 min 后新的跌水坑形态和溯源侵蚀平衡开始形成(图 4-10)。

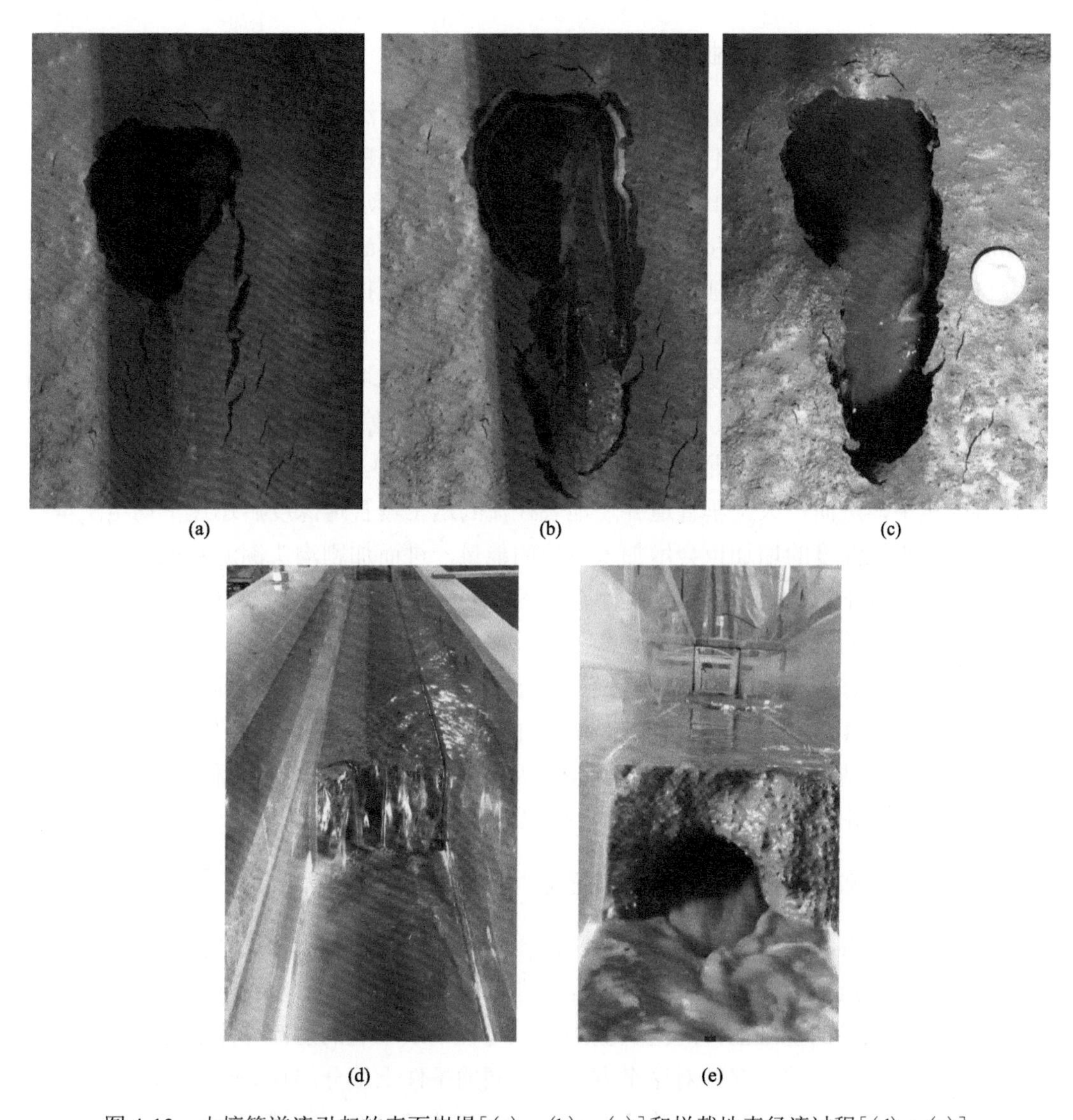

图 4-13　土壤管道流引起的表面崩塌[(a)、(b)、(c)]和拦截地表径流过程[(d)、(e)]

与 SP&OF 试验处理相比，SP&OF&PF 处理中的土壤管道流造成了不可见的地下土壤管道扩张，因而加速了跌水坑形态的变化速度，跌水坑深度 S_D 在大约试验历时 6 min 时就经历了迅速增大[图 4-11(d)、图 4-11(f)和图 4-11(h)]，跌水坑长度 S_L 迅速较小的时间也相应的提前[图 4-11(f)]，SP&OF&PF 处理的入射角也比其他试验处理较大，在 6 min 左右从 47°突增到 70°[图 4-11(e)]。

4.4 壤中流和土壤管道流在沟头溯源过程中的作用

4.4.1 壤中流在沟头溯源侵蚀过程中的作用

壤中流是一种土壤入渗量超过渗漏量的自然现象，广泛存在于各种自然土壤中，它的特点是会形成一个临时的不透水层(Faulkner, 2006)。不透水层的存在迫使土壤中的壤中流朝着最优的流路移动，比如顺着土壤大孔隙不断移动并形成地下土壤大孔隙网络(Tomlinson and Vaid, 2000；Fox and Wilson, 2010；Sidle et al., 2001)。壤中流形成的水力梯度与重力相抵消并减少土壤颗粒之间的黏聚力，使土壤抵抗径流侵蚀的能力显著减弱(Owoputi and Stolte, 2001)。Al-Madhhachi 等(2014)利用水流冲击测量装置验证了壤中流条件可以明显增加跌水坑深度。Wilson 等(2016)揭示了在壤中流条件下，土壤管道流如何通过自组织过程形成了最优的路径，并最终形成了地下土壤管道网络。在本试验 SP&OF 处理中，地下土壤管道流可以从试验前制作的壤中流水力梯度中产生，径流在土壤管道内集中，进而扩大土壤管道并使地表径流到达土壤管道深度后迅速下切至土壤管道底部，跌水坑深度的增加也会增加入射流的能量，进而加剧沟头溯源侵蚀过程和泥沙输移量。因此当外部的径流进入土壤管道后(SP&OF&PF 试验处理)，更加剧了土壤管道侵蚀过程和沟头的溯源侵蚀过程。

在跌水坑形态方面，当地表径流没有切穿土壤管道或者没有土壤管道存在的情况下[图 4-10(a)和图 4-10(c)]，壤中流使得跌水坑深度变小，这与 Wells 等(2009b)在室内开展的四种不同近地表水文条件下(自由下渗、风干、壤中流高度 30 mm 和 80 mm)的试验结果相同，这是由于壤中流条件改变了表层土壤的可蚀性参数。

4.4.2 土壤管道和管道侵蚀在沟头溯源侵蚀中的作用

土壤管道的存在可以明显改变沟头溯源侵蚀过程，特别是当地表径流下切至土壤管道存在的深度附近后，沟头溯源侵蚀过程会进入新的平衡状态。Alonso 等(2002)基于射流冲击理论在试验的基础上针对沟头溯源侵蚀过程中跌水坑的射流作用进行了分析并建立了预测方程，随后的研究针对这个方程在不同的条件土壤分层(Gordon et al., 2007)、土壤质地(Wells et al., 2009a)、上方来沙量(Wells et al., 2010)下的适用性进行了验证和修正。而土壤管道和管道流也可能成为修正此预测方程的重要影响因子，如土壤管道位置、直径、壤中流水头高度和管道流流量等，需要进行更多的试验研究来解释这一复杂的自然现象。

试验中观测到的土壤管道崩塌特征，在自然界中也具有广泛分布[图 4-14(a)和 4-14(b)](Wilson et al., 2015, 2018)。在自然条件下，当地表径流消退后，地下土壤管道流仍然存在，但从地表无法直接进行观测，只能在土壤表面存在开口的位置进行观测(Wilson et al., 2017)。土壤管道内部也由于径流的存在不断发生侵蚀，进而使土壤管道不断扩大，直至土壤管道上部的土体在重力的作用下发生崩塌，在地表形成土壤管道开口，而崩塌落下的土体在径流的作用下不断被搬运至流域出口。而在实际情况和室内模拟试验中，临时崩塌或剥离的土壤会堵塞土壤管道，造成堵塞处水压力上升，水压力增大后土壤又会被搬运离开，这样的循环导致了土壤管道流流量和径流含沙浓度的剧烈变化(Kosugi et al., 2004; Wilson and Fox, 2013; Midgley et al., 2013)。

图 4-14 分别展示了野外和本室内模拟试验条件下的土壤管道流特征。其中，土壤管道流末端出现的气泡现象表明地下土壤管道存在连通性，这种现象在室内外条件下均得到了验证[图 4-14(c)和图 4-14(d)]。Yamasaki 等(2017)在室内的模拟试验中也发现从土壤管道中冒出的气泡对于表征土壤管道内部特征具有重要作用。另外，非常有趣的现象是由于土壤管道内部被搬运的大土壤颗粒堵塞，地下土壤管道流被迫转变为地表径流，而搬运的泥沙堆积在洞口则会形成泥沙沉积特征[图 4-14(c)和图 4-14(f)]，这与以往的研究所观测到的现象类似(Swanson et al., 1989; Sayer et al., 2006; Nichols et al., 2016)。

图 4-14　土壤管道崩塌野外原位观测与室内模拟

4.5　结　　语

本章基于室内模拟试验，研究了近地表壤中流和土壤管道流对浅沟沟头溯源侵蚀过程的影响。主要结论如下：

(1) 与自由下渗条件相比，当壤中流水头高度低于沟头位置时，沟头溯源侵蚀速率增加 42%，侵蚀率增加 46.5%。当水头高度超过沟头位置 3 cm 时，沟头溯源侵蚀速率急剧增大 3.8～8.2 倍，侵蚀率也增大了 2.1 倍，但跌水坑的深度和长度均相应的减小。

(2) 与 1%坡度处理相比，5%坡度处理中沟头溯源侵蚀速率基本类同，但跌水坑的深度、长度及跌水坑至出水口的沉积深度明显增加，这说明坡度增大能明显增加沟头跌水坑的几何尺寸，并使侵蚀量增加。

(3) 在土壤管道存在的情况下，地表径流产生的跌水坑到达土壤管道所在位置后会使地表径流转为地下径流，沟头溯源侵蚀过程会发生变化并在此达到新的平衡。与自由下渗试验相比，壤中流处理中沟头溯源侵蚀速率增加了 1.1～2.2 倍，径流含沙浓度增大了 0.1～1.1 倍，地表径流开始和全部转为土壤管道流的时间节点均提前。而当土壤管道流和壤中流同时存在时，土壤管道由于径流的存在被扩大，地表径流很快就转入了土壤管道流，而且当地表径流全部转为土壤管道流后，沟头溯源侵蚀速率较地表径流阶段增加了 5.3 倍，径流含沙浓度也增加了 13.7 倍，表明土壤管道流对浅沟沟头溯源侵蚀过程有重要贡献。

(4) 土壤管道流的存在会使土壤管道扩大，并使顶部土壤发生崩塌，在土壤表面形成开口。而土壤管道崩塌特征也会拦截地表径流进入土壤管道，加快沟头溯源侵蚀过程。

参 考 文 献

张洪江, 程云, 史玉虎, 等. 2001. 长江三峡花岗岩坡面管流产流特性研究. 水土保持学报, 15(1): 5-8.

张洪江, 程云, 史玉虎, 等. 2003. 长江三峡花岗岩坡面林地土管特性及其对管流的影响. 长江流域资源与环境, 12(1): 55-60.

Al-Madhhachi A T, Fox G A, Hanson G F. 2014. Quantifying the erodibility of streambanks and hillslopes due to surface and subsurface forces. Transactions of the ASABE, 57(4): 1057-1069.

Alonso C V, Bennett S J, Stein O R. 2002. Predicting head cut erosion and migration in concentrated flows typical of upland areas. Water Resources Research, 38: 1303-1317.

Bennett S J. 1999. Effect of slope on the growth and migration of headcuts in rills. Geomorphology, 30(3): 273-290.

Bennett S J, Casalí J. 2001. Effect of initial step height on headcut development in upland concentrated flows. Water Resources Research, 37(5): 1475-1484.

Bennett S J, Alonso C V, Prasad S N, et al. 2000. Experiments on headcut growth and migration in concentrated flows typical of upland areas. Water Resources Research, 36: 1911-1922.

Bernatek-Jakiel A, Poesen J. 2018. Subsurface erosion by soil piping: significance and research needs. Earth-Science Reviews, 185: 1107-1128.

Bernatek-Jakiel A, Wrońska-Wałach D. 2018. Impact of piping on gully development in mid-altitude mountains under a temperate climate: A dendrogeomorphological approach. Catena: 165: 320-332.

Bernatek-Jakiel A, Kacprzak A, Stolarczyk M. 2016. Impact of soil characteristics on piping activity in a mountainous area under a temperate climate (bieszczady mts. eastern carpathians). Catena, 141: 117-129.

Bernatek-Jakiel A, Vannoppen W, Poesen J. 2017. Assessment of grass root effects on soil piping in sandy soils using the pinhole test. Geomorphology, 295: 563-571.

Bryan R B, Jones J A A. 1997. The significance of soil piping processes: inventory and prospect. Geomorphology, 20: 209-218.

Faulkner H. 2006. Piping hazard on collapsible and dispersive soils in Europe//Boardman J, Poesen J. Soil erosion in Europe. Chichester: Wiley: 537-562.

Faulkner H, Alexander R, Teeuw R, et al. 2004. Variations in soil dispersivity across a gully head displaying shallow sub-surface pipes, and the role of shallow pipes in rill initiation. Earth Surface Processes and Landforms, 29: 1143-1160.

Fox G A, Wilson G V. 2010. The role of subsurface flow in hillslope and streambank erosion: a review of status and research needs. Invited Review. Soil Science Society of America Journal, 74(3): 717-733.

Gabbard D S, Huang C, Norton L D, et al. 1998. Landscape position, surface hydraulic gradients and erosion processes. Earth Surface Processes and Landforms, 23: 83-93.

Gordon L M, Bennett S J, Wells R R, et al. 2007. Effect of soil stratification on the development and migration of headcuts in upland concentrated flows. Water Resources Research, 43(7): W07412.

Huang C H, Laflen J M. 1996. Seepage and soil erosion for a clay loam soil. Soil Science Society of America Journal, 60(2): 408-416.

Huang C H, Gascuel-Odoux C, Cros-Cayot S. 2001. Hillslope topographic and hydrologic effects on overland flow and erosion. Catena, 46(2-3): 177-188.

Jones J A A. 1987. The effects of soil piping on contributing area and erosion patterns. Earth Surface Processes and Landforms, 12(3): 229-248.

Kariminejad N, Hosseinalizadeh M, Pourghasemi H R, et al. 2019. GIS-based susceptibility assessment of the occurrence of gully headcuts and pipe collapses in a semi-arid environment: Golestan Province, NE Iran. Land Degradation & Development, 30(18): 2211-2225.

Kosugi K, Uchida T, Mizuyama T. 2004. Numerical calculation of soil pipeflow and its effect on water dynamics in a slope. Hydrological Processes, 18: 777-789.

Kuhnle R A, Bingner R L, Alonso C V, et al. 2008. Conservation practice effects on sediment load in the Goodwin Creek Experimental Watershed. Journal of Soil and Water Conservation, 63(6): 496-503.

Meyer L D, McCune D L. 1958. Rainfall simulator for runoff plots. Agricultural engineering, 39(10): 644-648.

Midgley T L, Fox G A, Wilson G V, et al. 2013. In situ pipeflow experiments on contrasting streambank soils. Transactions of the ASABE, 56: 479-488.

Nichols M H, Nearing M, Hernandez M, et al. 2016. Monitoring channel head erosion processes in response to an artificially induced abrupt base level change using time-lapse photography. Geomorphology, 265: 107-116.

Owoputi L O, Stolte W J. 2001. The role of seepage in erodibility. Hydrological Processes, 15(1): 13-22.

Sayer A M, Walsh R P D, Bidin K. 2006. Pipeflow suspended sediment dynamics and their contribution to stream sediment budgets in small rainforest catchments, Sabah. Malaysia. Forest Ecology and Management, 224: 119-130.

Sidle R C, Noguchi S, Tsuboyama Y, et al. 2001. A conceptual model of preferential flow systems in forested hillslopes: evidence of self-organization. Hydrological Processes, 15: 1675-1692.

Singh J, Altinakar M S, Ding Y. 2014. Numerical modeling of rain fall generated overland flow using nonlinear shallow water equations. Journal of Hydrologic Engineering, 20(8): 4014089.

Swanson M L, Kondolf G M, Boison P J. 1989. An example of rapid gully initiation and extension by subsurface erosion: Coastal San Mateo County, California. Geomorphology, 2(4): 393-403.

Tomlinson S S, Vaid Y P. 2000. Seepage forces and confining pressure effects on piping erosion. Canadian Geotechnical Journal, 37(1): 1-13.

Wells R R, Alonso C V, Bennett S J. 2009a. Morphodynamics of headcut development and soil erosion in upland concentrated flows. Soil Science Society of America Journal, 73(2): 521-530.

Wells R R, Bennett S J, Alonso C V. 2009b. Effect of soil texture, tailwater height, and pore water pressure on the morphodynamics of migrating headcuts in upland concentrated flows. Earth Surface Processes and Landforms, 34: 1867-1877.

Wells R R, Bennett S J, Alonso C V. 2010. Modulation of headcut soil erosion in rills due to upstream sediment loads. Water Resources Research, 46: W12531.

Wells R R, Momm H G, Bennett S J, et al. 2016. A measurement method for rill and ephemeral gully erosion assessments. Soil Science Society of America Journal, 80(1): 203-214.

Wilson G V. 2009. Mechanisms of ephemeral gully erosion caused by constant flow through a continuous soil-pipe. Earth Surface Processes and Landforms, 34(14): 1858-1866.

Wilson G V, Fox G A. 2013. Internal erosion during soil pipeflow: State of the science for experimental and numerical analysis. Transactions of the ASABE, 56(2): 465-478.

Wilson G V, Cullum R F, Römkens M J M. 2008. Ephemeral gully erosion by preferential flow through a discontinuous soil-pipe. Catena, 73(1): 98-106.

Wilson G V, Nieber J L, Fox G A, et al. 2017. Hydrologic connectivity and threshold behavior of hillslopes with fragipans and soil pipe networks. Hydrological Processes, 31(13): 2477-2496.

Wilson G V, Rigby J R, Ursic M, et al. 2016. Soil pipeflow tracer experiments: 1. Connectivity and transport characteristics. Hydrological Processes, 30: 1265-1279.

Wilson G V, Rigby J R, Dabney S M. 2015. Soil pipe collapses in a loess pasture of Goodwin Creek Watershed, Mississippi: role of soil properties and past land use. Earth Surface Processes and Landforms, 40: 1448-1463.

Wilson G V, Wells R R, Kuhnle R, et al. 2018. Sediment detachment and transport processes associated with internal erosion of soil pipes. Earth Surface Processes and Landforms, 43: 45-63.

Yamasaki T, Imoto H, Hamamoto S, et al. 2017. Determination of the role of entrapped air in water flow in a sloped soil pipe using a laboratory experiment. Hydrological Processes, 31: 3740-3749.

Yeh G T, Shih D S, Cheng J R C. 2011. An integrated media, integrated processes watershed model. Computers and Fluids, 45: 2-13.

Zheng F L, Huang C H, Norton L D. 2000. Vertical hydraulic gradient and run-on water and sediment effects on erosion processes and sediment regimes. Soil Science Society of America Journal, 64(1): 4-11.

Zheng F L, Huang C H, Norton, L D. 2004. Effects of near-surface hydraulic gradients on nitratea phosphorus losses in surface runoff. Journal of Enviroment Quality, 33(6): 2174-2182.

第 5 章　基于水动力学模型 CCHE2D 的浅沟集水区水动力学参数时空分布数值模拟

明确集水区水流的水动力学参数的时空分布，特别是研究复杂地形区域集水区的水流水动力学参数变化，能够更好地服务于集水区土壤侵蚀模型的研发。然而，在野外条件下观测集水区径流的水动力学参数动态变化十分困难的(Guo et al., 2013)，即使在室内控制实验下，受测量技术的限制，也难以对径流的水动力学参数时空动态变化进行精准地测量。与物理试验方法相比，数值模拟方法能快速获取不同时空尺度上坡面水流的水动力学参数及侵蚀特征，因而被广泛应用。目前，研究者通过求解运动波方程(Du et al., 2007)、圣维南方程(Rousseau et al., 2012)和二维浅水方程组(Singh et al., 2014)，并基于有限差分方法、有限元方法和有限体积方法建立了基于物理过程的二维模型模拟地表径流过程。但在模型率定时仅是基于流域断面(出水口)和坡面集流口的总径流量对模型进行率定，而缺乏对坡面或流域降雨径流过程中的水流特征进行率定，其结果造成模型模拟的不确定性增加。与其他模拟降雨产流过程的 GSSHA 模型(gridded surface subsurface hydrologic analysis)(Downer et al., 2014)、WASH123D 模型(WAterSHed system of 1-D stream-river network，2-Doverlandregime，3-D subsurface media)(Yeh et al., 2011)、MIKE-SHE 模型(Graham and Butts, 2005)和 SHETRAN 模型(Ewen et al., 2000)不同，CCHE2D(Center for Computational Hydroscience an Engineering 2 Dimension)模型不需要辨别集水区各类侵蚀沟(细沟、浅沟、切沟)沟槽以及沟槽间的区域，即可实现对降雨径流过程中水流的数值模拟。

为此，本章首先应用第 3 章的模拟试验数据对水动力学模型 CCHE2D 进行率定，再分析该模型模拟黄土区浅沟集水区水流的适用性，然后对浅沟集水区水动力学参数时空分布进行数值模拟，以期为基于物理过程的流域侵蚀预报模型的建立提供研究基础。

5.1　CCHE2D 模型简介

5.1.1　CCHE2D 模型的控制方程

CCHE2D 模型(Jia et al., 2002)是由美国密西西比大学水科学及工程计算中心研发的一款集成型数学模型，主要针对自由水面、泥沙输移、地形地貌的改变和水质评价等问题而设计。CCHE2D 模型采用隐式时间推进有效元素法，水流模型采用交错网格求解连续方程式的水面高程，用速度校正法求解系统方程，干湿点的处理采用移动边界法处理。

CCHE2D 模型是求解水流深度的雷诺应力方程的有限元模型，径流水面高程 η 是通过笛卡儿坐标系的连续方程求解的：

$$\frac{\partial \eta}{\partial t}+\frac{1}{A}\oint \vec{u}h\vec{d}s=R \tag{5-1}$$

式中，h 为网格水深；$\vec{d}$ 为水深矢量；η 为径流水面高程；A 为网格面积；$\vec{u}$ 为流速矢量；s 为沿元素弯曲边界的长度；t 为时间；R 为降雨强度，可随着时间和空间发生变化。基于水流深度平均的紊流二维动量方程如下：

$$\frac{\partial uh}{\partial t}+\frac{\partial uuh}{\partial x}+\frac{\partial vuh}{\partial y}=-gh\frac{\partial \eta}{\partial x}+\left(\frac{\partial h\tau_{xx}}{\partial x}+\frac{\partial h\tau_{xy}}{\partial y}\right)-\frac{\tau_{bx}}{\rho} \tag{5-2}$$

$$\frac{\partial vh}{\partial t}+\frac{\partial uvh}{\partial x}+\frac{\partial vvh}{\partial y}=-gh\frac{\partial \eta}{\partial y}+\left(\frac{\partial h\tau_{yx}}{\partial x}+\frac{\partial h\tau_{yy}}{\partial y}\right)-\frac{\tau_{by}}{\rho} \tag{5-3}$$

式中，g 为重力加速度；ρ 为水密度；u 和 v 分别为基于深度平均的流速在 x 和 y 方向上的分量；τ_{xx}、τ_{xy}、、τ_{yx} 和 τ_{yy} 为深度平均的雷诺应力；τ_{bx} 和 τ_{by} 为床面剪切力。

在细沟间区域，雷诺应力项可以消除，则式(5-2)和式(5-3)就变成二维浅水(shallow water)方程组。而在细沟沟槽位置和浅沟沟槽位置，水深雷诺数位于 1 万～5 万之间，则水流为紊流，符合二维动量方程组的应用条件。与一维方程不同，CCHE2D 模型中的二维控制方程可以应用于浅沟集水区各个网格上的水流，这在计算整个浅沟集水区各点水流汇集和分散的特征点中很有帮助，各计算网格可以识别沟道的存在，而并不需要先确定沟道网络。

该模型将方程在结构化的四边形非正交网格系统中离散，流速在网格点求解，而水面高程在网格中心求解(图 5-1)。具体内容可参考 Jia 等(2002，2013)的研究成果。

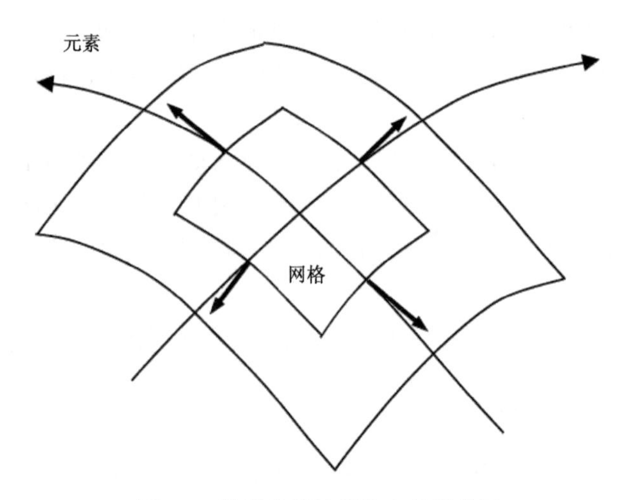

图 5-1　连续方程计算的定义示意图

5.1.2　求解方程组的部分交错网格的建立

图 5-2 展示了笛卡儿坐标系空间的部分交错网格，交错点位于网格中心。在搭配节

点和网格中心分别建立了有限元微分算子，用动量方程求解水流流速，用连续方程求解水面高度。与有限体积法类似，连续方程的解法也基于质量守恒。在此方法中，对流项分两步计算，在本地空间计算逆流的动量，然后转入笛卡儿空间计算对流项，水面高程使用插值计算。此外，模型用流速更正方法来耦合连续方程和动量方程(Jia et al., 2013)。

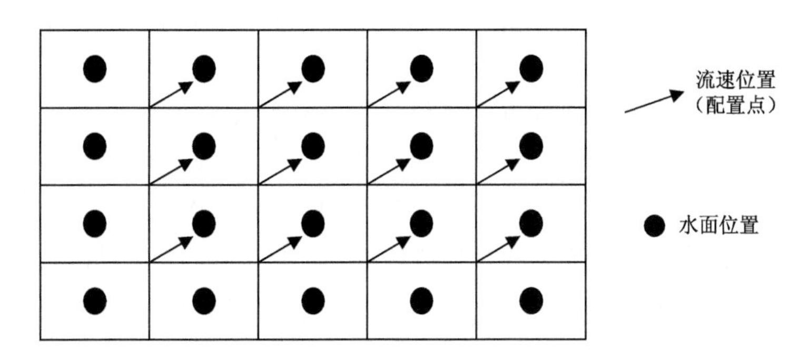

图 5-2　CCHE2D 中的部分交错网格

干湿法通常被用于模拟复杂地形条件下的明渠水流(Jia and Wang, 1999；Jia et al., 2002，2013)，而在本章研究中，由于降雨的存在使得坡面上各点均有水流分布，“干区域”现象不存在。

建立网格所用的地形数据均来自于第 3 章模拟过程中基于不间断三维激光扫描获取的点云数据，并选取对应水流流速及水深测量时间段的点云数据作为建立网格的基础。在建立网格时，将点云数据输入到 CCHE2D 的 Mesh Generator 中，并将计算区域也就是试验土槽用规则四边形网格离散覆盖，并为每一个试验处理建立计算网格，网格大小均为 0.04 m×0.02 m。由于每一个具体时间点扫描区域面积的微小变化，浅沟集水区在纵向和横向上的节点数分别分布在 161～189 个以及 89～113 个之间。由于浅沟集水区浅沟沟槽侵蚀剧烈，地形变化较大，所建立的均一网格可能没有达到足够的精度消除因网格大小带来的误差。因此，为了确定数值模拟的正确性，对计算网格进行了加倍加密网格大小为 0.02 m×0.01 m 处理，并对比了基于新旧网格模拟的浅沟水流过程。

5.1.3　薄层水流水面插值问题的解决方法

在 CCHE2D 模型中，流速在网格点求解，而水面高程在网格中心求解(Jia et al., 2013)。因此，在确定水面位置时需要首先用插值的方法确定网格中心，插值时一般使用双线性插值法。虽然双线性插值法在解决明渠水流方面表现很好，但在坡面薄层水流情况下，此方法的弊端非常明显。因此，此方法需要一定的水深才能实现，而薄层水流的深度极小，甚至小于地形的变化程度。因此，需要提出适用于薄层水流水面插值问题的解决方法。

图 5-3 展示了不均一网格的水面插值问题(Jia and Shirmenn, 2016)。在集水区细沟间区域，水深很小，网格中心计算出来的水面深度将会与床面相同，用网格中心水面插值

得到的配置节点处的水面将会有很大误差。例如，图 5-3 中的点 A，插值水面低于床面，导致出现干点，这是降雨条件下不可能存在的情况，因此运行模型时这种现象也不能出现。对于点 B，插值水面明显高于床面导致过量的水流流量。当然，这个问题只出现在计算网格有有限间距以及水深非常小时，如果将网格密度加大，则该问题就可以得到解决。对此，Jia 和 Shirmenn(2016)提出了对薄层水流水面插值的解决方法，并将其成功用在 CCHE2D 模型。

该方法是通过计算地表弯曲引起的插值误差(Δb)来实现的(图 5-4)，其计算方程为

$$\Delta b = b_2 - b_2^i = \frac{1}{2}\left[b_2 - \frac{b_1\Delta x_2}{\Delta x_1 + \Delta x_2} - \frac{b_2\Delta x_1}{\Delta x_1 + \Delta x_2}\right] \tag{5-4}$$

式中，b_1 和 b_2 为床面高程；Δb 为线性插值和实际值的差值，并可以作为修正值；b_2^i 为线性插值得到的床面高程，Δx_1 和 Δx_2 是网格间距。计算得到的 Δb 值将被用于更正插值得到的水面高程。

5.1.4　边界条件及初始条件的设置

这里仅模拟了降雨、上方和侧方汇流情况下的坡面径流情况，没有涉及到侵蚀过程；所以在模型模拟和验证过程中，首先进行了假定，假定在降雨径流模拟试验过程中，当时间步长小于 3 min 时，坡面侵蚀地形基本没有发生明显变化。因此，可以用此 3 min 中扫描得到的点云数据建立计算网格模拟浅沟集水区坡面水流。

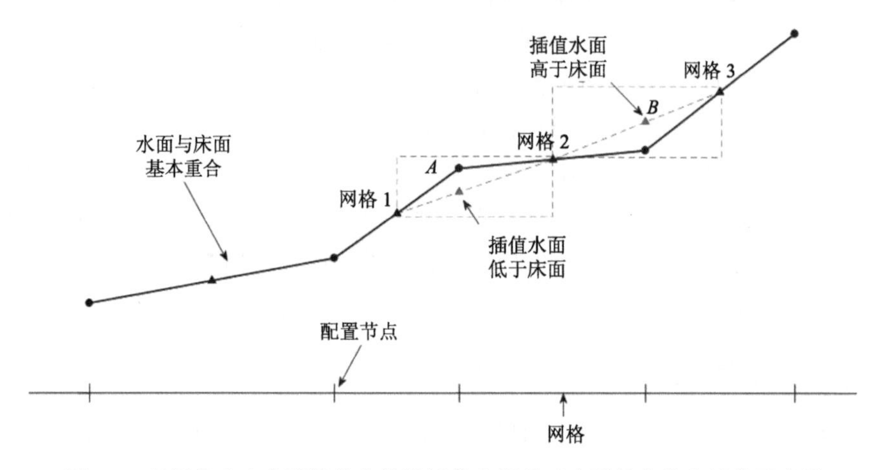

图 5-3　从网格中心向配置节点线性插值出现的对水面的高估和低估示意图

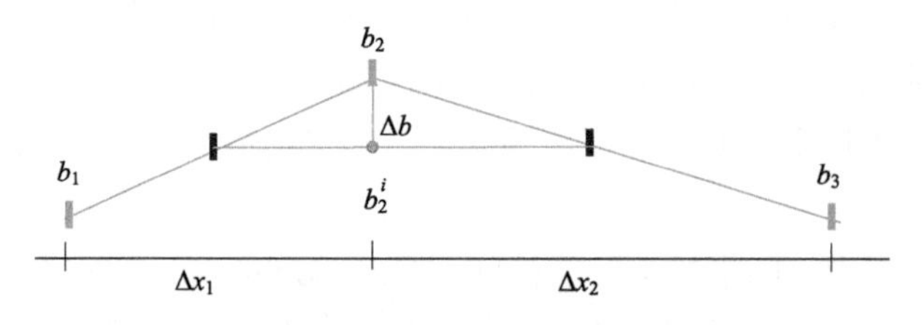

图 5-4　解决线性插值问题原理的示意图

曼宁系数(Manning's coefficient) n，反映的是地表径流与床面的摩擦力，在本节中曼宁系数设置为 0.10 $m^{-1/3}$ s。由于在进行模拟降雨和模拟径流试验时，对试验土槽进行了前期预降雨试验，土壤水分含量接近饱和，因此在模型模拟时不考虑径流入渗的影响。

用连续方程(5-1)计算试验区域由恒定降雨强度产生的径流。在运行模型时，设置 1.0×10^{-5} m 为最小的水深。而对于上方汇流和侧方汇流，同样根据连续方程求解。在模型运行前，在模型运行界面的计算区域最上端，设置与计算区域相同长度的上方汇流开口，用于模拟试验过程试验土槽上方稳流槽产生的上方汇流，并在计算区域的两侧设置侧方汇流的开口，用于模拟试验中用管道提供的侧向汇流。

5.2　模拟试验设计及研究方法

5.2.1　试验设计

从第 3 章试验设计中选取 50mm/h 降雨强度和 15°坡度、100 mm/h 降雨强度和 20°坡度的两组试验处理的三维激光扫描获得的浅沟集水区的地形数据以及试验过程中实测流速和水深数据，评价模型模拟浅沟集水区坡面水流的适用性。用于率定模型的模拟试验的特征参数列于表 5-1。对于 50 mm/h 降雨强度的试验处理，共有 7 个时间节点的数据用于率定模型，对于 100 mm/h 降雨强度的试验处理，共 4 个时间节点的数据用于率定模型，各时间节点浅沟集水区坡面侵蚀状况如图 5-5 和图 5-6 所示。

表 5-1　用于率定模型的模拟试验参数特征值

试验处理	降雨及径流情况	试验历时 /min	降雨强度 /(mm/h)	上方汇流流量 /(L/min)	侧方汇流流量 /(L/min)	坡度/(°)
L1T1r	仅有降雨	21	50	—	—	15
L1T2rl	降雨+侧方汇流	36	50	—	5	15
L1T3r	仅有降雨	69	50	—	—	15
L1T4rl	降雨+侧方汇流	78	50	—	8	15
L1T5ru	降雨+上方汇流	94	50	40	—	15
L1T6r	仅有降雨	101	50	—	—	15
L1T7rlu	降雨+上方+侧方汇流	106	50	40	8	15
L2T1r	仅有降雨	6	100	—	—	20
L2T2rl	降雨+侧方汇流	18	100	-	8	20
L2T3r	仅有降雨	23	100	—	—	20
L2T4ru	降雨+上方汇流	31	100	40	—	20

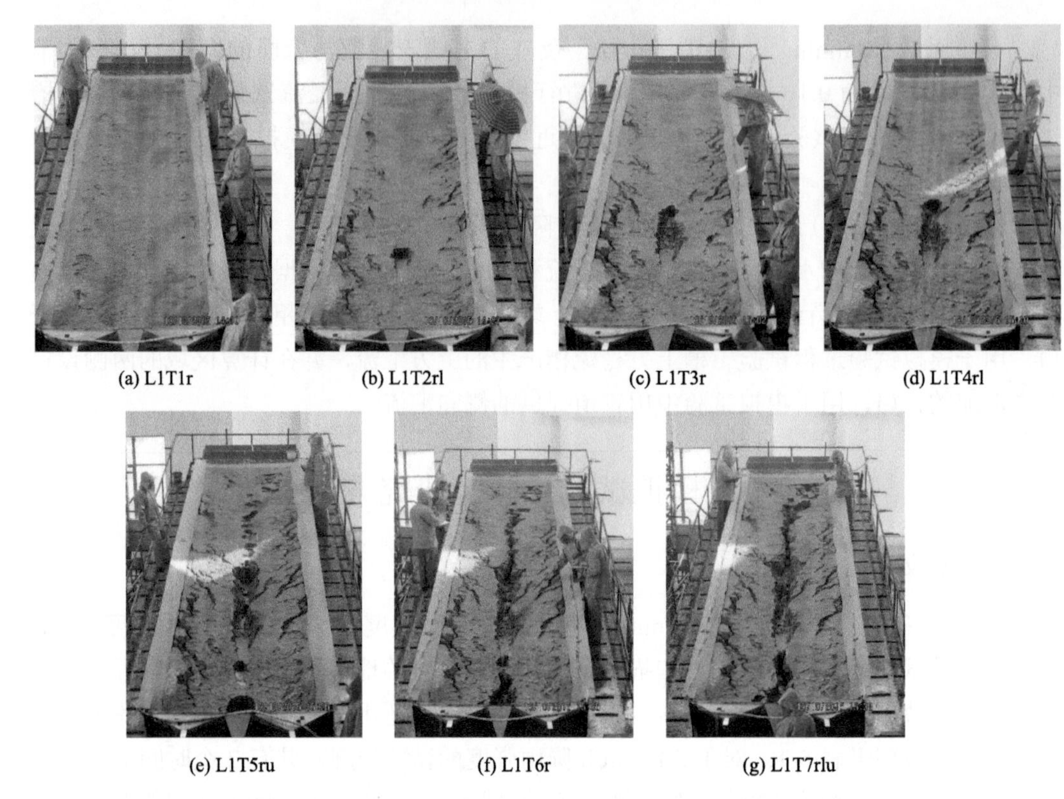

(a) L1T1r　(b) L1T2rl　(c) L1T3r　(d) L1T4rl

(e) L1T5ru　(f) L1T6r　(g) L1T7rlu

图 5-5　50 mm/h 降雨强度试验处理下不同时间节点上浅沟集水区侵蚀形态特征

注：(a)～(g) 小图题含义见表 5-1，后同

(a) L2T1r　(b) L2T2rl　(c) L2T3r　(d) L2T4ru

图 5-6　100 mm/h 降雨强度试验处理下不同时间节点上浅沟集水区侵蚀形态特征

5.2.2　坡面水动力学参数的测量及计算方法

地表径流流速和水深的测定以及平均流速的计算方法详见第 3 章第 3.1 节。根据试验过程测定的径流流速、水深和流宽计算弗芬德数和径流剪切力等水动力学参数。具体计算方法如下：

雷诺数(*Re*)是一个用来表征径流惯性力和黏滞力之比的无量纲参数，其表达式为

$$Re = \frac{VR}{v} \tag{5-5}$$

式中，V 为径流平均流速，m/s；R 为水力半径，cm；v 为运动黏滞性系数，cm^2/s，主要与径流温度有关。明渠水流中 $Re < 500$ 时，坡面水流为层流；当 $Re > 500$ 时，坡面水流为紊流。

弗劳德数(Fr)是一个用来表征径流惯性力和重力之比的无量纲参数，其表达式为

$$Fr = \frac{V}{\sqrt{gR}} \tag{5-6}$$

式中，g 为重力加速度；当 $Fr < 1$ 时，坡面水流为缓流；当 $Fr > 1$ 时，坡面水流为急流。

目前常用 Darcy-Weisbach 阻力系数(f)表征坡面径流阻力，其表达式为

$$f = \frac{8gRJ}{V^2} \tag{5-7}$$

式中，J 为水力坡度，近似为坡度的正切值。

径流剪切力(τ，Pa)是剥离土壤的主要动力。其计算公式为

$$\tau = \gamma RJ \tag{5-8}$$

式中，γ 为水的重度，N/m^3；R 为径流水力半径，m；J 为水力坡度，近似为坡度的正切值。

水流功率[ω，N/(m·s)]，即单位面积水体势能随时间的变化率，可表征一定高度的水体顺坡流动时所具有的势能，其表达式为

$$\omega = \tau V \tag{5-9}$$

5.3 模拟结果分析

5.3.1 浅沟沟槽水流水动力学参数特征

表 5-2 表明，在仅有降雨时(L1T1r 和 L2T1r 试验处理)，浅沟沟槽的水流流速、雷诺数、弗劳德数、水流剪切力和水流功率均随坡长的增加而增加，而阻力系数则呈相反的变化趋势。这是因为降雨过程中一旦坡面产生径流，径流就沿坡长在浅沟沟槽不断汇集，导致径流流速、雷诺数、弗劳德数、剪切力和水流功率等水动力学参数随着坡长的增加不断增大，而阻力系数相应减小。

当降雨强度从 L1T1r 试验处理的 50 mm/h 增至 L2T1r 处理中的 100 mm/h 时，不同部位浅沟沟槽的水流流速增加 1.9～3.2 倍，雷诺数增加了 2.1～4.4 倍，弗劳德数增加了 0.9～2.1 倍，径流剪切力最大增加了 1 倍，水流功率增加了 2.2～5.4 倍；而阻力系数则相应的减少了 73%～89%。水流侵蚀动力参数随降雨强度的增加而增加，而水流阻力系数随降雨强度的增大而减少。因此，坡面土壤侵蚀率随降雨强度的增加而增加。

表 5-2 不同试验处理中浅沟沟槽水流水动力学参数特征

试验处理	坡长/m	流速/(m/s)	雷诺数	弗劳德数	阻力系数	径流剪切力/(N/m^2)	水流功率/[N/(m·s)]
L1T1r	1	0.035	74.172	0.253	45.624	0.695	0.024
	3	0.087	352.412	0.458	13.889	1.321	0.115
	5	0.154	480.036	0.921	3.437	1.019	0.157
	7	0.125	348.489	0.787	4.696	0.914	0.114
L1T4rl	1	0.073	223.845	0.435	15.361	1.010	0.073
	3	0.123	262.503	0.890	3.676	0.697	0.086
	5	0.286	2115.648	1.107	2.377	2.423	0.692
	7	0.390	2000.179	1.815	0.884	1.679	0.654
L1T5ru	1	0.195	959.292	0.926	3.397	1.611	0.314
	3	0.295	1843.311	1.245	1.877	2.043	0.603
	5	0.372	5500.876	1.022	2.790	4.833	1.799
	7	0.523	7775.198	1.430	1.424	4.864	2.543
L1T7rlu	1	0.178	5299.687	0.345	24.522	9.729	1.733
	3	0.252	4129.504	0.658	6.720	5.351	1.351
	5	0.327	10405.665	0.612	7.780	10.404	3.403
	7	0.376	8199.198	0.849	4.040	7.134	2.681
L2T1r	1	0.103	327.472	0.610	7.823	1.039	0.107
	3	0.238	1919.643	0.882	3.745	2.642	0.628
	5	0.469	1497.230	2.765	0.381	1.045	0.490
	7	0.406	1283.444	2.410	0.502	1.034	0.420
L2T2rl	1	0.210	2147.751	0.693	6.065	3.344	0.702
	3	0.256	2102.114	0.941	3.289	2.688	0.687
	5	0.447	1425.967	2.637	0.419	1.044	0.466
	7	0.310	951.573	1.868	0.834	1.003	0.311
L2T4ru	1	0.316	13383.278	0.512	11.093	13.849	4.377
	3	0.356	12494.819	0.635	7.222	11.466	4.086
	5	0.416	5673.976	1.189	2.060	4.459	1.856
	7	0.265	1575.583	1.145	2.220	1.946	0.515

在降雨+侧方汇流处理(L1T4rl 和 L2T2rl 试验处理)中，侧方汇流通过浅沟沟槽两侧坡面的细沟和细沟间区域而进入浅沟沟槽，因而浅沟沟槽的阻力系数相应减小，而对应的水流流速和剪切力等水动力学参数则增加。与仅有降雨试验处理相比，浅沟沟槽水流流速增加了 0.4～2.1 倍，雷诺数、弗劳德数、径流剪切力和水流功率均分别增大了 0.2～4.7 倍、0.7～1.3 倍、0.4～1.4 倍和 0.2～4.7 倍。说明侧方汇水可以增大浅沟沟槽水流侵蚀动力，进而增大侵蚀量。

在降雨+上方汇流处理(L1T5ru 和 L2T4ru 试验处理)中，浅沟沟槽的水流流速增大了

1.4～4.6 倍，雷诺数、弗劳德数、径流剪切力和水流功率均分别增大了 4.2～39.9 倍、0.1～2.7 倍、0.5～12.3 倍和 4.2～39.3 倍。这说明上方汇流明显改变了浅沟沟槽水流的水动力学参数特征，是引起浅沟沟槽侵蚀的主要原因。

在降雨、侧方汇流和上方汇流同时存在时(L1T7rlu 试验处理)，浅沟沟槽的水流流速增大了 1.1～4.1 倍，雷诺数、弗劳德数、径流剪切力和水流功率均分别增大了 10.7～70.5 倍、0.1～0.4 倍、3.1～13.0 倍和 10.7～71.2 倍。这说明上方汇流和侧方汇流均能增大浅沟沟槽水流侵蚀动力。

5.3.2　细沟间水流水动力学参数特征

表 5-3 表明，在仅有降雨时(L1T1r 和 L2T1r 试验处理)，细沟间水流与浅沟沟槽的水动力学参数差别较小，这是因为此时浅沟集水区坡面还相对平整，沟槽和两侧坡面均属于坡面漫流状态。而对比两个降雨强度处理下的细沟间径流水动力学参数可知，当降雨强度从 50 mm/h 增至 100 mm/h 时，坡面径流流速、雷诺数、弗劳德数、剪切力和水流功率分别增大了 1.1～1.9 倍、1.0～1.3 倍、1.1～3.4 倍、0.1～0.5 倍和 1.1～3.3 倍。这说明降雨强度对浅沟沟槽两侧坡面水流的水动力学参数也有重要影响。

表 5-3　不同试验处理中细沟间水流水动力学参数特征

试验处理	坡长/m	流速/(m/s)	雷诺数	弗劳德数	阻力系数	径流剪切力/(N/m^2)	水流功率/[N/(m·s)]
L1T1r	1	0.058	122.997	0.423	16.272	0.690	0.040
	3	0.108	228.140	0.785	4.730	0.690	0.075
	5	0.080	169.887	0.579	8.697	0.695	0.056
	7	0.102	215.620	0.742	5.295	0.690	0.071
L1T4rl	1	0.034	70.481	0.245	48.609	0.686	0.023
	3	0.134	417.605	0.801	4.541	1.019	0.137
	5	0.055	116.705	0.401	18.074	0.690	0.038
	7	0.198	833.124	1.020	2.798	1.375	0.272
L1T5ru	1	0.050	105.730	0.361	22.329	0.694	0.035
	3	0.111	345.825	0.660	6.695	1.023	0.113
	5	0.059	124.513	0.428	15.879	0.690	0.041
	7	0.136	277.382	1.001	2.909	1.338	0.181
L1T7rlu	1	0.191	3316.272	0.485	12.369	5.666	1.085
	3	0.121	610.259	0.565	9.124	1.656	0.200
	5	0.061	128.212	0.443	14.845	0.688	0.042
	7	0.233	1208.347	1.077	2.511	1.699	0.395
L2T1r	1	0.145	459.734	0.857	3.969	1.039	0.150
	3	0.310	996.886	1.825	0.874	1.051	0.326

续表

试验处理	坡长/m	流速/(m/s)	雷诺数	弗劳德数	阻力系数	径流剪切力/(N/m²)	水流功率/[N/(m·s)]
L2T1r	5	0.165	354.394	1.184	2.078	0.704	0.116
	7	0.226	479.344	1.633	1.092	0.695	0.157
L2T2rl	1	0.148	318.407	1.063	2.575	0.704	0.104
	3	0.321	1376.649	1.632	1.093	1.404	0.450
	5	0.198	637.398	1.166	2.141	1.052	0.208
	7	0.204	650.137	1.202	2.014	1.044	0.213
L2T4ru	1	0.209	447.549	1.504	1.288	0.701	0.146
	3	0.289	910.853	1.716	0.989	1.031	0.298
	5	0.172	878.375	0.802	4.533	1.672	0.287
	7	0.191	596.578	1.144	2.225	1.019	0.195

在降雨+侧方汇流处理中(L1T4rl 和 L2T2rl 试验处理)，细沟间区域的平均水流流速增大了 3.0%～20.9%，雷诺数、径流剪切力和水流功率均分别增大了 30.2%～95.2%、20.5%～36.3%和 30.2%～94.2%，这说明侧方汇流能够改变浅沟沟槽两侧坡面水流的水动力学参数，进而影响浅沟沟槽两侧的细沟间区域的输沙过程。在降雨+上方汇流处理(L1T5ru 和 L2T4ru 试验处理)中，细沟间区域水流的水动力学参数没有发生明显变化，这是因为上方汇流直接进入浅沟沟槽；也就是说细沟间区域的径流水动力学参数主要受到降雨强度和侧方汇流影响，而与上方汇流过程关系较小。

在降雨、侧方汇流和上方汇流同时存在时(L1T7rlu 试验处理)，细沟间区域的平均水流流速增大了 74.9%，雷诺数、弗劳德数、径流剪切力和水流功率均分别增大了 6.2 倍、2.5 倍和 6.1 倍。这说明，在自然条件下，侧方汇流能够明显增加浅沟沟槽两侧坡面水流的侵蚀动力。

5.4　数据模拟结果及模型验证

5.4.1　浅沟坡面水流流速和水深的空间分布

运行 CCHE2D 时，首先设定边界条件及初始条件，然后运行模型，直至模型模拟达到稳定状态时终止模拟，并记录对应测量位置处的水流流速和水深，并与实测值进行比较(Jia and Shirmenn, 2016)。这里需要说明的是模拟降雨和模拟径流试验过程中，用 $KMnO_4$ 染色剂法测量的水流流速(图 5-5 和图 5-6)均为一段坡长区间的平均流速，而模型模拟网格大小远小于所测量的流速区间，为此模型模拟流速选取对应实际坡长区域的各网格平均值，并将其与实测对应坡长区域的水流流速值进行对比。由于浅沟发育过程中，沟头溯源、下切和沟壁扩张使得地形不断破碎，在早期平整坡面上测得的水流流速会比后期沟道发育时测量的流速更加精确。

图 5-7 和图 5-8 分别展示了 50 mm/h 和 100 mm/h 降雨强度试验处理条件下不同边界汇流条件下模拟的坡面水流流速空间分布，发现浅沟沟槽水流流速随着试验历时的延长而不断增加，而浅沟沟槽两侧的坡面上由于细沟的发生，其水流流速也随着试验历时的增加而增加。在空间尺度上，从浅沟沟槽至沟槽两侧，水流流速呈减少趋势；而随坡长的增加，无论是浅沟沟槽还是两侧坡面，水流流速呈增加趋势。

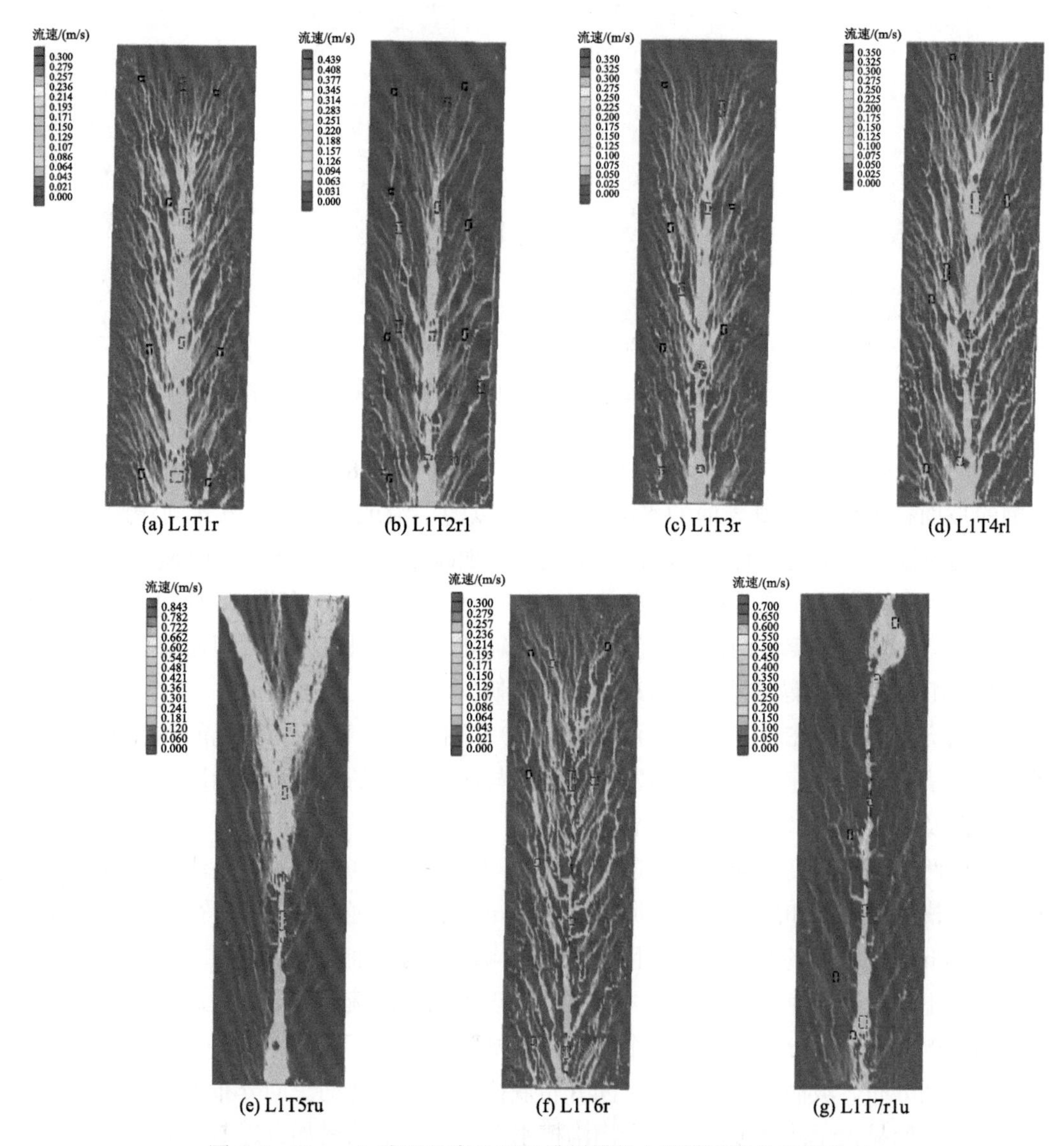

图 5-7　50 mm/h 降雨强度处理下模型模拟水流流速值的空间分布

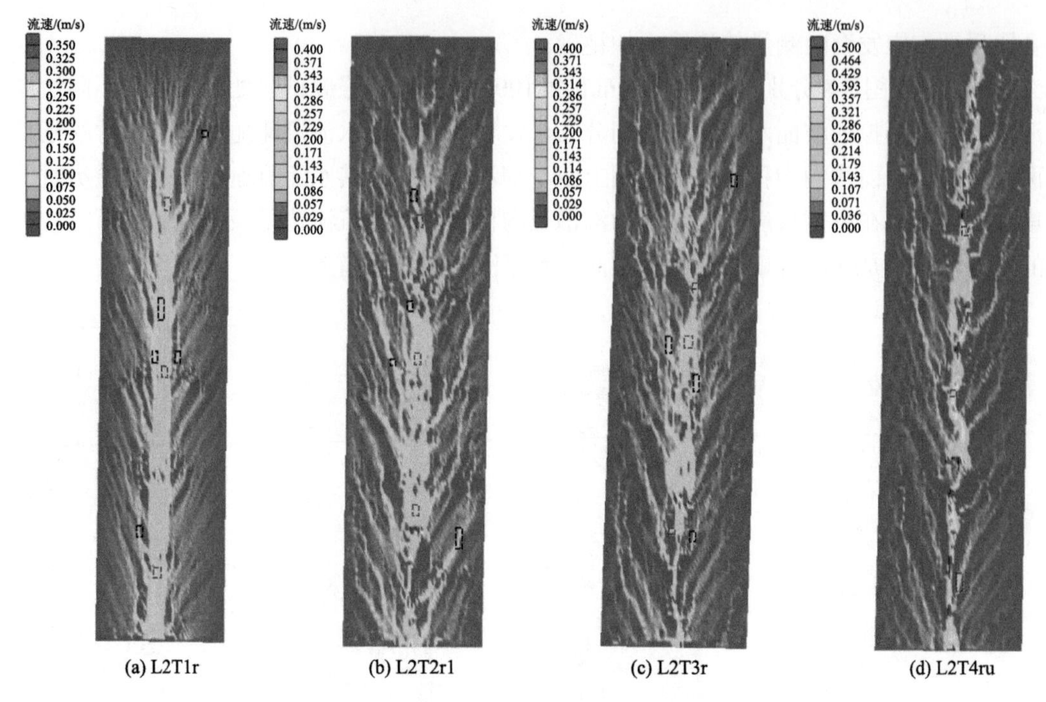

图 5-8　100 mm/h 降雨强度处理中模拟水流流速值的空间分布

在仅有降雨时[图 5-7(a)、图 5-7(c)、图 5-7(f)、图 5-8(a)和图 5-8(c)]，浅沟沟槽两侧的坡面径流沿着土壤表面的水流优势路径以薄层流或细沟流的方式向浅沟沟槽汇集，而随着浅沟沟槽的发育，浅沟沟槽宽度的增加减小了浅沟沟槽水流流速。

在降雨和侧方汇流同时存在的条件下[图 5-7(b)、图 5-7(d)和图 5-8(b)]，浅沟沟槽两侧的细沟网快速发育，两侧坡面的水流流速较前一阶段只有降雨时明显增加，这也证明了侧方汇流对浅沟集水区径流输沙过程的贡献。

而在上方汇流存在时[图 5-7(e)、图 5-7(g)、图 5-8(d)]，上方汇流的加入明显加大了浅沟沟槽的水流流速，浅沟沟槽发育快速。与浅沟沟槽的水流流速相比，坡面两侧的细沟水流及坡面薄层水流流速则明显偏小。

对比两个降雨强度下的径流流速分布(图 5-7 和图 5-8)可知，无论是浅沟沟槽水流流速还是沟槽两侧细沟和细沟间的水流流速，100 mm/h 降雨强度处理下的径流流速明显大于 50 mm/h 降雨强度的径流流速。特别是浅沟沟槽两侧的细沟及细沟间区域，100 mm/h 降雨强度下的径流流速较 50 mm/h 降雨强度处理下的径流流速明显增大。

图 5-9 和图 5-10 分别展示了两个降雨强度试验处理中不同边界条件下模型模拟的坡面水深空间分布。坡面径流水深的空间分布规律与水流流速的空间分布类似，即浅沟沟槽内的水深明显大于两侧坡面，而浅沟沟槽水深随着坡长的增加也逐渐增加。

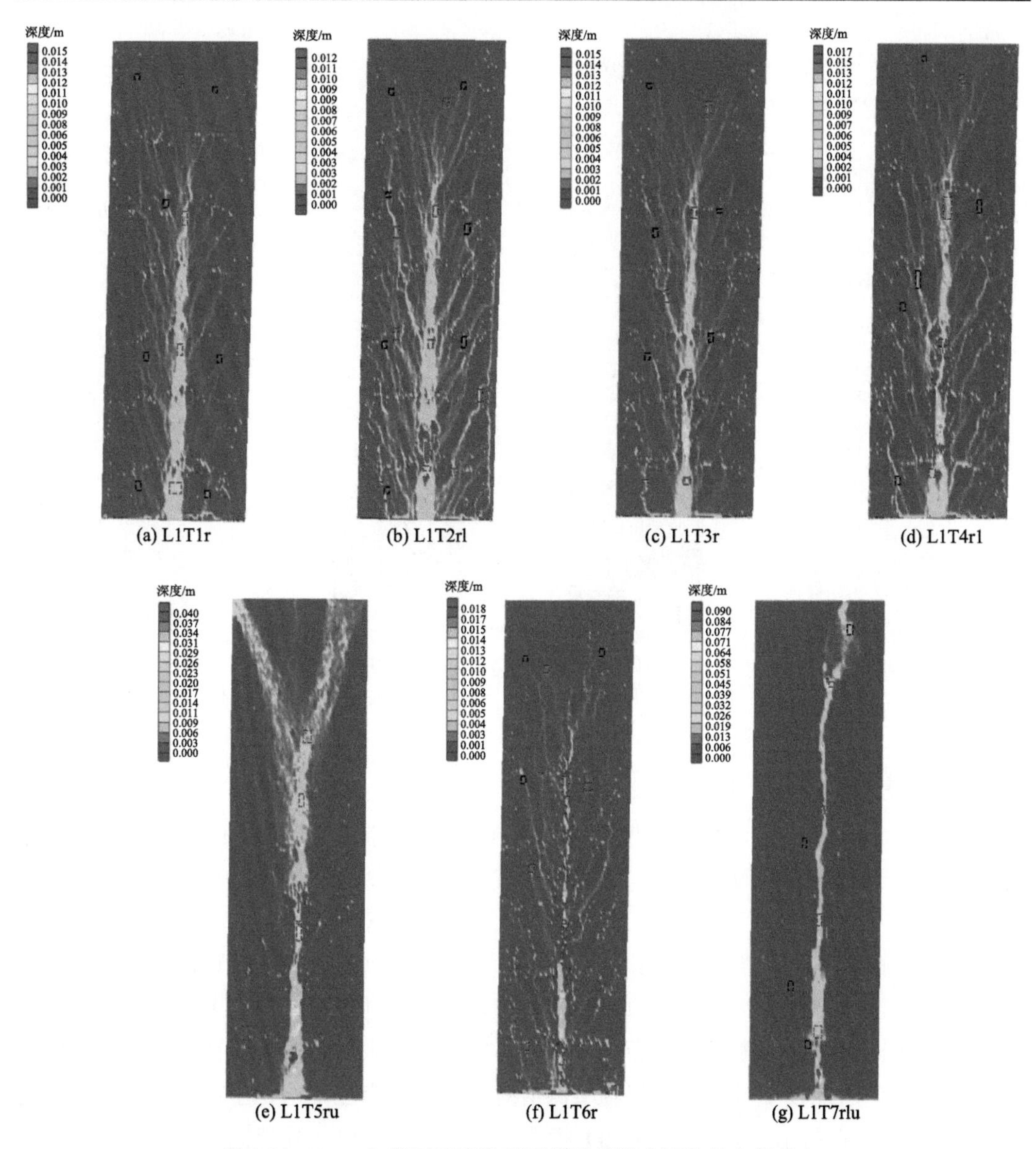

(a) L1T1r　(b) L1T2rl　(c) L1T3r　(d) L1T4r1

(e) L1T5ru　(f) L1T6r　(g) L1T7rlu

图 5-9　50 mm/h 降雨强度处理下模型模拟水深值的空间分布

在仅有降雨条件下，浅沟集水区水深主要集中在浅沟沟槽位置。在降雨和侧方汇流存在的试验条件下，浅沟沟槽两侧坡面的细沟和细沟间区域的水深明显增加，其汇入浅沟沟槽后也使浅沟沟槽水深也明显增大。在降雨、侧方汇流和上方汇流存在的试验条件下，上方汇流的加入使浅沟沟槽的水深明显增加。而与浅沟沟槽的水深相比，浅沟沟槽两侧坡面的水深仍然较小。在坡面下部浅沟沟槽中沟头发育的位置，水深较其他部位明显偏大，这与沟头跌水坑的存在有关。

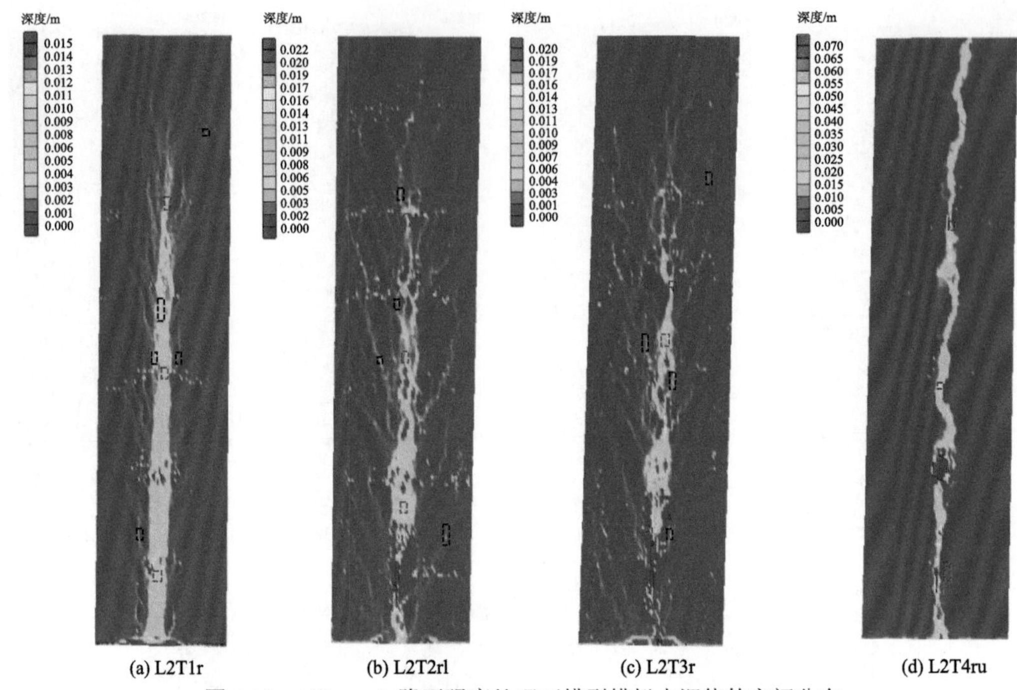

图 5-10　100 mm/h 降雨强度处理下模型模拟水深值的空间分布

5.4.2　CCHE2D 模型模拟值与实测值的比较

图 5-11 展示了浅沟沟槽和沟槽两侧坡面区域模拟的流速和水深与实测值的比较。结果表明，无论是在浅沟沟槽还是沟槽两侧区域，模型模拟的径流流速与实测值均十分吻合，且所有数据点在对数坐标系统中均落入了半值和双倍值线之间[图 5-11(a)和图 5-11(b)]；而水深的模拟值与实测值的误差偏大[图 5-11(c)和图 5-11(d)]，这主要与水深的测量方法精度有关。室内模拟降雨和模拟径流试验过程中，采用 1 mm 精度且又薄又细的直尺对水深进行测量，因而在水深较小的区域，水深的测量误差偏大，从而模拟误差较大。但水深较小时，模拟值与实测值对应的数据点也均落在了对数坐标系统中的半值和双倍值线区间，说明 CCHE2D 模型的精度达到了可接受范围之内。因此，可用 CCHE2D 模型模拟浅沟集水区水流水动力学参数的时空变化。

5.4.3　曼宁公式模拟值与实测值的比较

图 5-12 展示了在浅沟沟槽和沟槽两侧坡面细沟间区域曼宁公式计算的水流流速值与实测水流流速值的对较。结果表明，在浅沟沟槽两侧的细沟间区域，曼宁公式计算值与实测值比较吻合，其 R^2 为 0.617；而在浅沟沟槽和沟槽两侧的细沟区域，水流流速不能由曼宁公式计算。这说明运动波方程只能应用在细沟间区域的层流结构上，而在浅沟沟槽和细沟区域，水流状态不仅受床面摩擦影响，也与水深和流量等因素有关。因此，一旦线状侵蚀例如细沟和浅沟侵蚀发生后，需要用通用的浅水方程组(Shallow water equation)来模拟计算水流流速。

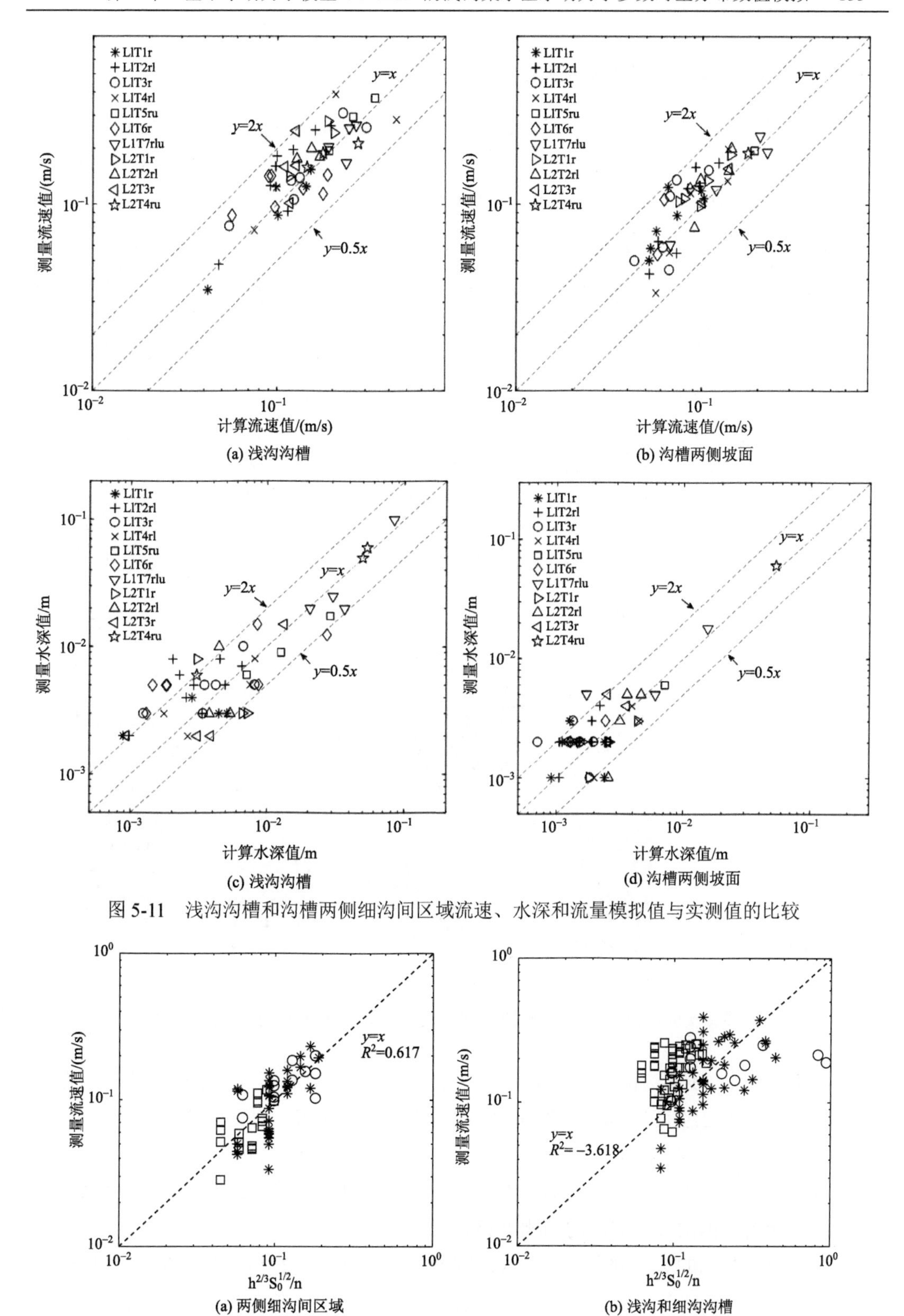

图 5-11　浅沟沟槽和沟槽两侧细沟间区域流速、水深和流量模拟值与实测值的比较

图 5-12　浅沟沟槽及沟槽两侧细沟间区域曼宁公式计算流速值与实测流速值的比较

5.4.4　CCHE2D 模型模拟的坡面水动力学参数的时空分布特征

前面分析了 CCHE2D 模型模拟浅沟集水区坡面水流的适用性，这里选取了两个典型时刻(T4 和 T7 时刻，即 L1T4rl 和 L1T7rlu 试验处理)对比了床面高程、流速、水深、弗劳德数和径流剪切力的空间分布特征(图 5-13)。

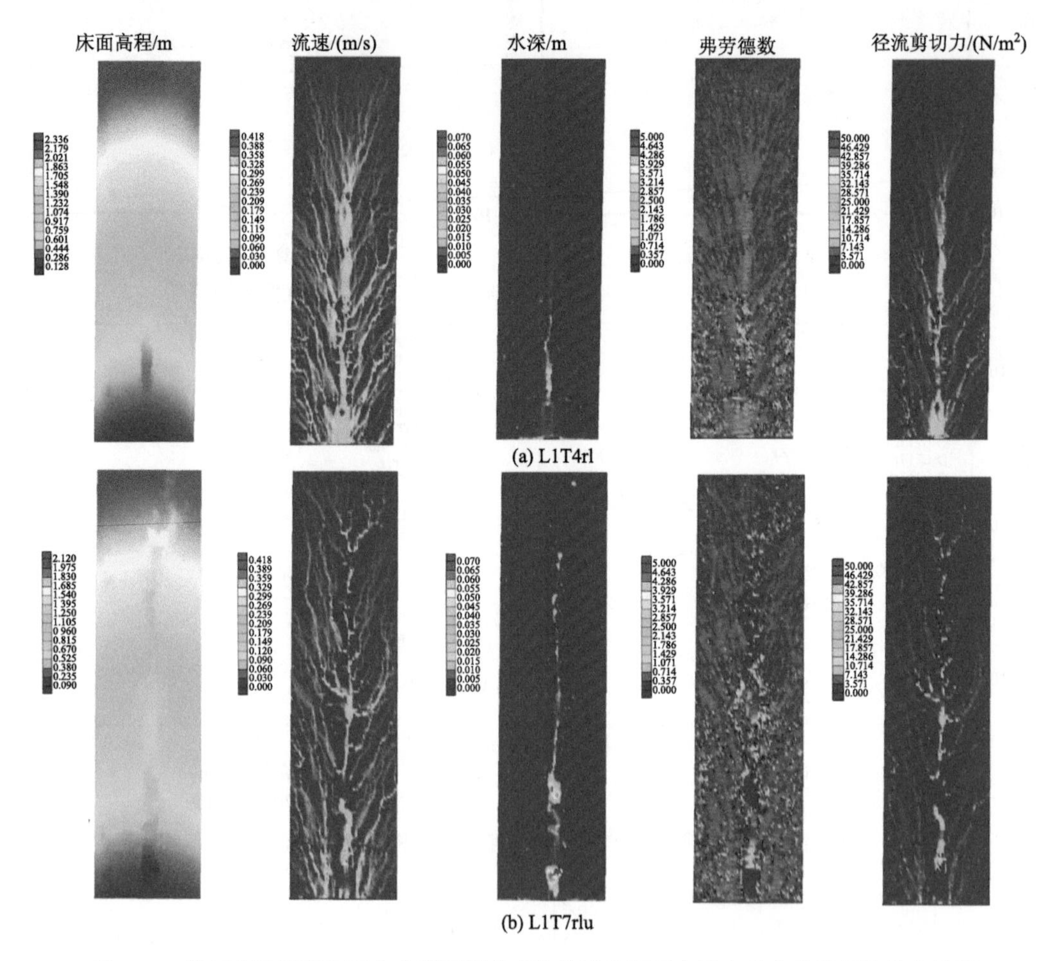

图 5-13　模拟实验过程中两个典型时间节点的地形及坡面水流水动力学特征的分布特征

在 T4 时刻，浅沟沟槽下部出现了下切沟头，沟槽两侧有断续的细沟形成，而在 T7 时刻，浅沟沟槽已经完全形成，两侧的细沟网也已发育完善。对比两者的流速分布图可知(图 5-13)，T4 时刻浅沟沟槽两侧的水流网络发育活跃，水流以漫流形式汇入浅沟沟槽；而在 T7 时刻，由于浅沟沟槽两侧细沟网的发育，两侧的水流流路明显减少，坡面漫流首先汇入细沟，再由细沟向浅沟沟槽汇集。

对比两个时刻的水深分布可知，浅沟沟槽的水深远大于两侧坡面的水深，而随着浅沟沟槽发育过程的进行，浅沟沟槽的水深明显增大，特别是在沟头跌水坑位置处，水深达到最大。两个时刻弗劳德数的空间分布表明，在 T4 时刻坡面弗劳德数变化范围较小，其空间分布差异也较小；而在 T7 时刻，弗劳德数的空间分布差异变大，这与流速的分布特征相同，说明浅沟沟槽及沟槽两侧细沟的发育改变了坡面水动力学参数的时空分布特征。

径流剪切力是决定坡面侵蚀的重要参数，径流剪切力的空间分布可以决定坡面侵蚀的空间分布，因而有重要的意义。两个典型时刻的模拟结果显示，T4 时刻坡面径流剪切力普遍较小，最大的径流剪切力分布在浅沟沟槽下部，即沟头溯源侵蚀活跃的区域；而 T7 时刻的较大的径流剪切力在浅沟沟槽沿程均匀分布，分别在坡长 3～4 m、5～6 m 和 7～8 m 处存在极值，且径流剪切力的极大值均比 T4 时刻大。由两个典型时刻的浅沟流水动力学特征分布可知，CCHE2D 模型可以快速模拟浅沟集水区的水流水动力学特征值的空间分布特征，为揭示浅沟集水区侵蚀动力学机制提供了技术工具。

5.4.5　浅沟沟头水流流场分布

为了分析浅沟沟头处水流特性，绘制了浅沟沟槽沟头处的水流流速的矢量分布图(图 5-14)。由图可知，在浅沟沟槽两侧的坡面上，水流沿着坡度方向汇集，在达到沟槽两侧的分界网格时，径流汇集于浅沟沟槽。上方径流在经过沟头网格时，水流流速明显增大，而进入跌水坑后，则流速又相应地减少，随后水流流速又沿水力坡度不断增大，当水流经过下一个沟头时，水流流速重复相同的过程，即坡面水流通过沟头时增大，进入跌水坑后减小，随后再沿水力坡度不断增大。这与第 2 章中野外调查中浅沟沟槽跌坎链形态特征反映的能量转化和消耗过程相同。

图 5-14　浅沟沟头水流流速矢量分布

5.4.6　网格大小对模型模拟的敏感性分析

室内模拟试验过程中，用三维激光扫描仪得到的扫描精度为 0.004 m×0.004 m，而建立模型运行网格时为了节省模型运行时间，所用网格精度为 0.04 m×0.02 m，远远小于扫描精度，这样在地形插值时较粗的网格精度可能会给模拟结果带来误差。为此，对计算网格进行了加倍加密处理，重新建立了 0.02 m×0.01 m 的网格精度，并对 L1T1r 和 L1T3r

两个处理重新进行了模拟。图 5-15 表明，两个网格大小模拟的流速值和单位流量值相差较小。所有数据点尤其是流速数据均集中在了 1∶1 线附近，表明模型模拟所用的网格大小达到了要求。

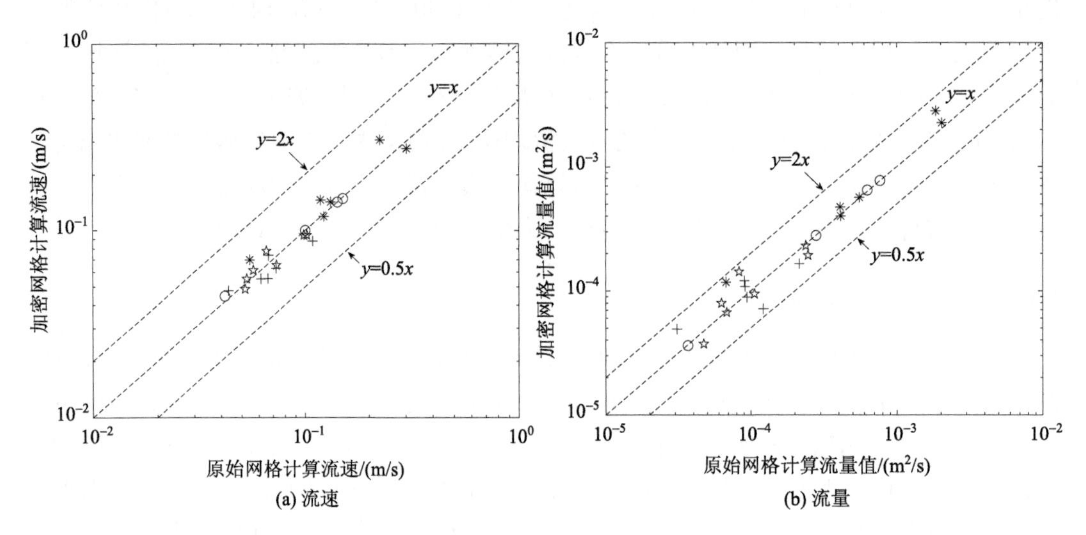

图 5-15　原始网格（0.04m×0.02m）和加密网格（0.02m×0.01m）计算的流速值和流量值的比较

CCHE2D 模型可以模拟浅沟集水区坡面水动力学特征，并给出了在试验环境下难以获取的水动学参数的时空分布特征。因此，该模型可用于模拟在复杂的边界汇流条件（降雨、上方和侧方汇流）及复杂地形条件（浅沟沟槽、细沟沟槽和细沟间区域）下的水流过程及其水动学参数的动态变化。

5.5　结　　语

本章利用 CCHE2D 水动力学模型，模拟了降雨、侧方汇流和上方汇流条件下浅沟集水区地表径流水动力学参数，模型模拟结果与实测结果基本吻合，达到了可接受的精度。主要结论如下：

（1）CCHE2D 模型中流速在网格点求解，而水面高程在网格中心求解。因此需要使用双线性插值法求解网格中心点，位置由于坡面薄层水流的水深很浅，双线性插值法不能准确反映水面高程，对此提出了水面高程的更正计算方法，使该模型能够应用于坡面薄层水流的计算。

（2）无论是在浅沟沟槽还是在沟槽两侧区域，CCHE2D 模型模拟的径流流速值与实测值均十分吻合，且所有数据点在对数坐标系统中均落入了半值和双倍值线之间；而模拟的水深和流量与实测值之间的误差稍大，这主要与水深的测量方法精度有关，但均达到可接受精度。因此，CCHE2D 模型可以模拟计算复杂边界汇流条件（降雨、上方和侧方汇流）及复杂地形条件（浅沟沟槽、细沟沟槽和细沟间区域）下的坡面水流过程。

(3) 浅沟沟头水流流场模拟结果表明，上方集中径流在经过浅沟沟头所在的网格时，水流流速明显增大，而进入跌水池后，流速又相应的减少，随后水流流速又沿水力坡度不断增大，当水流经过下一个沟头时，水流流速重复相同的过程。这与野外调查中浅沟沟槽跌坎链形态特征反映的能量转化和消耗过程类似。

(4) 在浅沟沟槽和沟槽两侧的细沟区域，水流流速不能由曼宁公式计算，即运动波方程只能应用在沟槽两侧细沟间区域的层流结构上，而在浅沟沟槽和沟槽两侧细沟区域，水流状态不仅仅受床面摩擦影响，需要用通用二维浅水方程组来模拟计算水流流速。

(5) 对模拟网格进行加密处理后发现，加密网格模拟计算得到的流速值和单位流量值与原始网格计算得到的值偏差很小，即模拟时选取 0.04 m×0.02 m 作为网格大小是合适的。

参 考 文 献

Downer C W, Pradhan N R, Ogden F L, et al. 2014. Testing the effects of detachment limits and transport capacity formulation on sediment runoff predictions using the U.S. army corps of engineers gssha model. Journal of Hydrologic Engineering, 20(7): 04014082.

Du J, Xie S, Xu Y, et al. 2007. Development and testing of a simple physically-based distributed rainfall-runoff model for storm runoff simulation in humid forested basins. Journal of Hydrology, 336(3): 334-346.

Ewen J, Parkin G, O'Connell P E. 2000. SHETRAN: Distributed river basin flow and transport modeling system. Journal of Hydrologic Engineering, 5(3): 250-258.

Graham D N, Butts M B. 2005. Flexible, integrated watershed modelling with MIKE SHE//Singh V P, Frevert D K. Watershed Models. CRC Press: 245-272.

Guo T, Wang Q, Li D, et al. 2013. Flow hydraulic characteristic effect on sediment and solute transport on slope erosion. Catena, 107: 145-153.

Jia Y, Chao X B, Zhang Y X, et al. 2013. Technical Manual of CCHE2D, V4.1, NCCHE-TR-02-2013. The University of Mississippi.

Jia Y, Shirmeen T. 2016. Simulation of rainfall-runoff process in watersheds using CCHE2D. 12th International Conference on Hydroscience and Engineering Hydro-Science and Engineering for Environmental Resilience. November 6-10, Tainan.

Jia Y, Wang S S Y. 1999. Numerical model for channel flow and morphological change studies. Journal of Hydraulic Engineering, 125(9): 924-933.

Jia Y, Wang S S Y, Xu Y C. 2002. Validation and application of a 2D model to channel with complex geometry. International Journal Computational Engineering Science, 3(1): 57-71.

Rousseau M, Cerdan O, Delestre O, et al. 2012. Overland flow modelling with the Shallow Water Equation using a well balanced numerical scheme: Adding efficiency or just more complexity? Modeling and Simulation, 12: 11617.

Singh J, Altinakar M S, Ding Y. 2014. Numerical modeling of rain fall generated overland flow using nonlinear shallow water equations. Journal of Hydrologic Engineering, 20(8): 4014089.

Yeh G T, Shih D S, Cheng J R C. 2011. An integrated media, integrated processes watershed model. Computers & Fluids, 45: 2-13.

第6章　基于 LIDAR 技术的切沟侵蚀过程试验研究

切沟侵蚀是重要的沟蚀方式之一，由于我国特殊的自然地理环境和长期强烈的人类活动，切沟侵蚀对流域产沙有非常重要的贡献。在黄土高原丘陵沟壑区，切沟侵蚀产沙量占流域产沙量的 50%以上，在高原沟壑区，切沟侵蚀产沙量占流域产沙量的 80%以上。此外，在东北黑土漫岗丘陵区和南方红壤丘陵区，切沟侵蚀也对流域侵蚀产沙有重要贡献。早期切沟侵蚀研究主要以野外调查为主，此外，切沟发育过程的监测方法主要有填土法、测尺法和地形测针仪(测针板)法等。这些方法尽管在数据采集和分析处理方面易于掌握，但费时费力，且在测量过程中会对切沟形态造成破坏，难以实现对随后沟蚀发育过程进行动态监测。周佩华等(1984)尝试使用立体摄影测量技术进行沟蚀监测，但因其测量范围小，投影变形大及对地面坡度反应过于敏感等缺陷使得此工作随后终止。数十年来，随着现代测量技术的发展，高精度 GPS 技术动态监测沟蚀过程在黄土高原和东北黑土区等地区取得了一定的进步(张鹏等，2008；胡刚等，2009)，但其后期数据的质量直接受测量点数和测量方案的影响，尤其是对特殊危险地形进行人为监测较为困难，在一定程度上限制了该技术的广泛应用。

三维激光扫描系统又称激光探测及测距系统(light detection and ranging，LIDAR)，是利用激光测距原理确定目标空间位置的新型测量仪器。LIDAR 技术采用高精度逆向三维建模及重构技术，以同步获取目标范围的三维坐标数据和数码相片的方式快速获取大型实体或实景等目标的三维立体信息，通过计算机重构其 3D 模型，再现客观事物实时的、变化的、真实的形态特征，为快速获取空间数据提供了有效手段(赵永国等，2009)。因此，近年来 LIDAR 技术的高精度使其在多个领域得到了广泛的应用，包括文物和古建筑保护(丁燕等，2010；王莫，2010；周俊召等，2008；臧春雨，2006)、工程测量(李兆堃和严勇，2009；夏国芳和王晏民，2010；杨蘅和刘求龙，2009；赵永国等，2009)、地形测绘(史友峰和高西峰，2007；何秉顺等，2008；梅文胜等，2010；董秀军和黄润秋，2006；潘少奇和田丰，2009；娄国川和赵其华，2009；张舒等，2008)、建筑测量(丁延辉等，2010；张会霞等，2010；贾东峰和程效军，2009；赵海莹和张正鹏，2009)、变形监测(徐进军等，2010；刘文龙和赵小平，2009)及土壤侵蚀监测(于泳和王一峰，2007；马玉凤等，2010)等，被誉为“继 GPS 之后的又一次技术革命”(董秀军和黄润秋，2006；马立广，2005)。

本章基于切沟发育过程的监测需求和 LIDAR 测量技术的特点，依据野外切沟发育初期的形态特征，在室内建造切沟发育雏形模型，结合人工降雨模拟试验，构建基于 LIDAR 技术的切沟发育动态监测技术流程，分析基于 LIDAR 技术生成的高精度 DEM 对切沟形态的定量刻画，量化切沟发育过程，分离切沟发育各主导侵蚀过程对切沟侵蚀的作用，明确切沟侵蚀对坡面侵蚀的贡献，研究结果将加深对切沟侵蚀机理的认识，并为流域侵蚀沟治理提供了科学指导。

6.1　切沟发育过程的模拟试验设计

6.1.1　试验设计

模拟降雨试验在黄土高原土壤侵蚀与旱地农业国家重点实验室人工模拟降雨大厅进行，根据黄土丘陵沟壑区切沟形态和地形特征参数，在室内人工建造切沟发育雏形模型，利用模拟降雨技术，结合三维激光扫描技术，分析基于 LIDAR 技术生成的高精度 DEM 对切沟形态的定量刻画程度，阐明切沟发育过程。降雨设备采用侧喷式人工模拟装置，降雨高度 16m，雨滴与天然雨滴直径与分布相似，降雨均匀度大于 88%(郑粉莉和赵军，2004)。试验土槽尺寸为长度 8 m、宽度 3 m 和深度 0.6 m，试验设计两个降雨强度(50 mm/h 和 100 mm/h)、两个坡度(15°和 20°)和两个坡宽(1 m 和 3 m)(表 6-1)。降雨历时依据切沟发育阶段而定，约为 30～70min。试验场次 30 次，重复 2 次。为完整模拟切沟的发育过程，进行连续多场次模拟降雨试验(即后一场模拟试验是在前一场坡面切沟发育的基础上进行的)，直至切沟发育充分。

表 6-1　试验设计

雨强/(mm/h)	坡度/(°)	坡宽/m	坡长/m	降雨场次	试验次数
50	15	1	8	4	8
	20	1	8	3	8
	20	3	8	3	4
100	20	1	8	3	6
	20	3	8	3	4

6.1.2　实体模型构建

本试验土壤为陕北安塞黄绵土(36.86°N，109.32°E)，其颗粒组成为砂粒(>50 μm)占 28.3%，粉砂粒(2～50 μm)占 58.1%，黏粒(<2 μm)占 13.6%，土壤质地属粉壤土。试验土壤采集于当地典型农耕地的耕层，其自然风干后备用。试验土槽填土前，先测定试验土壤的含水量，以计算各土层所需的填土量。试验填土时分为耕层和犁底层，其中耕层深度为 20 cm，土壤容重为 1.06～1.08 g/cm^3，犁底层深度为 30 cm，土壤容重为 1.25 g/cm^3。为了保证其良好的透水性，在试验土槽底部装填 10 cm 的细沙，并在其上铺设一层纱布，然后再在其上分层装填试验土壤，每次装填深度 5 cm，以保证试验土槽装土的均匀性。每填完一层后，用齿耙将土层表面耙松，再填装下一层土壤，以保证两个土层能够很好地接触。填土时边填充边压实，以减少边界效应的影响，使下垫面土壤条件的变异性达到最小。

试验土槽装填后，根据切沟发育的初期形态，在 8 m 长的试验土槽中，在坡长 3～8 m 处制作切沟发育的雏形模型，雏形沟槽位于试验土槽中间，沟底与两侧沟坡高差 5 cm 左右，雏形沟模型的横断面为弧形[图 6-1(a)和图 6-1(b)]。

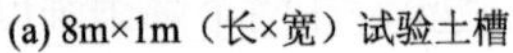

(a) 8m×1m（长×宽）试验土槽

(b) 8m×3m（长×宽）试验土槽

图 6-1　切沟发育雏形模型

6.1.3　试验步骤与观测项目

正式试验降雨前，首先对设计的降雨强度进行率定，其过程是在试验土槽周围放置两排雨量筒，每排各放置 12 个，分析降雨的空间分布。为了保证每次正式降雨前试验土槽的下垫面条件基本一致，在正式降雨试验前用 30 mm/h 的降雨强度进行预降雨。预降雨结束后，用遮雨的塑料布盖住试验土槽并静置 12 h。正式降雨试验开始时，首先对设计的降雨强度进行率定，当试验降雨强度与设计降雨强度之间的绝对误差小于 5%方可进行降雨试验。每次降雨过程中观测并记录坡面的产流时间，用 5 L(1 m 宽试验土槽)或 20 L(3 m 宽试验土槽)的塑料桶采集径流泥沙样，采样间隔 2 min，采样历时 10～30 s 不等，依据实际的径流泥沙量而定。降雨过程中，每隔 5 min 用测尺测量侵蚀沟沟宽、沟长、沟深的动态变化，并记录沟蚀发育过程中的沟壁崩塌过程等；同时采用染色剂法每隔 5 min 测量坡面及沟道的水流流速，并用数码相机连续记录降雨过程中的切沟形态动态变化。

每次降雨结束后，称取径流泥沙样的重量，并用量筒测定每个径流泥沙样的体积，静置半天后，澄去上层清水，再将其倒入铝饭盒中，放入 105℃的烘箱进行烘干、称重，计算泥沙量。降雨试验结束后第二天，采用直尺法人工量测侵蚀沟形态，记录切沟发育的长、宽、深，并在特殊的部位进行加密测量。人工测量完成后，采用三维激光扫描仪(Lecia Scanstation2)对侵蚀沟扫描测量。每次扫描历时约 30～60 min，采样间距 1 mm×1 mm。

6.2　三维激光扫描技术动态监测切沟发育过程的作业流程

基于 GIS 平台的三维激光扫描技术监测切沟发育过程的主要作业流程，包括数据采集、数据配准和拼接、数据预处理与坐标转换、TIN MESH 及等高线的生成和侵蚀量的估算等步骤。本节以 Leica Scanstation2 为例，介绍基于三维激光扫描技术动态监测切沟发育过程的具体作业过程。

6.2.1　数据采集

1. 扫描测量前期准备

在利用 LIDAR 技术进行测量之前，需要了解扫描测量系统的坐标系。扫描测量的坐标系分为相对坐标和绝对坐标。相对坐标是仪器自身的内部独立坐标系或者进行统一后的坐标系。扫描系统内部坐标原点一般定义在系统的光电中心点，Z 轴是测量系统的竖轴，即仪器旋转轴，Y 轴为仪器平面的初始位置，X 轴与前两轴垂直并成一个右手系。统一坐标系是指将各站采集的数据通过公共靶标点统一到某一个坐标系下。绝对坐标是国家坐标系或者局域坐标系。

野外测量时，由于测区范围比较大，一般采用绝对坐标系，尤其是在野外实施扫描测量前，需要对扫描测量区进行实地踏勘，布设控制网，尤其是要准备扫描测量的计划草图，显示扫描仪和靶标的所在位置，以及包含每站中靶标位置的靶标信息列表。在具体测量时，应首先进行控制测量，对于测量区域有高程控制点的地方，可设置为靶标所在地。无高程控制点的区域，需事先在确定放置靶标的地方结合其他测量仪器进行点位测量，确定地理位置。

在室内采用模拟降雨试验研究切沟发育过程时，由于测区范围较小，采用相对坐标即可。为了保证多期测量数据的拼接精度，需保证靶标所在位置保持不变。在扫描测量前，可在第一次放置靶标的位置用防水材料做标记，然后进行扫描(图 6-2)。

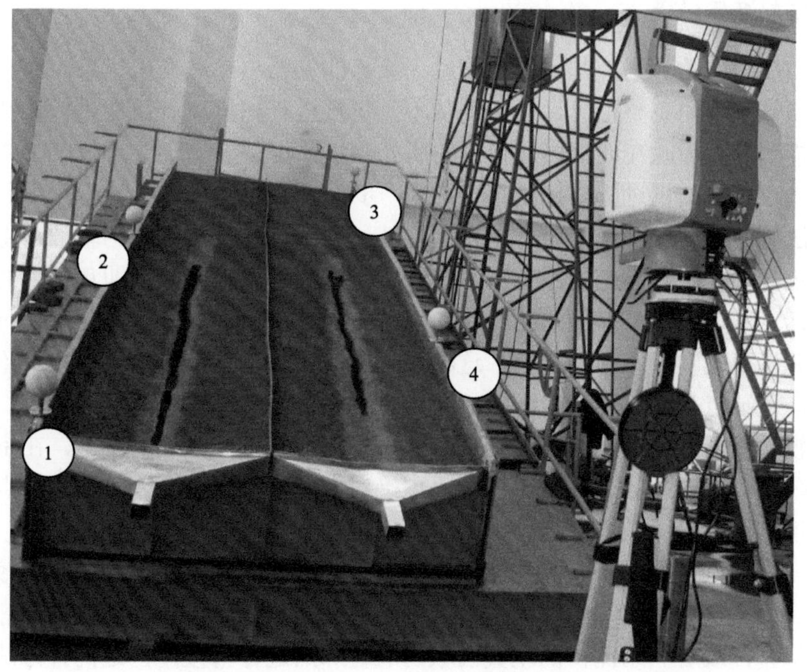

图 6-2　三维激光扫描仪架设及 4 个靶标设置（1m×8m 试验土槽）

①②③④为 4 个靶标点

2. 扫描测量

扫描测量时，仪器和标靶设置的原则应既能保证整个测量区域能被覆盖到，又能使得获取的原始数据量最小化和减少设站的次数。仪器的架设应遵循从高至低的原则。靶标的设置应遵循两个原则，一是近似三角形的原理，以便能获得测量区域的整体坐标配准精度。二是靶标距离扫描仪的位置不能太远，太远会使得靶标中心的识别精度降低，建议在 50 m 之内(梁欣廉等，2007)。扫描的同时可以勾画现场注释草图和记录扫描日志，以便有序地记录所有扫描和扫描中生成的靶标，这些信息也非常有助于后期的拼接和建模。测区内侵蚀沟发育深且窄时，由于沟壁遮挡会出现“黑洞”，即扫描仪扫不到的地方，可以结合其他测量仪器如 GPS 进行数据的补充和加密测量，同时对特殊地貌和地区进行拍照记录，以便于后期数据的处理和编辑。扫描的过程中应随时观测生成的点云，以便对数据进行实时补充。

每站扫描完后，需要对至少 3 个靶标进行扫描，为了防止后期数据处理的误差，可设置 4 个靶标，其中一个作为备用靶标。当测区范围比较大时，除对靶标进行精细扫描，还要用 GPS 或者全站仪测出每个靶标中心的三维坐标，以减少后期多站数据的配准和拼接引起的传递误差。为了防止靶标挪动和丢失，靶标测量在每一站扫描结束后立即进行。另外，在室内进行扫描测量时，还需要注意两点，一是仪器距离测量区域应在 1.5 m 以外，二是标靶不能距离仪器太近，否则会在后期的数据拼接和处理时带来较大的坐标转换误差和拼接误差。

6.2.2　数据配准与拼接

每次扫描得到的数据都是以当前测站为原点的仪器内部独立坐标系。通常情况下，为了获得测量区域的完整信息，还需要从不同位置进行扫描或者后期进行特殊地形部位的补充扫描测量。因此在研究区域得到的所有测量数据需要通过 3 个或者 3 个以上的同名靶标作为公共控制点进行坐标的统一。这一步称为点云的“配准”或者“拼接”。进行拼接的方法有两种：一种是相对方式，即以某一站的扫描坐标系作为基准，将其他各站的坐标系统转换到该站的坐标系中。另一种配准方式是绝对方式，即每站中的每个靶标的中心坐标点通过 GPS 或者全站仪进行精确的三维测量。相对方式进行配准时需要至少 3 个同名靶标才能实现坐标的转换。这种方式不需要测量每个靶标中心点的绝对坐标，方便易行，但缺点是如果连续传递的站点较多时，则会产生较大的传递误差。因此，这种方法比较适用于室内或者野外测量区域较小的点云拼接。一般情况下，在室内多采用 1 mm 的采样密度，3 mm 的配准精度。采用绝对方式进行配准时，各测站的点云数据均要统一转换到绝对坐标系中。这种方式由于不存在多站坐标传递的连续转换，所以整体精度较好；但缺点是需要携带其他测量仪器，因此这种方法比较适用于野外较大范围的地形测量。如果在扫描过程中遗漏了对标靶的精细扫描，则可以利用获得的球形点云对靶标进行拟合，或者利用测得的重叠区域内的特殊点进行拼接，但这两种方法都会引起较大的拼接误差。

6.2.3 数据预处理与坐标转换

测区范围内，如果存在植被或者其他干扰点，需要在数据预处理的时候将非地貌数据剔除，以保证数据质量和减少原始数据量。在后期的处理软件中，对于高大树木等与地貌数据差别较大的点云可以应用过滤算法进行非地貌数据的自动识别和剔除，对于草地等植被则尽可能通过手工方式进行剔除。

采用相对方式进行点云拼接后的坐标系仍是测量系统本身的坐标系，且无论是室内实体模型还是野外测量对象均有一定的坡度，因此需要将系统坐标通过寻找与地面平行的点进行坐标转换生成用户自定义的水平坐标系。如果采用绝对方式进行拼接，则使用靶标拼接相邻站点的点云，并使用已知大地坐标系的靶标点将所有点云纳入统一的真实大地坐标系下。

6.2.4 TIN MESH 及等高线生成与侵蚀量估算

在进行点云数据配准和坐标转换后，可以用激光扫描仪的自带软件(如 Leica 的 Cyclone 软件)对点云数据进行编辑和处理，通过人机交互方法对非地貌数据进行剔除后，就可以直接生成 DEM 和等高线，进行 3D 渲染，对点云数据自动生成 TIN MESH，这里的 TIN MESH 与 ArcGIS 中的 TIN 生成原理非常类似，均是基于不规则三角网生成的。而与 ArcGIS 区别比较明显的是，Cyclone 在进行三维显示和渲染时，速度快且色彩艳丽。虽然其本身生成的 TIN MESH 实际上就是 TIN，但点云数据只能通过抽稀后以.txt 和.dxf 格式导入 ArcGIS 中应用。

在 GIS 平台对两次扫描结果生成的 TIN MESH 进行相减运算，就可以得到两者的体积差，然后根据土壤容重，就可以获得侵蚀量。由于测量过程中采样密度大和数据精确高，因此估算的侵蚀量精度也非常高。另外，由于利用三维激光扫描技术采集数据时采样密度较大，相对于 ArcGIS 等地理信息系统应用时数据量太大，且在 ArcGIS 中构建三角网和生成等高线时，细节信息过多，使得生成的 TIN 或者等高线紊乱，花费的时间也很长。因此，一般将经过处理的点云数据按照应用要求抽稀后再导入相关 GIS 软件进行计算。

6.2.5 基于模拟试验的 LIDAR 技术监测切沟发育过程的技术流程

这里以 3 m 坡宽和 8 m 坡长的试验土槽为例，展示基于模拟试验的 LIDAR 技术(Leica Scanstation2)监测切沟发育过程的技术流程，包括划定测量区域、剔除非地貌信息、点云数据拼接、定义水平坐标系、生成 TIN MESH、提取等高线、切沟体积计算和侵蚀量估算等。①划定测量区域，测定测量区的土壤容重：图 6-3(a)为切沟发育过程试验研究的扫描区域，采用 Leica Scanstaion2(点位精度 ±6mm@50m，距离精度 ±4mm@50m)对研究区域进行扫描。根据测区的范围和切沟的发育情况，每次扫描设 1～2 站，每站扫描设 4 个靶标，其中一个为备用靶标。每次扫描时，采用自行研制的设备将扫描仪进行升高，以便能更好地采集到全区沟壁以及沟底的数据。仪器距离试验土槽 2～3 m，采样密度 1 mm，采样时长 20～40 min。扫描完成后对靶标进行精细扫描，并记录靶标顺序和编号，同时用防水记号笔做好每个靶标的标记，使每次扫描的靶标均处在同样的位置，得到的原始点云[图 6-3(b)]。②非地貌信息剔除和点云数据补洞：即剔除各站扫描得到的原始点云中试验土槽四周的非地貌信息(钢板、栏杆等)和对未测量到的区域进行点云补洞等。③点云数据拼接：利用获得的四个公共靶标在扫描仪配套的 Cyclone 软件中进行点云拼接，拼接精度为 1 mm，拼接后得到完整点云数据[图 6-3(c)]。④定义水平坐标系：由于本试验研究所用的试验土槽具有一定的坡度，因此在仪器自带软件 Cylone6.0 中利用与试验土槽 8 m 方向平行的靶标 S1 和 S2 的中心点进行水平坐标系定义，并将土槽底部左下角第一个点作为坐标原点。⑤生成 TIN MESH：利用处理后的点云在 Cyclone6.0 中进行 TIN MESH[图 6-3(d)]的生成。⑥提取等高线：在生成的 TIN MESH 上进行等高线的提取[图 6-3(e)]。⑦切沟体积计算：在 Cyclone 中应用 TIN VOLUMN 模块，用本次降雨后生成的 TIN MESH[图 6-3(d)]减去前一场降雨后生成的 TIN MESH[如图 6-3(f)]，即可获取切沟的体积。⑧侵蚀量计算：基于实测土壤容重和提取的切沟体积，估算沟蚀量。另外，也可将点云数据进行抽稀后导入 ArcGIS 9.0 等软件中进一步提取汇水面积、切沟比表面积等地形参数。

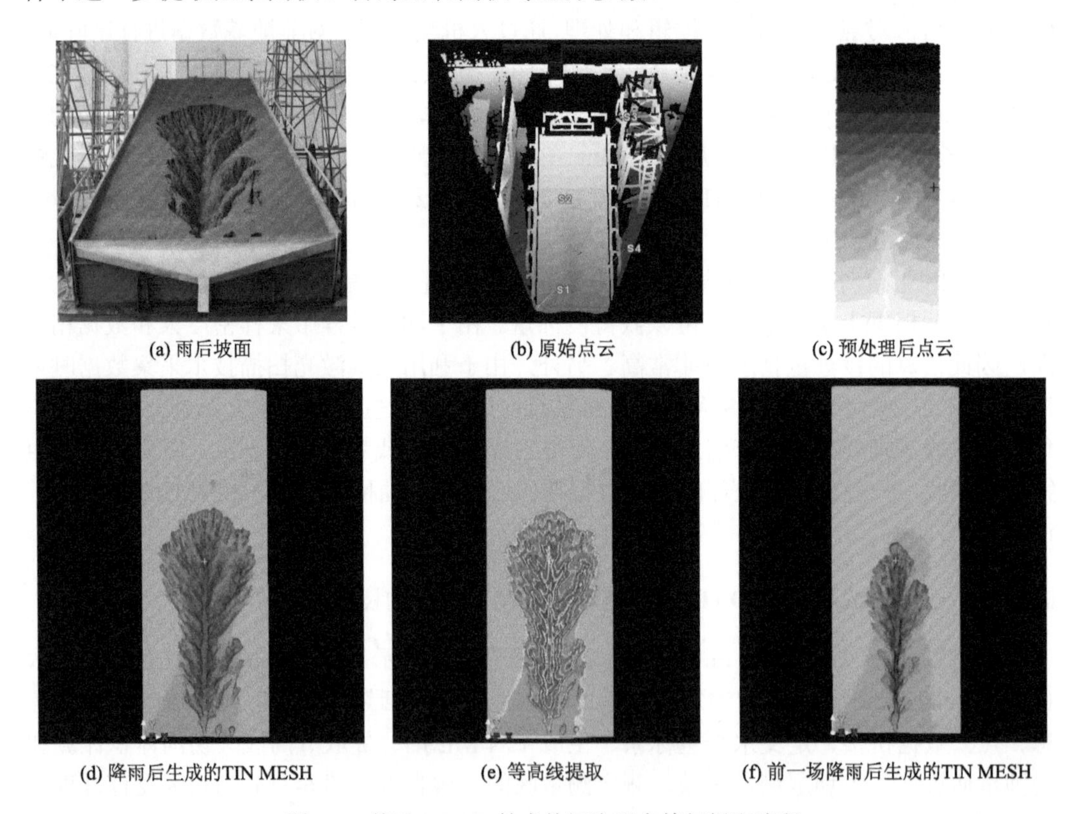

图 6-3　基于 LIDAR 技术的切沟形态特征提取流程

长 8m、宽 3m 的试验土槽

6.3　基于 LIDAR 技术的切沟形态定量刻画

6.3.1　TIN MESH 对沟蚀形态的定量刻画

基于 Leica Scanstation 2 扫描测量获取的原始点云数据，在 Cyclone 6.0 中进行数据预处理、点云拼接与去噪、坐标转换，生成 TIN MESH。这里通过比较 TIN MESH 和实拍照片，分析 TIN MESH 对沟蚀形态的定量刻画。

在降雨强度为 50 mm/h 和坡度为 20°的试验条件下(图 6-4)，预降雨之后 TIN MESH 上的颜色大部分为浅灰色，对应的是降雨前的试验土槽坡面，TIN MESH 上面深灰色部分对应为人工修筑的切沟雏形。与实拍照片相比，在左边 A 和右边 B 两个坡面上，TIN

(a) 预降雨后

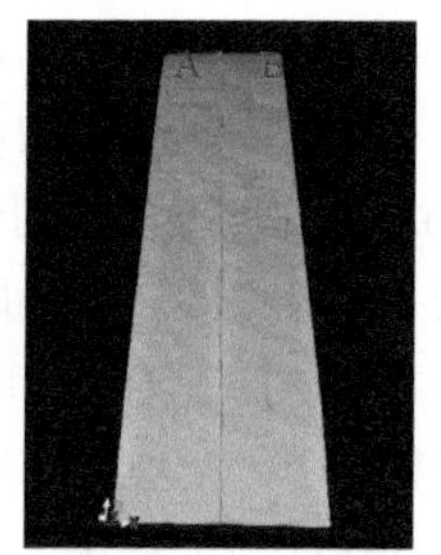

(b) 预降雨后TIN MESH

(c) 第一场降雨后

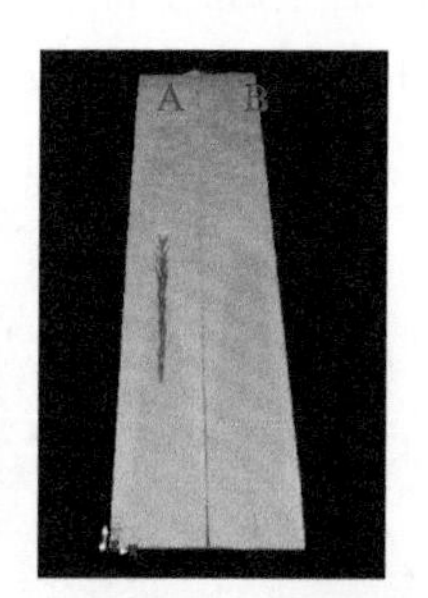

(d) 第一场降雨后TIN MESH

(e) 第二场降雨后

(f) 第二场降雨后TIN MESH

(g) 第三场降雨后

(h) 第三场降雨后TIN MESH

(i) 第四场降雨后

(j) 第四场降雨后TIN MESH

图 6-4　TIN MESH 与实拍照片的对比

50 mm/h 降雨强度，20° 坡度，8 m 长和 1m 宽的试验土槽；左边试验土槽为 A 坡面，右边试验土槽为 B 坡面

MESH 对两条切沟的初始大小和形状较实拍照片显示更为直观。第一场降雨后，在 A 坡面的 TIN MESH 上，凹地地形有了进一步的发育，此时受沟壁窄和沟深的影响，LIDAR 扫描测量时对沟深的数据采集不足，表现出在 TIN MESH 上沟底的 TIN MESH 较粗糙；B 坡面侵蚀沟形态变化不明显；但与初始坡面的 TIN MESH 相比，坡面下部灰色部分的面积稍有增加，说明坡面下部发生了片蚀，但这些信息在实拍照片上没有得到体现，说明 TIN MESH 对发生侵蚀部位的刻画优于实测照片。第二场降雨之后，TIN MESH 显示坡面 A 和坡面 B 的切沟发育过程较快。与实拍照片对比，切沟整体形态在 TIN MESH 上均得到了很好的刻画，且沟头形态和沟壁部分的侵蚀形态得到较好的表达，此时 TIN MESH 显示的沟头部分的沟深和整个侵蚀沟深度还较浅。特别需要指出的是在降雨强度为 50 mm/h 和坡度为 20° 的试验条件下，第二场降雨后坡面上部出现的碎屑物质在坡面分布的位置也在 IN MESH 上得到很好的表达。第三场降雨之后生成的 TIN MESH 很好刻画了切沟形态。第四场降雨后，切沟迅速发展使得沟壁扩展，TIN MESH 对其的响应也较前几场降雨更加细腻，特别是其对切沟崩塌位置和崩塌物的大小刻画也很准确。

在降雨强度为 100 mm/h 和坡度为 20°的试验条件下(图 6-5)，预降雨后的 TIN MESH 反应出人工修筑的 A 坡面切沟沟道较 B 坡面上的沟深稍大，但 B 坡的凹地地形面积稍大于 A 坡。第一场降雨中切沟发育迅速，生成的 TIN MESH 对两条切沟的沟头相对位置和形态刻画非常精准，且可以发现 A 坡切沟发育明显比 B 坡快，此时坡面 A 两个跌水相连的部位和沟头部分 TIN MESH 较为粗糙，B 坡面 TIN MESH 对坡面上出现的小分叉的分布密度、位置及大小均有很好的表达。第二场降雨后生成的 TIN MESH 对切沟的位置和形态刻画更加准确；第三场降雨后 TIN MESH 对切沟深度的刻画较实拍照片更加清晰。

(a) 预降雨后

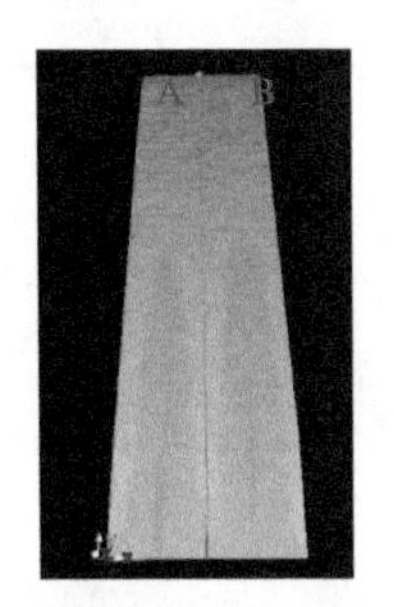

(b) 预降雨后TIN MESH

(c) 第一场降雨后

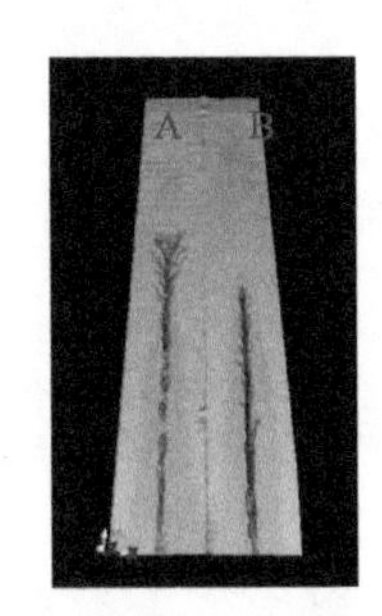

(d) 第一场降雨后TIN MESH

(e) 第二场降雨后

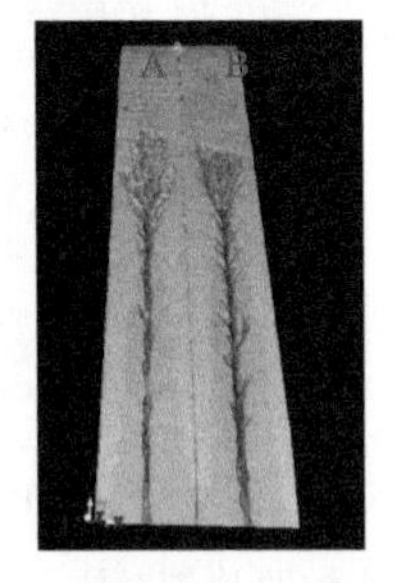

(f) 第二场降雨后TIN MESH

(g) 第三场降雨后

(h) 第三场降雨后TIN MESH

图 6-5　TIN MESH 与实拍照片的对比

100 mm/h 降雨强度，20° 坡度，8 m 长和 1m 宽的试验土槽当坡宽由 1m 增加到 3m，坡度为 20°时，在降雨强度分别为 50 mm/h 和 100 mm/h 的试验条件下(图 6-6 和图 6-7)，由于切沟宽度得到充分发育，所以 TIN MESH 对切沟形态刻画非常精准，尤其是 TIN MESH 精准表达了小跌水坑形状及其侵蚀深度。此研究表明，随着切沟充分发育，尤其是切沟宽度的增加，LIDAR 技术对切沟形态的刻画程度更加精准。

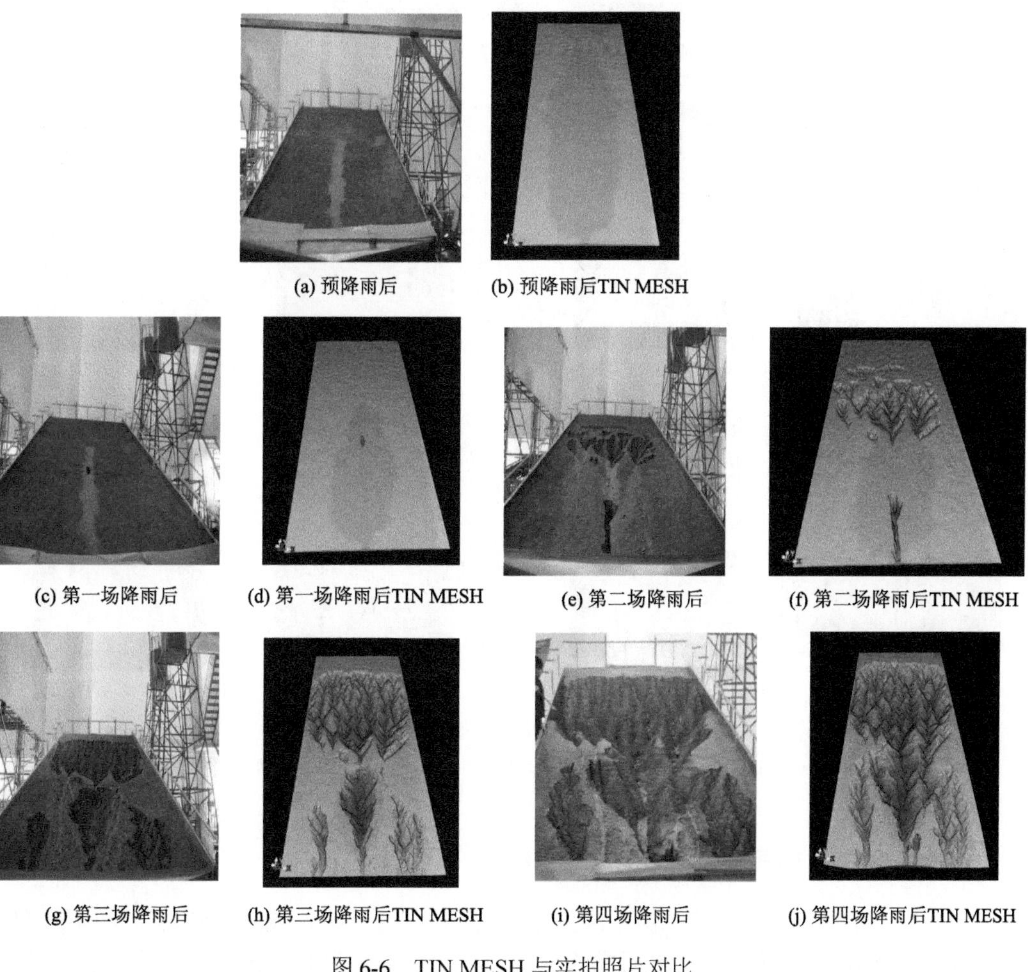

(a) 预降雨后　(b) 预降雨后TIN MESH

(c) 第一场降雨后　(d) 第一场降雨后TIN MESH　(e) 第二场降雨后　(f) 第二场降雨后TIN MESH

(g) 第三场降雨后　(h) 第三场降雨后TIN MESH　(i) 第四场降雨后　(j) 第四场降雨后TIN MESH

图 6-6　TIN MESH 与实拍照片对比

50mm/h 降雨强度，20° 坡度，8 m 长和 3 m 宽的试验土槽

以上分析表明，与实拍照片对比，TIN MESH 对切沟发育各个阶段整体表达精度较高，且随着坡宽增加，TIN MESH 对沟蚀发育的表达也越加准确；尤其是对降雨前的初始坡面凹地地形的大小和面积有更直观和清晰的反映。随着切沟的发育，TIN MESH 对切沟发育过程中的出现的小分叉及其侵蚀深度，甚至坡面碎屑物沉积部位、坡面糙率都有很精准的表达。但 TIN MESH 对切沟发育过程中跌水、跌水相连部位、沟头部分刻画得稍差。在切沟发育早期，窄深的切沟形态造成沟壁遮挡对扫描测量具有影响，导致部分数据缺失，从而造成此时 TIN MESH 对沟壁遮挡处的表达不够精准。

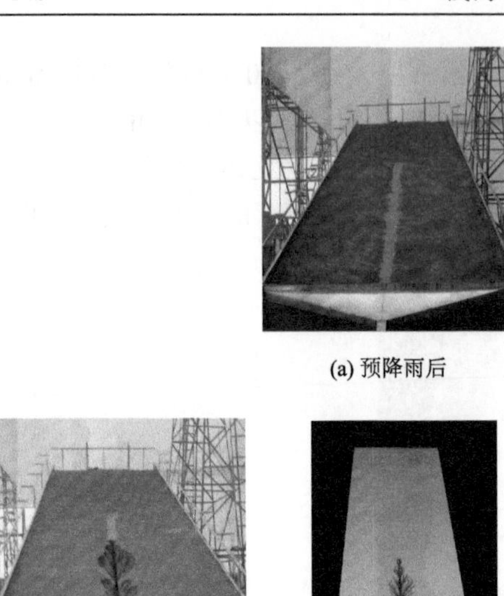

(a) 预降雨后

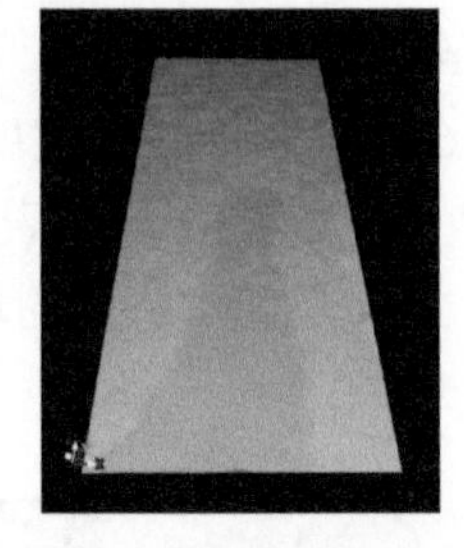

(b) 预降雨后TIN MESH

(c) 第一场降雨后

(d) 第一场降雨后TIN MESH

(e) 第二场降雨后

(f) 第二场降雨后TIN MESH

(g) 第三场降雨后

(h) 第三场降雨后TIN MESH

(i) 第四场降雨后

(j) 第四场降雨后TIN MESH

图 6-7　TIN MESH 与实拍照片对比

100 mm/h 降雨强度，20° 坡度，8 m 长和 3 m 宽的试验土槽

6.3.2　TIN MESH 刻画沟蚀形态的误差分析

(1) 点云拼接产生的误差：由于沟壁遮挡的问题，在 1 m 坡宽时各场次降雨的 TIN MESH 均是由两站数据进行拼接而成的。在点云拼接时，靶标的配准精度直接影响到点云的拼接效果。因此，在扫描时预留一个靶标作为备用靶标，当点云的拼接精度小于 3 mm，则可删除 4 个靶标中拼接误差最大的靶标提高整体的配准精度。同时，在保证测量区域完整的前提下，尽量减少设站次数，并通过升高仪器高度获取沟底和沟壁无法扫描的数据。

(2) 点云拼接处理产生的误差：将进行拼接后的两组点云变为一组点云的方法有两种：点云统一化(point cloud unity)和点云融合(cloud merge)。点云融合是简单地将两站点云重合变为一站；点云统一化除了将原始点云重合之外，还针对空间对点云进行了重采样，使得原始点云在数据处理时有更好的表现效果。因此非常适合不同站点数据拼接和有大量点云的情况。此外，采用点云融合生成 TIN MESH 时会出现随机紊乱现象，但能保持物体之间的空间关系，且能进行各种 MESH 的生成。进行统一化的点云在 TIN MESH 的生成中有很好的表现效果，但会丢失物体与点云之间的空间关系。据此，建议后期点云数据拼接时，对点云数据进行统一化而不要进行简单的点云数据融合。

(3)坐标转换带来的误差：由于扫描测量时各站扫描坐标系是独立的，所以生成 TIN MESH 的点云初始信息为独立坐标系，这样有可能导致 TIN MESH 在自定义坐标系生成时，会出现 MESH 网的杂乱现象。因此建议生成 TIN MESH 时在测站当前默认的坐标系下进行，然后进行坐标定义，并在自定义坐标系中对 TIN MESH 进行渲染。

6.3.3 基于 LIDAR 技术的侵蚀量估算

1. 侵蚀量估算

通过 Leica Scanstation 2 自带的 Cyclone 6.0 软件中 TIN VOLUMN 模块对降雨前后两期 TIN MESH 进行减法运算，即可求得每次降雨后的体积变化，然后在已知土壤容重的情况下，即可估算次降雨侵蚀量。表 6-2 表明，1 m 坡宽条件下的侵蚀量估算精度均显著低于 3 m 坡宽条件下的侵蚀量估算精度。这主要与试验条件有关，1m 坡宽是用一个 PVC 挡板将 2 m 坡宽的试验土槽分隔成两个坡宽为 1 m 的试验土槽，隔离的 PVC 挡板使得后期点云数据分割点云时存在较大的人为误差。对比不同降雨强度、不同坡度和坡宽的试验条件，发现第四场降雨后 LIDAR 技术估算的侵蚀量精度最高。

表 6-2　实测侵蚀量与三维激光扫描技术估算侵蚀量的对比

试验条件	降雨场次	坡面号	实测侵蚀量/kg	估算侵蚀量/kg	误差/%
50 mm/h 降雨强度 15°坡度 1m 坡宽 8m 坡长	第一场	A	3.09	3.47	12.3
		B	0.99	1.10	11.7
	第二场	A	43.71	50.53	15.6
		B	26.58	30.94	16.4
	第三场	A	90.40	97.81	8.2
		B	38.27	40.68	6.3
	第四场	A	186.42	203.19	9.0
		B	165.29	177.19	7.2
		A		平均误差	11.3
		B			10.4
50 mm/h 降雨强度 20°坡度 1 m 坡宽 8 m 坡长	第一场	A	20.14	22.94	13.9
		B	15.56	17.53	12.7
	第二场	A	6.96	8.11	16.5
		B	4.73	5.60	18.3
	第三场	A	33.82	37.34	10.4
		B	39.69	44.33	11.7
	第四场	A	184.61	200.49	8.6
		B	180.94	194.33	7.4
		A		平均误差	12.3
		B			12.5

续表

试验条件	降雨场次	坡面号	实测侵蚀量/kg	估算侵蚀量/kg	误差/%
100 mm/h 降雨强度 20°坡度 1 m 坡宽 8 m 坡长	第一场	A	98.96	110.93	12.1
		B	82.52	90.93	10.2
	第二场	A	52.25	59.83	14.5
		B	96.30	112.38	16.7
	第三场	A	881.19	964.90	9.5
		B	593.43	638.53	7.6
		A		平均误差	12.0
		B			11.5
50 mm/h 降雨强度 20°坡度 3 m 坡宽 8 m 坡长	第一场		2.87	3.05	6.4
	第二场		447.16	471.31	5.4
	第三场		1498.50	1553.94	3.7
	第四场		1070.59	1104.85	3.2
				平均误差	4.7
100 mm/h 降雨强度 20°坡度 3 m 坡宽 8 m 坡长	第一场		112.84	117.43	4.1
	第二场		359.57	377.78	5.1
	第三场		932.29	954.50	2.4
	第四场		1143.19	1155.53	1.1
				平均误差	3.2

在切沟发育早期阶段，即第一场和第二场降雨阶段，LIDAR 技术估算的侵蚀量的误差大于 11%，最大可达 18.3%。其原因是在切沟发育早期阶段，切沟发育处于沟头下切和溯源侵蚀较为强烈的阶段，而沟壁崩塌即沟宽发育速率小于沟头溯源侵蚀和沟底下切侵蚀速率，从而导致沟深和沟窄，造成沟壁对扫描测量的遮挡和数据缺失，进而使切沟发育早期阶段 LIDAR 技术估算侵蚀量的精度小于切沟发育后期的侵蚀量估算精度，但该时期的侵蚀量的估算精度仍可满足要求。

在降雨强度为 50 mm/h、坡度为 15°、坡宽为 1 m 的试验条件下，A 坡面和 B 坡面 LIADR 技术估算侵蚀量的平均误差分别为 11.3%和 10.4%，其最大误差分别为 15.6%和 16.4%，且均出现在第二场降雨中(表 6-2)。在降雨强度为 50 mm/h、坡度为 20°、坡宽为 1 m 的试验条件下，A 坡面和 B 坡面侵蚀量估算的平均误差分别为 12.3%和 12.5%，其最大误差分别是 16.5%和 18.3%，也均出现在第二场降雨中。在降雨强度为 100 mm/h、坡度为 20°、坡宽为 1 m 的试验条件下，A 坡面和 B 坡面侵蚀量估算的平均误差分别为 12.0%和 11.5%，其最大误差分别为 14.5%和 16.7%，同样出现在第二场降雨中。在上述试验条件下，第二场降雨后精度最差的主要原因是又窄又深的切沟形态所造成。窄深的沟道导致沟壁对扫描测量产生遮挡，部分沟深数据缺失，进而影响侵蚀量的估算精度。在坡度为 20°和坡宽为 3 m 的情况下，50 mm/h 和 100 mm/h 降雨强度试验条件下，LIDAR 技术估算侵蚀量的平均误差分别为 4.7%和 3.2%，且随着降雨场次的增加。即随着切沟发育阶段变化，侵蚀量的估算精度呈增加趋势。上述分析表明，LIDAR 技术对侵蚀量的估算精度与切沟的发育阶段和切沟形态密切相关。在切沟发育早期，当切沟形态呈“窄深”情形时，受扫描测量过程中沟壁遮挡的影响，估算误差大于 11%；但随着切沟的发育，其侵蚀量估算精度趋于增加。

2. 影响侵蚀量估算精度的原因

影响侵蚀量估算精度的原因主要有仪器扫描测量系统自身的误差、扫描测量时土壤水分的影响和后期数据处理产生的误差。①仪器扫描测量系统自身的误差：扫描仪的扫描精度会受到周围环境的影响，如光线太强或者太暗均会使得扫描系统的扫描精度降低。另外，每个测量系统都有自身的误差，这主要来源于激光反射镜、测距及测角系统的误差等。②扫描测量时土壤水分的影响：土壤水分影响土壤反射率，影响测量精度。因此，实际工作中需要在降雨结束一段时间后进行扫描测量，可提高侵蚀量估算精度。③后期数据处理产生的误差：后期数据拼接完后的点云在进行去噪时，patch 面的生成和非地貌点云的删除具有很大的主观性。MESH 的生成过程中也存在一定的随机性，这些都将导致结果的不准确。

6.4　切沟发育不同阶段主导侵蚀过程及其对沟蚀的贡献

切沟发育过程主要包括沟头溯源侵蚀、沟壁崩塌和沟底下切过程，切沟不同发育阶段的主导侵蚀过程也不尽相同。总体上，切沟发育初期阶段的主导侵蚀过程为沟头溯源侵蚀，并伴有沟底下切过程，切沟发育中期阶段的主导侵蚀过程以沟底下切侵蚀过程为主，并伴有沟壁崩塌过程，切沟发育后期阶段的主导侵蚀过程以沟壁崩塌过程为主，并伴有沟底下切侵蚀。这里基于案例研究，分析切沟发育过程及其对坡面侵蚀的贡献。

6.4.1　切沟发育过程

这里以降雨强度 100 mm/h，坡度 20°，坡宽 1 m 和坡长 8 m 的模拟试验为例，分析连续三场次降雨事件中的切沟发育过程。第一场降雨试验表明，降雨过程中坡面径流不断向雏形切沟沟槽汇集，导致试验历时 3′02″时在坡长 770 cm 处出现下切沟头，此时坡面水流更加集中到下切沟头所在的径流路径中，使水流流速增加，进而导致水流侵蚀能力增加，然后很快在试验历时 3′28″时在坡长 710 cm 处出现第二个跌水，3′48″时在坡长 758 cm 处出现第三个跌水，由此在坡面上产生一系列不连续的切沟下切沟头(图 6-8)。

切沟下切沟头形成后，随之出现沟头溯源侵蚀使切沟长度增加，随着切沟不断加长，导致位于相同流路上的断续切沟逐渐连接形成连续切沟。试验观测表明，沟长在试验历时 5′17″时为 40 cm，然后快速增加到 11′51″时的 175 cm，此时沟头溯源侵蚀速率为 20.5 cm/min。此后，随着沟头溯源侵蚀的不断进行，沟长由 16′55″时的 230 cm 增加到 30′39″时的 310 cm，溯源侵蚀速率为 5.34 cm/min。随着沟头溯源侵蚀不断发展，位于相同流路上的断续切沟连接形成连续切沟(图 6-9)。此阶段在切沟沟头下切部位，对应的沟深变化较大。如在坡长 740 cm 处，沟深由 3′50″开始下切到 4′35″时的 11.5 cm、再到 14′16″时的 20 cm，切沟下切侵蚀速率分别达到 10.62 cm/min 和 0.82 cm/min。随着沟底不断下切和沟壁底部的掏蚀作用，造成沟壁不稳定性增加，进而导致沟壁崩塌和沟宽增加。试验观测表明，沟宽由试验历时 4′53″时的 5.5 cm 扩张为 7′17″的 7 cm，沟壁扩张速率为 0.45 cm/min。试验历时 30 min 时，沟长为 310 cm，最大沟深为 37.2 cm，最大沟宽为 18 cm，其均位于 530 cm 处。以上分析表明，第一场降雨过程中的切沟发育初期阶段，其主导侵蚀过程以溯源侵蚀为主，并伴随着强烈的沟头下切。

图 6-8　跌水及下切沟头的形成

图 6-9　第一场降雨后坡面切沟发育形态

第二场降雨是在第一场降雨的基础上进行的，此时沟长由试验历时 4′47″时的 425 cm 增加到 11′31″时变为 430 cm，沟头溯源侵蚀速率为 8.20 cm/min。在降雨历时 15 min 内沟深在坡长 710 cm 以下基本无变化，甚至在个别地方减小了 0.1～0.2 cm，这主要是由于坡面上部的侵蚀物质在侵蚀沟槽发生临时淤积引起的。而在其他坡长段，沟深稍有增加，如在坡长 560～710 cm 处沟深增加了 2～3 cm，在坡长 625 cm 处增加了 12 cm 和在坡长 705 cm 处增加了 5 cm，在坡长 560～445 cm 范围内沟深仅增加 0～0.5 cm。30 min 降雨结束后，侵蚀沟的宽度增加也不明显，如在坡长 560 cm 以下，沟宽仅平均增加 1～2 cm，在坡长 245～560 cm 处沟宽增加 0.5～5 cm 之间，平均增加 2 cm(图 6-10)。以上分析表明，第二场降雨过程中的切沟发育的主导侵蚀过程是沟头溯源侵蚀和沟底下切侵蚀，此时切沟发育大体上处于中期阶段。

图 6-10　第二场降雨后的坡面切沟发育形态

在第二场降雨的基础上进行的第三场降雨试验表明，降雨过程中沟壁出现大面积的崩塌侵蚀(图 6-11)。如在降雨历时 14′，坡长 650 cm 处的沟宽由上一次降雨后的 6.5 cm 增加到 30.5 cm，坡长 440 cm 处的切沟宽度由上一次降雨后的 10.2 cm 增加到 22.5 cm，沟壁扩张速率分别为 1.71 cm/min 和 0.79 cm/min。在试验历时 18′29″时，坡长 430～450 cm 处发生沟壁崩塌，沟宽由上一次降雨后的 9 cm 增加到 21.5 cm，沟壁扩张速率为 0.68 cm/min，在坡长 440 cm 处沟宽由上一次降雨后的 11 cm 增加到 19′17″时的 32 cm，沟壁扩张速率为 1.09 cm/min。对于沟底下切过程，在坡长 780 cm 处沟深由 23′49″时的 22.5 cm 增加到 43′32″时的 33.5 cm，下切速率为 0.73 cm/min，在坡长 450 cm 处沟深从 14′11″时的 12 cm 增加到 44′24″时的 31cm，下切速率为 1.34 cm/min。对于沟壁扩张过程，在坡长 630 cm 处沟宽由 37′14″时的 35.5 cm 增加到 49′56″时的 44.5 cm，扩张速率为 0.71 cm/min。以上分析表明，第三场降雨过程中，切沟侵蚀的主导侵蚀过程是沟壁扩张和沟底下切，尤其是沟壁崩塌过程贯穿于整个试验过程。降雨历时 40 min 后，沟壁扩张速率明显减小，沟底下切侵蚀趋于稳定，此时切沟发育进入后期阶段。

图 6-11　第三场降雨后的坡面切沟发育形态

6.4.2　切沟形态动态变化过程

以降雨强度 100 mm/h，坡度 20°，坡宽 1 m 和坡长 8 m 的试验条件为例，分析了连续三场降雨中切沟长度、宽度和深度的动态变化过程(图 6-9 至图 6-11)。第一场降雨过程中，切沟发育以溯源侵蚀为主，并伴有下切侵蚀；第二场降雨以下切侵蚀为主，并伴有沟壁崩塌，此时沟头溯源侵蚀速率显著减小；第三场降雨以沟壁崩塌为主。

1. 沟长动态变化过程

表 6-3 表明，切沟长度增加过程在第一场降雨过程中最大。第一场降雨过程中的沟头溯源侵蚀速率均大于 6.0 cm/min，最大溯源侵蚀速率为 20.1 cm/min。第二场降雨过程中沟头溯源侵蚀速率较第一场降雨有明显减小，但平均溯源侵蚀速率与第一场降雨类同，说明此时沟头溯源侵蚀还相对活跃。第三场降雨过程中的沟头溯源侵蚀的速度明显减小。由此可见，第一场降雨过程中的沟长增加最快，即沟头溯源侵蚀速率最大。

表 6-3　各个降雨场次的沟长变化过程

降雨场次	时间	沟头位置/cm	沟尾位置/cm	沟长/cm	变化速率/(cm/min)
第一场降雨	03′28″	710	770	60	—
	07′52″	670	780	110	11.3
	11′51″	595	785	190	20.1
	16′55″	550	787	237	9.3
	30′39″	460	790	330	6.8

续表

降雨场次	时间	沟头位置/cm	沟尾位置/cm	沟长/cm	变化速率/(cm/min)
第二场降雨	04′27″	395	790	395	5.6
	05′59″	373	790	417	14.3
	06′53″	370	790	420	3.4
	11′25″	340	790	450	6.6
	32′23″	245	790	545	4.6
第三场降雨	16′09″	220	790	570	13.6
	17′21″	200	790	590	16.6
	35′18″	150	790	640	2.8
	47′55″	130	790	660	1.6

2. 沟宽动态变化

表 6-4 表明，沟宽变化速率在第三场降雨过程中最大。第一场降雨过程中，沟宽变化速率最大为 1.4 cm/min，最小为 0.7 cm/min；且在整个降雨过程沟宽变化较为稳定，这主要是因为在第一场降雨过程中沟蚀发育的主导过程为溯源侵蚀。第二场降雨过程中的沟宽变化速率在降雨过程中的前 10 min 较大，10 min 以后的沟宽变化速率均小于 0.3 cm/min，说明在第二场降雨过程中，沟宽除早期随沟头溯源加宽较为明显之外，后期沟宽基本无变化。第三场降雨过程中，在降雨历时 40 min 以前，沟宽变化速率最大为 2 cm/min，平均为 1.9 cm/min，降雨 40 min 以后的沟宽变化速率减小，说明在降雨历时 40 min 以前，切沟发育较为迅速，40 min 后进入了稳定发育阶段。试验观测表明，沟宽变化通过两种方式实现，一种是伴随着溯源侵蚀的沟宽变化，另一种是沟壁崩塌诱导的沟宽变化，其中沟壁崩塌扩张是切沟扩张的主要方式。

表 6-4　各降雨场次的沟宽变化过程

降雨场次	坡面号	时间	坡长/cm	沟宽/cm	变化速率/(cm/min)
第一场降雨	B	05′17″	730	10.5	1.4
		14′16″	730	12	0.8
		16′55″	550	7.2	0.9
		29′00″	550	15	0.7
第二场降雨	B	09′42″	430	29	10.3
		16′14″	676	12	0.2
		17′30″	650	13	0.1
		27′30″	530	22	0.2
		29′12″	487	16	0
第三场降雨	B	19′00″	440	47	2.0
		22′59″	600	30.5	1.9
		37′55″	600	39	1.7
		46′53″	170	73	1.0

3. 沟深的动态变化

表 6-5 表明，第二场降雨过程中沟深变化最为明显，其次是第一场降雨过程中，第三场降雨过程中沟深的变化最小。第一场降雨过程中伴随着沟头溯源侵蚀，沟头下切侵蚀较为显著，第二场降雨过程中沟头下切的速度最快，其最大值达到 7.6 cm/min。第三场降雨过程中的沟头下切侵蚀速率较小，其最大仅为 0.4 cm/min。

表 6-5　各降雨场次的沟深变化过程

降雨场次	坡面号	时间	坡长/cm	沟深/cm	变化速率/(cm/min)
第一场降雨	B	05′17″	730	8.3	1.6
		14′16″	730	20	1.3
		16′55″	550	12	4.5
		29′00″	550	36	2.0
第二场降雨	B	09′42″	430	21.5	7.6
		16′14″	676	31.7	2.6
		17′30″	650	32	3.1
		27′30″	530	37.4	3.6
		29′12″	487	37.5	2.8
第三场降雨	B	19′00″	440	37	0.2
		22′59″	600	29.3	0.4
		37′55″	600	36	0.4
		46′53″	170	5.5	0.1

综合分析三场降雨过程中的沟头溯源侵蚀速率、沟壁扩张速率和沟头下切速率，发现第一场降雨过程中的溯源侵蚀速率和沟头下切侵蚀速率大于沟壁扩张速率，且沟头溯源侵蚀主要是在第一场降雨过程中完成的，并随着降雨场次的进行沟头溯源侵蚀速率逐渐减小，此阶段对应着切沟发育的早期阶段。沟头下切侵蚀在第二场降雨过程中最为明显，第一场降雨过程中的下切侵蚀也较为明显，对应着切沟发育的中期阶段。沟壁崩塌侵蚀速率最大值出现在第三场降雨过程，其次是第一场降雨过程，而在第二场降雨中的沟宽基本没有变化，此阶段对应切沟发育的后期阶段。

6.4.3　切沟发育不同阶段主导侵蚀过程对沟蚀的贡献

1. 溯源侵蚀伴随沟底下切与沟壁崩塌对沟蚀的贡献

为定量化区分切沟发育过程中的溯源侵蚀伴随沟底下切侵蚀过程与沟壁崩塌过程，对比前后两场次降雨的 TIN MESH 变化，得到溯源侵蚀伴随沟底下切过程和沟壁崩塌过程对沟蚀的贡献。表 6-6 表明，随降雨场次的增加，沟头溯源侵蚀伴随沟底下切引起的侵蚀量占沟蚀量的比例呈减少的变化趋势，而沟壁崩塌引起的侵蚀量占沟蚀量的比例呈增加的变化趋势，这与切沟发育过程中主导侵蚀过程有关。第一场降雨时，切沟发育主导侵蚀过程以溯源侵蚀为主并伴有沟底下切，此时其引起的侵蚀量占沟蚀量的 94.5%，而沟壁崩塌侵蚀量仅占沟蚀量的 5.5%。从第二场降雨开始，沟头溯源侵蚀伴随沟底下切侵蚀速率明显下降，而沟壁崩塌侵蚀明显加快，此时两者引起的侵蚀量分别占沟蚀量的 23.5%和 76.5%。从第三降雨开始到第四场降雨，切沟发育主导侵蚀过程为沟壁崩塌，此时沟壁崩塌侵蚀量占沟蚀量的 83.8%～91.5%，而沟头溯源侵蚀伴随沟底下切引起的侵蚀量仅占沟蚀量 8.5%～16.2%。

表 6-6　各降雨场次中沟头溯源侵蚀伴有沟底下切侵蚀与沟壁崩塌占沟蚀量的比例

降雨场次	溯源侵蚀伴随沟底下切引起的侵蚀沟体积变化 /m³	沟壁崩塌引起的侵蚀沟体积变化 /m³	侵蚀沟总体积变化 /m³	溯源侵蚀伴随沟底下切占沟蚀的比例/%	沟壁崩塌侵蚀占沟蚀的比例 /%
第一场降雨	0.052	0.003	0.055	94.5	5.5
第二场降雨	0.063	0.203	0.266	23.5	76.5
第三场降雨	0.077	0.399	0.476	16.2	83.8
第四场降雨	0.054	0.587	0.641	8.5	91.5

2. 切沟侵蚀对坡面侵蚀的贡献

对每场降雨后的切沟点云数据单独提取，生成 TIN MESH（图 6-12），就可获得切沟体积的变化量，然后估算沟蚀量。

(a) 预降雨后沟道点云

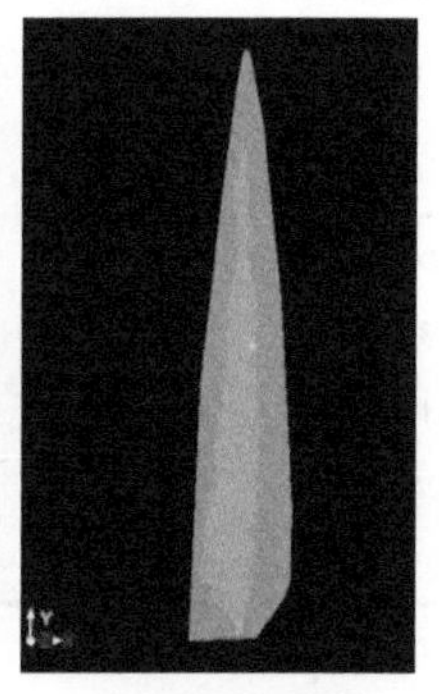

(b) 预降雨后沟道 TIN MESH

(c) 第一次降雨后沟道点云

(d) 第一次降雨后沟道 TIN MESH

(e) 第二次降雨后沟道点云

(f) 第二次降雨后沟道 TIN MESH

(g) 第三次降雨后沟道点云

(h) 第三次降雨后沟道TIN MESH

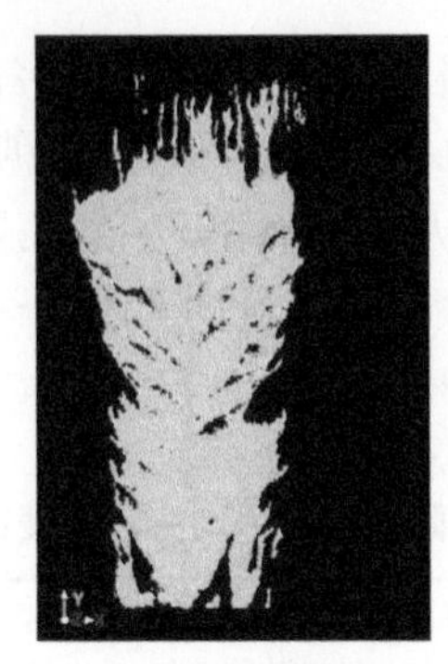

(i) 第四次降雨后沟道点云

(j) 第四次降雨后沟道TIN MESH

图 6-12　各个降雨场次的切沟沟道点云和 TIN MESH

表 6-7 表明，随着切沟的不断发育，切沟表面积和沟蚀面积占坡面面积的百分比均不断增加，切沟表面积占坡面面积的百分比由第一场降雨中占坡面总面积的 8.7%增加到第四场降雨中占坡面总坡面的 93.3%。在切沟发育过程中，切沟侵蚀量占坡面总侵蚀量的比例变化于 58.4%～69.4%，而在切沟发育活跃期的第二场降雨中，切沟侵蚀量占坡面总侵蚀量的比例达 88.0%。

表 6-7　各降雨场次的沟蚀量占坡面侵蚀量的比例

降雨场次	切沟表面积/m^2	切沟表面积占坡面面积的比例/%	TIN-MESH 估算的切体积/m^3	切沟体积变化/m^3	总体积变化/m^3	切沟侵蚀量占总侵蚀量的比例/%
预降雨	2.096	8.7	0.004	—	—	—
第一场降雨	3.223	13.4	0.059	0.055	0.094	58.4
第二场降雨	5.961	24.8	0.325	0.266	0.302	88.0
第三场降雨	11.104	46.3	0.801	0.476	0.764	62.3
第四场降雨	22.395	93.3	1.442	0.641	0.924	69.4

6.5　结　　语

本章基于野外切沟发育初期的形态特征，在室内建造切沟发育雏形模型，结合人工降雨模拟试验和 LIDAR 技术，分析了基于 LIDAR 技术生成的高精度 DEM 对切沟形态的定量刻画程度，分离了切沟发育各主导侵蚀过程对切沟侵蚀的作用，明确了切沟侵蚀对坡面侵蚀的贡献，加深了对切沟发育过程研究的认识。主要结论如下：

(1) 利用 LIDAR 技术动态监测了切沟发育过程。三维激光扫描技术监测切沟过程的主要作业流程包括数据采集、数据配准和拼接、点云数据预处理、TIN MESH 及等高线的生成、侵蚀量估算等。通过对比 LIDAR 生成的 TIN MESH 与实拍照片发现，TIN MESH 能够很好刻画切沟发育各个阶段的形态特征，且随着切沟充分发育，TIN MESH 对切沟形态的定量刻画更加精细。

(2) 切沟发育过程及其不同阶段切沟发育主导侵蚀过程对沟蚀的贡献。切沟发育的初期阶段以溯源侵蚀为主，并伴随着强烈的沟头下切，此时沟头溯源侵蚀速率为 5～20 cm/min；切沟发育中期阶段以沟头下切为主，此时沟底下切侵蚀速率为 3～7 cm/min；切沟发育后期阶段以沟壁崩塌为主，此时沟壁扩张速率变化于 1～2 cm/min 之间。分离了切沟发育不同阶段沟头溯源侵蚀伴随沟底下切和沟壁崩塌对沟蚀的贡献，发现切沟发育早期，沟头溯源侵蚀伴随沟底下切引起的侵蚀量占沟蚀量的 90%以上，而沟壁崩塌引起的侵蚀量仅占沟蚀量的 5%；在切沟发育中期和后期，沟头溯源侵蚀伴随沟底下切引起的侵蚀量占沟蚀量的 8.5%～16.2%，而沟壁崩塌引起的侵蚀量占沟蚀量的 80%以上。

(3) 切沟侵蚀对坡面侵蚀的贡献。切沟侵蚀量占坡面侵蚀量为 50%～90%，其比例取决于切沟发育阶段，在切沟发育活跃期切沟侵蚀量占坡面总侵蚀量的 88.0%，在切沟发育相对稳定期，切沟侵蚀量占坡面总侵蚀量的比例变化于 58.4%～69.4%之间。

参 考 文 献

丁延辉, 邱冬炜, 王凤利, 等. 2010. 基于地面三维激光扫描数据的建筑物三维模型重建. 测绘通报, (3): 55-57.

丁燕, 张纪平, 王国立. 2010. 三维激光扫描技术在西藏白居寺保护中的应用及思考. 古建园林技术, (3): 24-28.

董秀军, 黄润秋. 2006. 三维激光扫描技术在高陡边坡地质调查中的应用. 岩石力学与工程学报, 25(2): 3629-3635.

何秉顺, 赵进勇, 王力, 等. 2008. 三维激光扫描技术在堰塞湖地形快速测量中的应用. 防灾减灾工程学报, 28(3): 394-398.

胡刚, 伍永秋, 刘宝元, 等. 2009. 东北漫岗黑土区浅沟侵蚀发育特征. 地理科学, 29(4): 545-549.

贾东峰, 程效军. 2009. 三维激光扫描技术在建筑物建模上的应用. 河南科学, 27(9): 1111-1114.

李兆堃, 严勇. 2009. 三维激光扫描在工程测量中的应用研究. 苏州科技学院学报：工程技术版, 22(1): 48-52.

梁欣廉, 张继贤, 李海涛. 2007. 一种应用于城市区域的自适应形态学滤波方法. 遥感学报, 11(2): 276-281.

刘文龙, 赵小平. 2009. 基于三维激光扫描技术在滑坡监测中的应用研究. 金属矿山, (2): 131-133.

娄国川, 赵其华. 2009. 基于三维激光扫描技术的高边坡岩体结构调查. 长江科学院院报, 26(9): 58-61.

马立广. 2005. 地面三维激光扫描仪的分类与应用. 地理空间信息, (3): 60-62.

马玉凤, 严平, 时云莹, 等. 2010. 三维激光扫描仪在土壤侵蚀监测中的应用——以青海省共和盆地威连滩冲沟监测为例. 水土保持通报, 30(2): 177-179.

梅文胜, 周燕芳, 周俊. 2010. 基于地面三维激光扫描的精细地形测绘. 测绘通报, (1): 53-56.

潘少奇, 田丰. 2009. 三维激光扫描提取 DEM 的地形及流域特征研究. 水土保持通报, 16(6): 102-105, 111.

史友峰, 高西峰. 2007. 三维激光扫描系统在地形测量中的应用. 山西建筑, 33(12): 347-348.

王莫. 2010. 三维激光扫描技术在故宫古建修缮工程中的应用研究. 世界建筑, (9): 146-147.

夏国芳, 王晏民. 2010 . 三维激光扫描技术在隧道横纵断面测量中的应用研究. 北京建筑工程学院学报,

26(3): 21-24.
徐进军, 王海城, 罗喻真, 等. 2010. 基于三维激光扫描的滑坡变形监测与数据处理. 岩土力学, 31(7): 2188-2191, 2196.
杨蘅, 刘求龙. 2009. 三维激光扫描仪的工程应用. 红外, 30(8): 24-27.
于泳, 王一峰. 2007. 浅谈基于 GIS 的三维激光扫描仪在水土保持方案编制中应用的可行性. 亚热带水土保持, 19(2): 53-55.
臧春雨. 2006. 三维激光扫描技术在文保研究中的应用. 建筑学报, (12): 54-56.
张会霞, 陈宜金, 刘国波. 2010. 基于三维激光扫描仪的校园建筑物建模研究. 测绘工程, 19(1): 32-34.
张鹏, 郑粉莉, 王彬, 等. 2008. 高精度 GPS, 三维激光扫描和测针板三种测量技术监测沟蚀过程的对比研究. 水土保持通报, 28(5): 11-15, 20.
张舒, 吴侃, 王响雷, 等. 2008. 三维激光扫描技术在沉陷监测中应用问题探讨. 煤炭科学技术, 36(11): 92-95.
赵海莹, 张正鹏. 2009. 三维激光点云数据在城市建模中的应用. 城市勘测, (1): 69-72.
赵永国, 黄文元, 郭腾峰. 2009. 地面三维激光扫描技术用于公路工程测量的试验研究. 中外公路, 29(4): 282-285.
郑粉莉，赵军 .2004. 人工模拟降雨大厅及模拟降雨设备简介. 水土保持研究，11(4): 177-178.
周俊召, 郑书民, 胡松, 等. 2008. 地面三维激光扫描在石窟石刻文物保护测绘中的应用. 测绘通报, (12): 68-69.
周佩华, 徐国礼, 鲁翠瑚, 等. 1984. 黄土高原的侵蚀沟及其摄影测量方法. 水土保持通报, (5): 38-43.

第 7 章　切沟形态的空间分布特征及其体积估算模型

切沟，尤其是发育活跃期的切沟侵蚀对流域侵蚀产沙有重要影响和贡献(郑粉莉等, 2008；Kertész and Gergely, 2011)。因此，研究切沟形态的空间分布特征不仅为流域侵蚀治理提供重要科学指导，也为流域侵蚀预报模型建立提供理论基础。已有研究表明切沟断面形态和长度变化是切沟发育过程的重要特征，且切沟的形态特征的变化对应于切沟发育过程的特定阶段(仝迟鸣等, 2014)，是决定切沟输沙能力及其稳定程度的重要因素。此外，切沟沟头形状是表达切沟侵蚀活跃度的一个关键指标。但目前由于缺乏切沟沟头界定的参数指标，限制了切沟沟头形态特征的定量表述。

近年来，基于 DEM 数字地形分析的侵蚀沟形态特征提取算法研究取得了一定的研究进展。DEM 分辨率大小决定了其对侵蚀沟形态的刻画精确，但高分辨率 DEM 获取相对费时费力(石磊等, 2015)。因此，如何能根据不同分辨率 DEM 构建切沟形态特征参数的转化模型，用最小的数据处理量获得最佳的切沟形态特征提取效果，对切沟形态学研究有着重要的应用价值。现有关于尺度转化的研究多是针对坡度和汇水面积等地形或者水文特征(汤国安, 2014)，如田丰和秦奋(2008)对比了基于三维激光扫描技术生成的 1 m 分辨率 DEM 与地形图生成的普通 DEM 提取地形特征和水文特征的差异；李静静等(2010)建立了不同分辨率 SRTM DEM 数据提取河流长度的尺度转换模型；杨邦等(2009)建立了不同分辨率 SRTM DEM 数据提取水系密度和流域宽度的尺度转换模型。然而上述研究尚未构建针对切沟形态参数(长、宽、深、表面积和体积)的转换模型。另外，目前基于三维激光扫描技术获取高精度 DEM 提取切沟形态特征并建立与较低分辨率 DEM 转换模型的研究也较为鲜见。

为此，本章基于黄土丘陵区典型小流域 DEM 数据(5 m 分辨率)和三维激光扫描测量获取的点云数据(0.1 m 分辨率)，探讨利用 ArcGIS 平台提取切沟长度、宽度和深度等形态指标的有效方法，分析切沟基本形态特征指标(长度 L、宽度 W 和深度 D)以及衍生指标(切沟宽深比 w/d、底宽顶宽比 W_B/W_T、沟头曲率 C、表面积 Ag 和体积 V)在典型流域的空间分布特征，并通过比较 0.1 m 和 5 m 分辨率 DEM 提取切沟形态特征的差异，建立 0.1 m 高分辨率 DEM 与 5 m 分辨率 DEM 提取切沟形态特征之间的转换模型，以期为侵蚀沟快速调查提供技术支持，也为流域沟蚀防治提供科学指导。

7.1　基于 DEM 的切沟形态特征提取方法研究

7.1.1　数据预处理

切沟形态特征提取是基于河网提取方法进行的。首先确定 DEM 中每一个高程数据点的水流方向，计算出每一个高程数据点的上游集水区，结合上游集水区的高程数据，用阈值法确定属于水系的高程数据点，最后根据水流方向数据，从水系源头开始将整个河网追踪出来，基于河网提取流域的切沟形态特征。

首先利用 5 m 分辨率的 DEM 数据进行洼地填充，计算其汇流累积量，选择合适的阈值提取河网，之后矢量化后生成河网水系；然后在此基础上通过添加 length 字段查找属性求得切沟长度，利用 ArcGIS 的 3D 断面分析功能提取切沟的宽度和深度，尤其是对每条切沟选取上、中、下三个断面分别提取宽度和深度，且每个断面提取两次，最后求平均值。切沟形态特征提取的技术流程如图 7-1 所示。

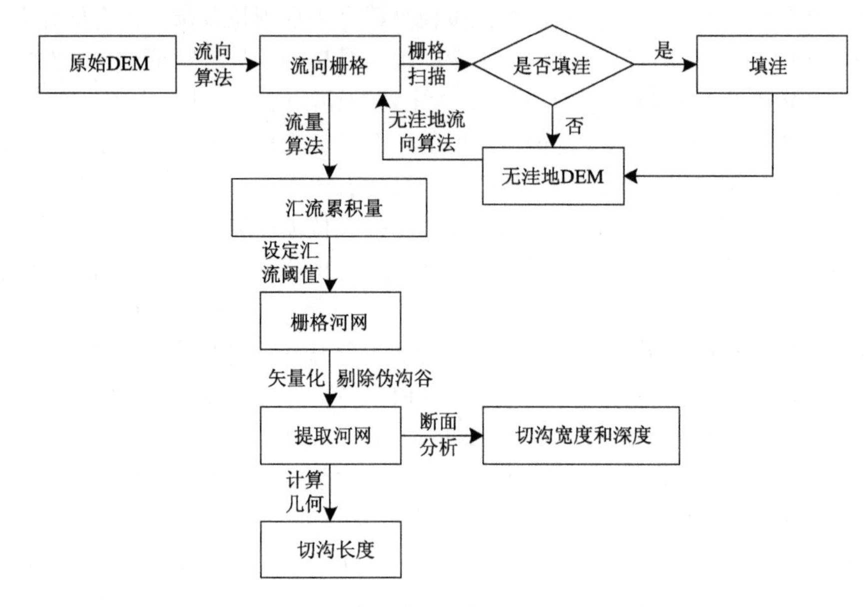

图 7-1　切沟形态特征提取的技术流程图

1. 洼地填充

预处理主要是对原始 DEM[图 7-2(a)]中存在的洼地进行填平处理。洼地是指高程低于周围栅格的一个栅格或空间上相联系的栅格的集合，是影响地表水流过程的重要因素。在自然条件下，水流从高处向低处流动，遇到洼地首先将其填满，然后再从该洼地的某一最低出口流出(沈中原等, 2009)。洼地的存在，往往得到不合理的，甚至是错误的水流方向，严重影响后续切沟的准确提取。在 ArcGIS 中对洼地的填平处理包括以下步骤(汤国安和杨昕, 2012)：首先，基于原始 DEM 数据生成流域的流向数据；再结合流向数据调用 SINK 函数，标定出流域内高程低于周围的封闭区域；然后，调用 Watershed 函数，确定洼地的影响区域，即有多少栅格的汇水到达这些洼地中，之后通过区域分析和填充计算出洼地深度；洼地填充是无洼地 DEM 生成的最后一个步骤，填洼阈值的设定至关重要，洼地深度大于阈值的地方将作为真实地形保留，不予填充，系统默认情况是不设阈值，即所有的洼地区域都将被填平。经过大量试验发现，以最大洼地深度为阈值进行填洼，对填充后的 DEM 高程数据用 SINK 函数再次查找洼地得到空值，说明流域中影响流向确定的洼地已经被移除，生成了无洼地 DEM[图 7-2(b)]。

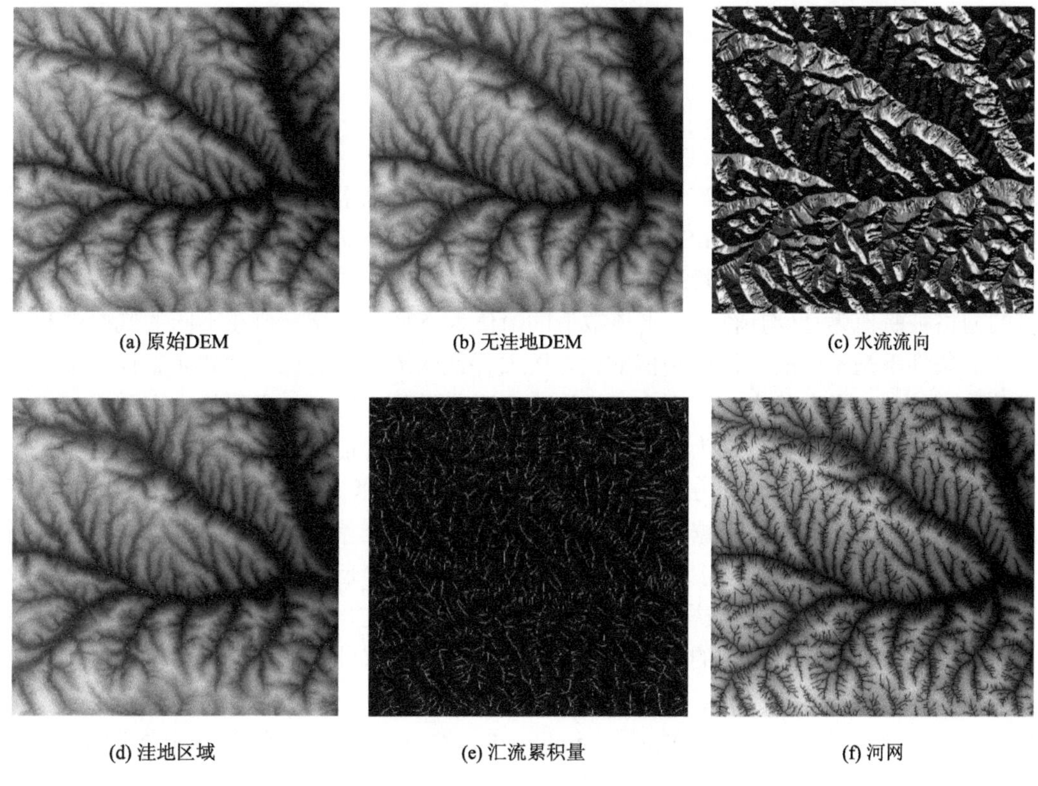
(a) 原始DEM　(b) 无洼地DEM　(c) 水流流向
(d) 洼地区域　(e) 汇流累积量　(f) 河网

图 7-2　切沟河网提取过程

2. 水流方向的确定

原始 DEM 数据进行填洼预处理后，则可基于无洼地 DEM 数据生成流向数据。在 ArcGIS 中生成流向数据用的是 D8 算法(沈中原等, 2009; 张维等, 2012)，该方法假设单个网格中的水流只有 8 种可能的流向，用最陡坡度法来确定水流的方向，每个栅格单元水流的流向为其邻近 8 个栅格单元中坡度最大的那个单元格，在 ArcGIS 中调用 Flowdirection 函数生成流向数据[图 7-2(c)]，计算洼地区域[图 7-2(d)]。图 7-3 所示为流向栅格数据每个数值所代表的方向。

64	128	1
32	χ	2
16	8	4

图 7-3　栅格流向示意图

3. 汇流阈值的确定

基于地表径流漫流模型，模拟地表径流在地表的流动来产生水系。该方法简单直接，因而被认为是提取河网较好的方法(周贵云等, 2000)。

每个栅格单元的累积汇流量表现了该栅格汇集上游来水的能力，汇水能力越大的栅格就越可能是沟道。在 ArcGIS 中，通过调用 Flow accumulation 函数求得栅格的汇流累积量[图 7-2(e)]。临界汇流量是区分沟道栅格和流域内非沟道栅格的临界值，大于该数值的栅格被赋值为 1(沟道)，小于该数值的赋值为 NULL。这一值在不同的气候带和土壤覆盖条件下是不同的，汇流阈值的设定既要保证沟道系统的连续性和完整性，又要体现其独立性，如果取值太小，则会在提取中出现大量伪沟谷，如果取值太大则会忽略真实沟道。国内外很多学者认为在地形复杂区应根据地貌特征选择不同的值，国内一些学者采取与光照晕渲图拟合的方法确定该汇流阈值(李金朝等, 2009)。本章在结合地貌特征的基础上，对汇流累积量数据进行重分类，选择 1 倍标准差，将重分类结果作为汇流阈值参考值，根据实际情况对汇流阈值进行微调，大量试验后，选择最佳汇流阈值。本研究确定的填洼阈值为系统默认值，汇流量阈值是 45。确定出汇流量阈值后，要构造条件语句进行流域汇流能力数据的二值化，即流域河网的提取[图 7-2(f)]。如果直接输入函数 flow accumulation > Const，则生成的河网伪沟谷很多，甚至出现河网不连续的现象。但是调用 con 函数[如 con(flow accumulation>Const，1)]，则会将栅格数据 flow accumulation 中汇流的值大于某一常数的全部赋值为 1，其余赋值为 NULL。

7.1.2 切沟形态特征参数的提取

1. 切沟长度的提取

将提取的河网数据矢量化并去除伪沟谷后，即可进行切沟长度的提取。首先在河网属性表中添加 length 字段，并利用“计算几何”功能，得到河网水系中每一条水系长度，即切沟长度。

2. 切沟宽度和深度的提取

本研究采用 ArcGIS 10.0 软件的剖面图功能，提取切沟横断面，并分析每条切沟不同断面的宽度和深度(图 7-4)。切沟断面半自动生成方法主要包括在空间上任意勾画断面、引用固定断面以及给定端点坐标布设断面 3 种方法(贺巧宁和丁贤荣, 2008)。本章以 DEM 和河网叠加图层为底图，基于 ArcGIS 的 3D Analyst 模块，使用线插值工具垂直于切沟沟长方向勾画断面，并利用创建剖面图工具实现切沟断面的提取。创建剖面图步骤有：在 ArcMap 中，单击 3D Analyst 工具条上的“图层”下拉箭头并单击要创建剖面图的表面(可以是栅格、TIN 或 terrain 数据集表面)；绘制垂直于切沟沟长方向的 3D 线要素并进行数字化，完成将折点添加到线后，双击停止数字化；利用 3D Analyst 交互式工具条上的剖面图工具生成一个或多个剖面的制图表达。剖面图的布局可以更改，右键单击剖面图的标题栏并单击属性，通过更改基本布局选项或高级选项来对布局进行更复杂的更改。

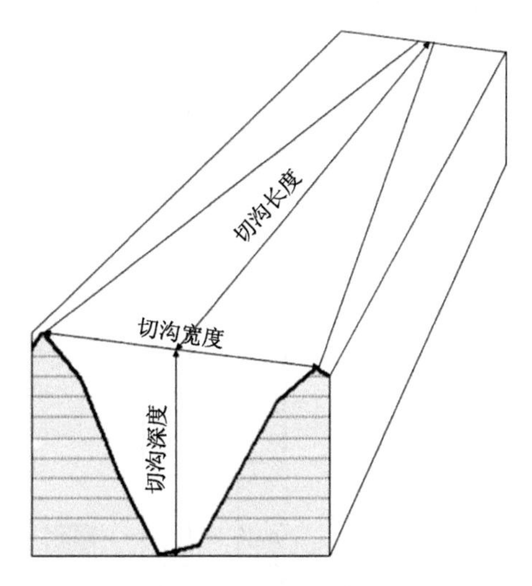

图 7-4　切沟基本形态特征示意图

对于 0.1 m 高分辨率 DEM，断面分析间隔是 0.5 m；对于 5 m 分辨率 DEM，断面分析间隔是 5 m。

3. 切沟表面积的提取

对于 0.1 m 高分辨率 DEM，在 ArcCatalog 中新建图层并导入 ArcGIS，勾绘切沟沟壁得到矢量图层，利用 ArcGIS 的空间分析工具中提取分析模块的掩膜提取功能得到切沟表面积矢量图层，在其属性表里计算 area 字段就可以得到每个切沟的表面积；对于 5 m 分辨率 DEM，用断面法（5 m 间隔）将切沟概化成几何图形，计算几何图形的面积并求和。

4. 切沟体积的提取

对于 0.1 m 高分辨率 DEM，切沟体积是通过 ArcGIS 空间分析工具中的邻域分析模块和表面分析模块获取的。利用邻域分析中的块统计，输入原始栅格 DEM 进行 3×3 矩形分析，统计类型选 range，计算得到高差 DEM；将高差 DEM 和原始 DEM 在栅格计算器中相加得到模拟 DEM；最后，利用填挖方功能输出的栅格即是切沟体积图层，打开其属性表，volume 即是切沟体积。对于 5 m 分辨率 DEM，切沟体积是利用断面法（5 m 间隔）将切沟概化成立方体，计算各立方体的体积并求和。

7.2　切沟形态的空间分布特征与体积估算模型

7.2.1　切沟基本形态特征的空间分布

切沟长度（L）、宽度（W）和深度（D）是切沟基本形态特征指标，可以用来量化切沟的形态变化。尤其是在大尺度的切沟侵蚀调查中，能够根据切沟基本形态特征指标快速评估切沟的侵蚀程度。

研究区切沟基本形态特征(长度 L、宽度 W 和深度 D)的频率分布如图 7-5 所示。切沟长度变化于 33.6～88.9 m 之间，其中切沟长度在 50～70 m 范围内的数量最多，占 64.7%，小于 40 m 或者大于 80 m 的均小于 5%。切沟宽度变化于 7.8～33.7 m 之间，其中 58.8%的切沟宽度为 10～20 m，29.4%的切沟宽度为 20～30 m，宽度小于 10 m 或者大

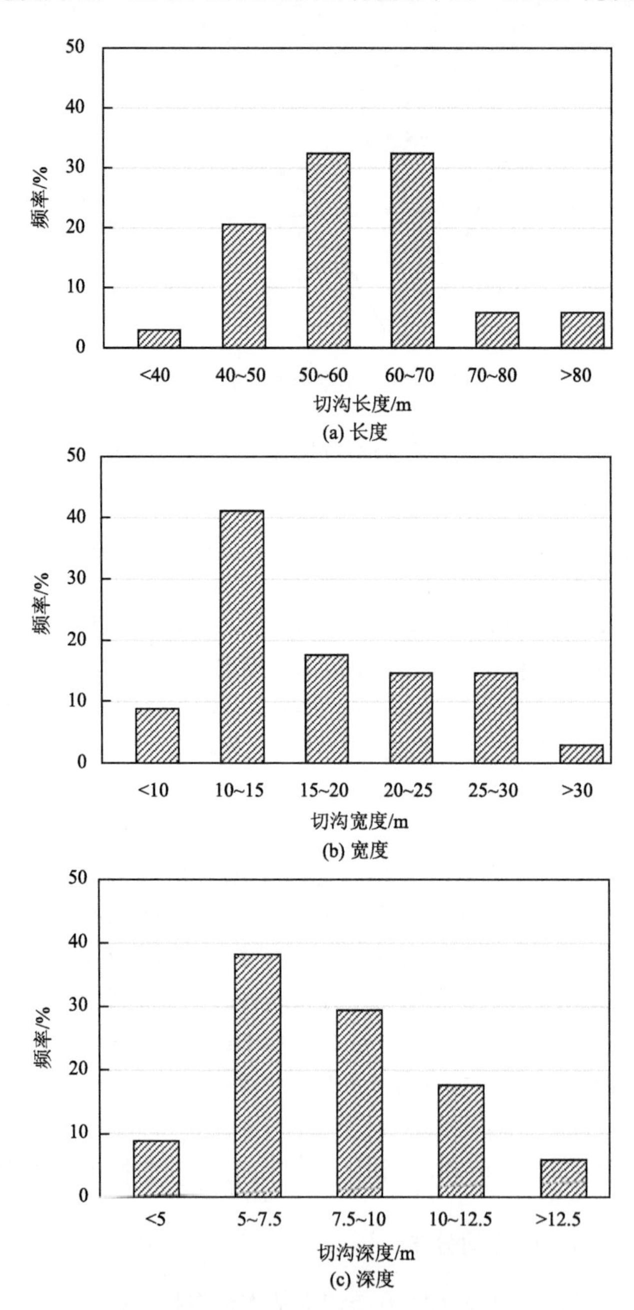

图 7-5　切沟基本形态特征的频率分布

于 30 m 的接近 12%。切沟深度变化于 13.7～3.8 m 之间，其中 67.7%的切沟深度为 5～10 m，17.7%的切沟深度为 10～12.5 m，切沟深度小于 5 m 的占 8.8%，只有很少一部分切沟深度大于 12.5 m。

表 7-1 是切沟形态特征指标的统计结果。切沟平均长(L)、宽度(W)和深度(D)分别是 58.4 m、17.3 m 和 8.2 m。切沟长度最小值是 33.6 m，最大值是 88.9 m，中位数是 57.1 m；切沟宽度最小值是 7.8 m，最大值是 33.7 m，中位数是 15.9 m；切沟深度最小值是 3.8 m，最大值是 13.7 m，中位数是 8.0 m。从切沟长度、宽度和深度的最大值和最小值的变化可知，切沟形态特征的变异系数较大，表明其空间变异程度较大，尤其是切沟宽度的变异系数达 37.03%。高变异系数的主要原因是本研究所选的切沟都是具有代表性的，包括流域不同位置的切沟和处于不同发育阶段的切沟。

表 7-1　切沟形态特征指标的统计结果

切沟形态特征指标	平均值	中位数	最大值	最小值	标准偏差 SD	变异系数 CV/%	样本数
长度 L /m	58.4	57.1	88.9	33.6	12.25	20.9	31
宽度 W_T /m	17.3	15.9	33.7	7.8	6.40	37.0	31
深度 D /m	8.2	8.0	13.7	3.8	2.33	28.5	31
沟头曲率 C	3.5	3.5	7.5	1.8	1.35	38.9	31
宽深比 w/d	2.2	2.3	4.1	0.7	0.74	33.6	31
底宽顶宽比 W_B/W_T	0.13	0.11	0.33	0.04	0.06	48.4	31
表面积 A_g /m^2	910.3	834.7	2090.3	384.1	394.07	43.3	31
体积 V_g /m^3	1506.1	1545.5	2696.2	602.8	523.73	34.8	31

表 7-2 中列出流域不同位置和不同发育阶段的切沟形态指标。从上游到下游的切沟长度(L)显著降低；切沟宽度(W)也依次降低，但变化不显著；切沟深度(D)在下游较深，中游最浅，但变化也不显著。当沟道级别从二级变化到四级时，切沟长度依次减小。三级切沟的宽度和深度均较大，四级切沟较小，表明四级切沟发育更活跃。可能的原因是随着切沟的发展，切沟长度增加，对应的切沟宽度和深度也相应增加。

表 7-2　流域不同位置和不同切沟等级的形态特征统计

流域位置/切沟等级		切沟形态特征指标							
		长度 L /m	宽度 W_T/m	深度 D /m	沟头曲率 C /m^{-1}	宽深比 w/d	底宽顶宽比 W_B/W_T	表面积 A_g /m^2	体积 V_g /m^3
流域位置	上游	67.4^{a§}	20.7^{a}	8.1^{a}	2.0^{b}	2.6^{a}	0.17^{a}	1300.5^{a}	2042.7^{a}
	中游	59.8^{ab}	17.9^{a}	8.0^{a}	3.8^{a}	2.3^{a}	0.13^{a}	873.8^{ab}	1423.6^{b}
	下游	53.7^{b}	15.4^{a}	8.4^{a}	3.8^{a}	2.0^{a}	0.11^{a}	766.7^{b}	1346.6^{b}
切沟等级	二级切沟	65.3^{a¶}	17.4^{a}	8.2^{a}	2.0^{a}	2.2^{a}	0.14^{a}	1315.9^{a}	2260.8^{a}
	三级切沟	57.5^{a}	18.4^{a}	8.5^{a}	3.6^{a}	2.3^{a}	0.13^{a}	872.1^{ab}	1464.3^{b}
	四级切沟	52.0^{a}	11.0^{a}	6.4^{a}	4.6^{a}	1.8^{a}	0.13^{a}	622.8^{b}	1092.1^{b}

注：§ 表示根据 LSD 检验，每列字母在不同流域位置条件下差异显著($p< 0.05$)；¶ 表示根据 LSD 检验，每列字母在不同切沟等级条件下差异显著($p< 0.05$)。

7.2.2　切沟衍生形态特征的空间分布

1. 切沟沟头形态特征

目前关于沟头侵蚀速率的研究较多，但缺乏对切沟沟头明确的定义和研究(Oostwoud et al., 2000)，三维激光扫描技术测量获取的高精度DEM为区分沟头和沟壁提供了数据支持。据此，本研究基于高分辨率DEM提出了沟头和沟壁的划分方法，同时，也提出了沟头曲率(C)的计算公式。

一般来说，切沟可分为沟头与沟壁，两侧沟壁比较平直近乎平行，而沟头的沟壁呈弧形弯曲，沟头和沟壁之间有一个转折点，这里将切沟沟壁具有明显转折点以上的弧形部分划为沟头。大量野外调查表明，研究区切沟沟头和沟壁的切角的最普遍取值是30°，当这个角度大于30°(α>30°)，这个切点就是划分沟头和沟壁的转折点(图7-6)，据此可以切沟沟头和沟壁进行界定。

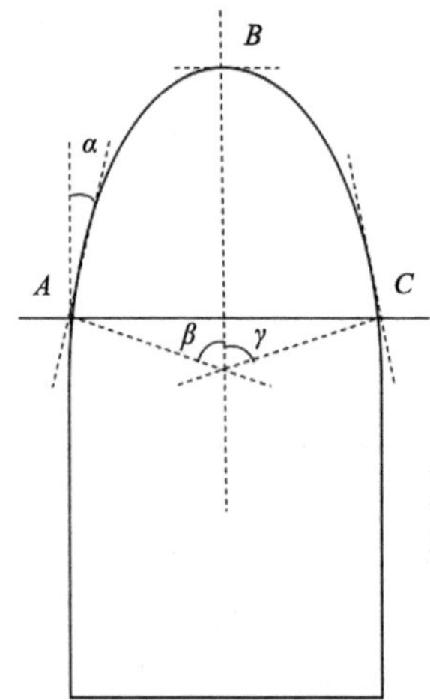

图7-6　切沟沟头和沟壁划分示意图

沟头曲率(C)是切沟沟头曲线单位弧长的转动率，表征切沟沟头曲线的弯曲度。C值越大，沟头曲线越弯曲，说明切沟的发育潜力越大。计算方法为

$$C=\frac{1}{2}\left(\frac{\beta}{L_{AB}}+\frac{\gamma}{L_{BC}}\right) \tag{7-1}$$

式中，C为平均沟头曲率，m^{-1}；β和γ为沟头曲线的弧度；L_{AB}和L_{BC}分别为沟头左右两边曲线的单位弧长，m。沟头曲线是基于沟头的坐标数据通过曲线拟合获得的。

从31条切沟中随机选取9条用于校准沟头曲率的计算结果。沟头曲率的观测值是基于野外人为观测而得到，沟头曲率的计算值是根据上述定义和公式计算得到。结果表明，沟头曲率的计算值与观测值吻合，相对误差范围是–11.99%～10.14%，平均相对误差是8.77%(表7-3)，说明沟头沟壁界定方法可行，可在研究区应用。

表 7-3　沟头曲率观测值和计算值的相对误差

切沟编号	沟头曲率 C/m^{-1}		相对误差/%	平均相对误差/%
	计算值	观测值		
1	1.95	1.78	9.55	
2	2.35	2.17	8.29	
3	2.57	2.92	–11.99	
4	3.15	2.86	10.14	
5	3.49	3.19	9.40	8.77
6	3.57	3.34	6.89	
7	3.92	4.38	–10.50	
8	4.04	3.79	6.60	
9	4.18	3.96	5.56	

沟头是切沟最活跃的部位，沟头曲率是评价切沟形态特征的指标。表 7-3 表明，切沟平均沟头曲率是 3.5，最小值是 1.8，最大值是 7.5，中位数是 3.5，变异系数是 38.89%，属于高变异性，说明切沟沟头形状不仅与其在流域的位置有关，也和其等级有关。表 7-2 表明沟头曲率在上游显著小，中下游较为接近。随着沟道等级从二级变化到四级，沟头曲率依次增加。沟头曲率越小，说明沟头发育程度越高；沟道等级越高，切沟发育潜力越大。图 7-7 显示沟头曲率从上游到下游依次增加。此处选取的切沟都是流域最末级支沟，如果将同一等级的切沟进行比较，上游的切沟更年轻，更具有潜力发育支沟，流域下游的切沟更活跃。

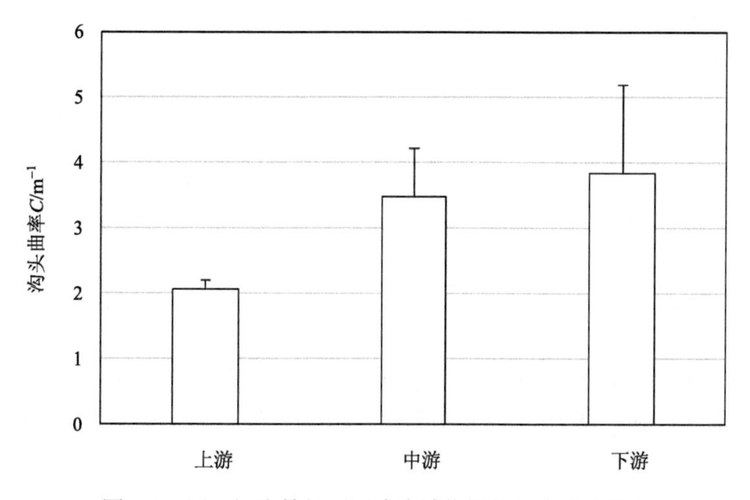

图 7-7　同一切沟等级不同该流域位置的切沟沟头曲率

2. 切沟断面形态特征

切沟断面不仅能计算切沟体积和侵蚀速率，而且对理解切沟侵蚀特征的有重要意义。切沟断面形态一般分为 V 形、U 形、矩形、三角形、梯形和楔形(Rowntree, 1991)。切沟底宽顶宽比(W_B/W_T)和切沟宽深比(w/d)是影响切沟断面形态的关键指标。从表 7-4 可知切沟平均底宽顶宽比和切沟平均宽深比分别是 0.13 和 2.2，切沟底宽顶宽比的最小值是 0.04，最大值是 0.33，中位数是 0.11，切沟宽深比的最小值是 0.7，最大值是 4.1，中位数是 2.1，变异系数分别是 48.39%和 33.55%，高变异性的原因与上一部分提到的类同。切沟底宽顶宽比和切沟宽深比从上游到下游均逐渐减小，切沟底宽顶宽比在二级切沟较高，而切沟宽深比在二、三级切沟较高。

为了进一步阐明每一条切沟断面上中下断面的不同断面形态，表 7-4 给出流域上中下游切沟不同部位底宽顶宽比(W_B/W_T)和宽深比(w/d)的统计结果。结果表明，除了流域中游切沟的下部切沟宽深比略大于上游切沟的下部，切沟不同部位的底宽顶宽比和切沟宽深比从上游到下游均逐渐减小。不同位置和发育阶段的切沟断面形状是不一样的。为进一步描述切沟断面形态变化，本章选取了流域上中下游 3 个典型切沟的不同位置断面来解释其统计规律(图 7-8)。结果表明上游切沟整体呈 U 形，但是沿着沟长方向也有所不同。切沟的下部断面形状是深 U 形，沿着沟头方向向上，断面不断变浅变宽。中游切沟的中下部是浅 V 形，上部是浅 U 形。下游切沟断面整体呈 V 形，但是沿沟长方向有所不同。切沟下部的断面是深 V 形，沿着沟头方向向上，切沟中部断面形状趋于梯形，上部是三角形的。而且，底宽顶宽比和宽深比的值从流域下游到上游是逐渐增加的，表明流域下游切沟是窄深的 V 形，从流域下游到上游，切沟断面逐渐变宽变浅，到了流域上游切沟断面整体呈宽浅的 U 形。这与 Deng 等(2015)的研究结果类似，其认为流域上游的 U 形断面比例较中下游更大。这也与朱显谟(1956)将切沟按断面形态和不同发育阶段进行分类的结果相似，切沟发育初期是 V 形，中期是 U 形，末期是宽 U 形。

表 7-4 不同流域位置和切沟部位的切沟底宽顶宽比(W_B/W_T)和切沟宽深比(w/d)统计

流域位置	切沟底宽顶宽比 W_B/W_T			切沟宽深比 w/d		
	切沟上部 G_{up}	切沟中部 G_{middle}	切沟下部 G_{lower}	切沟上部 G_{up}	切沟中部 G_{middle}	切沟下部 G_{lower}
流域上游	0.23	0.15	0.13	3.0	2.8	2.1
流域中游	0.16	0.11	0.11	2.5	2.3	2.2
流域下游	0.12	0.09	0.11	2.4	2.0	1.7

注：G_{up} 表示切沟上部；G_{middle} 表示切沟中部；G_{lower} 表示切沟下游。

上述结果还表明，V 形断面多出现在流域下游和切沟下部，而 U 形断面在流域上游和切沟上部，流域中游或者切沟中部的断面形态是过渡形式。流域尺度和切沟尺度上的切沟断面形态是相似的，即切沟断面形态在流域尺度和单个切沟尺度上具有自相似性。

7.2.3 切沟形态特征指标间的相关关系

切沟长度与切沟顶宽、宽深比、表面积和体积具有极显著正相关关系，其与沟头曲率是显著负相关关系(表 7-5)。切沟顶宽与切沟宽深比、表面积和体积都是极显著正相关关系，其与切沟深度呈显著正相关关系，与沟头曲率呈显著负相关关系。切沟长度、

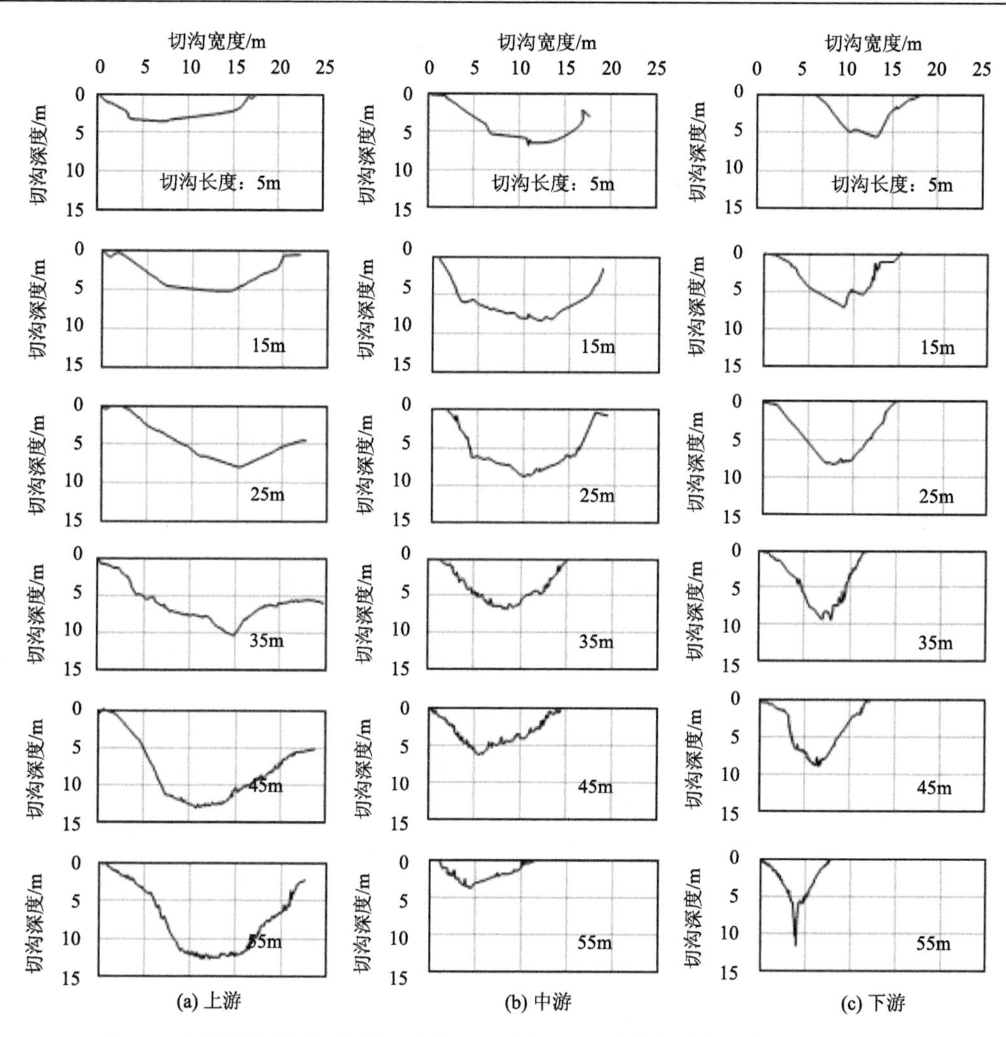

图 7-8　不同流域位置(上游、中游和下游)、不同沟长部位的切沟断面形态特征

表 7-5　切沟形态特征指标的皮尔逊相关系数

指标	长度 L	宽度 W_T	深度 D	宽深比 w/d	底宽顶宽比 W_B/W_T	沟头曲率 C	表面积 A_g	体积 V
长度 L	1							
宽度 W_T	0.755**	1						
深度 D	0.220	0.366*	1					
宽深比 w/d	0.545**	0.680**	–0.392*	1				
底宽顶宽比 W_B/W_T	–0.278	–0.172	–0.172	–0.009	1			
沟头曲率 C	–0.385*	–0.473*	0.098	–0.448*	–0.088	1		
表面积 A_g	0.796**	0.710**	0.361*	0.412*	–0.054	–0.545*	1	
体积 V	0.756**	0.653**	0.544**	0.199	–0.107	–0.444*	0.913**	1

*p<0.05, **p<0.01, n=31。

宽度与沟头曲率均呈显著负相关关系，表明切沟长度增加，切沟宽度呈增加趋势；而沟头曲率越小，说明切沟发育程度较高。切沟深度与切沟体积呈极显著正相关关系，其与切沟宽深比和表面积也呈显著正相关关系。切沟长度、宽度和深度均与切沟表面积和体积有极显著的相关关系，切沟宽深比与切沟表面积也呈显著正相关，其与沟头曲率呈显著负相关。沟头曲率与切沟体积和表面积是显著负相关，切沟表面积与体积呈极显著正相关关系。

切沟长度、宽度和深度是切沟形态特征的基本指标，最直观和最容易获取。上述研究结果表明，依据切沟基本形态指标(长度、宽度和深度)与衍生特征指标的相关关系，可获得流域切沟形态空间分布特征的基础信息。

7.2.4　基于切沟长度和表面积估算切沟体积的模型构建

建立切沟体积与长度和表面积的关系式，可为区域切沟侵蚀调查提供技术支持。从表 7-1 和表 7-2 可知，切沟平均表面积(A_g)和体积(V)分别是 910.3 m^2 和 1506.1 m^3，切沟表面积的最小值是 384.1 m^2，最大值是 2090.3 m^2，中位数是 834.7 m^2，变异系数是 43.29%。切沟体积的最小值是 602.8 m^3，最大值是 2696.2 m^3，中位数是 1545.5 m^3，变异系数是 34.77%。切沟表面积从上游到下游随切沟等级增加逐渐减小，并且流域上、下游表面积也有显著性差异，二级切沟表面积与四级切沟表面积有显著差异；且切沟表面积越大，切沟等级越低，切沟发育程度越高，切沟侵蚀越强烈。切沟体积从上游到下游随切沟等级增加逐渐减小，并且上游切沟体积与中下游切沟体积有显著差异，二级切沟体积与三、四级切沟体积也有显著差异；切沟体积是切沟侵蚀程度的直观反映，切沟等级越低，切沟发育程度越高，切沟侵蚀越强烈。

图 7-9 是流域不同位置和不同等级切沟的体积(V)与切沟长度(L)的关系式，可用 $V=a\,L^b$ 进行描述，参数 b 介于 0.741～1.716 之间，b 越大，说明切沟体积随着切沟长度增长的越快。这与前人研究结果类同，Kompani-Zare 等(2011)得到的参数 b 介于 0.8～1.4 之间。图 7-9 关系式的决定性系数(R^2)相对较低，其原因可能是本研究选取了 4 个不同等级的切沟，且其分布在流域的不同位置。

切沟体积(V)与切沟表面积(A_g)的回归关系表明，V 与 A_g 呈很好的正相关关系，且 R^2 达 0.80(图 7-10)，远高于 V-L 关系式，这也验证了前人研究(Poesen et al., 2003; Frankl et al., 2012)。切沟表面积是影响切沟侵蚀和沟头前进的主控因子，但切沟体积随切沟长度和表面积的增长速率与前人研究(Nachtergaele et al., 2001; Zucca et al., 2006)有一定的不同，这可能是不同地区环境差异造成的。因此，在使用经验模型估算切沟体积时应注意区域的差异性。

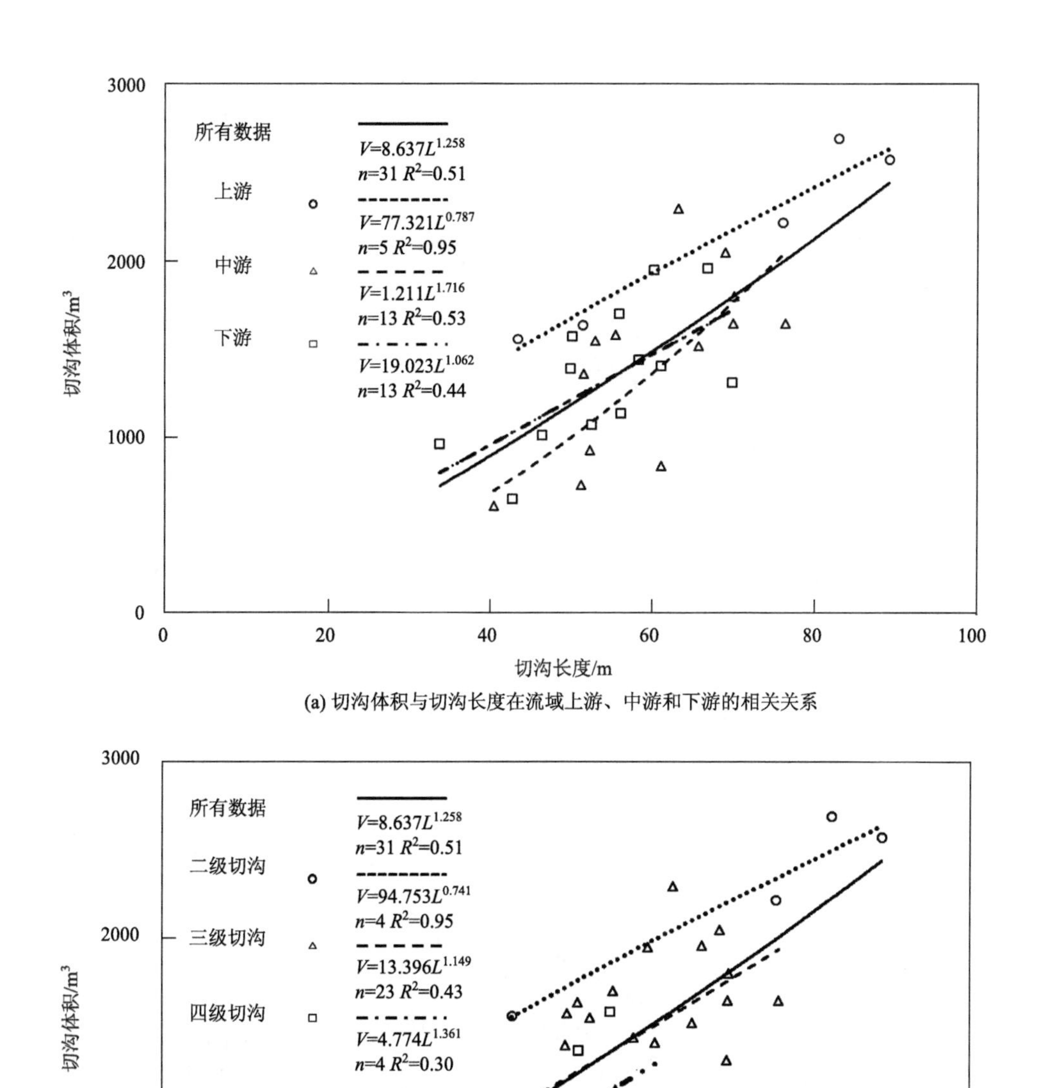

(a) 切沟体积与切沟长度在流域上游、中游和下游的相关关系

(b) 切沟体积与切沟长度在流域二级、三级和四级的回归关系

图 7-9　切沟体积与切沟长度在流域上游、中游和下游的相关关系；切沟体积与切沟长度在流域二级、三级和四级的回归关系

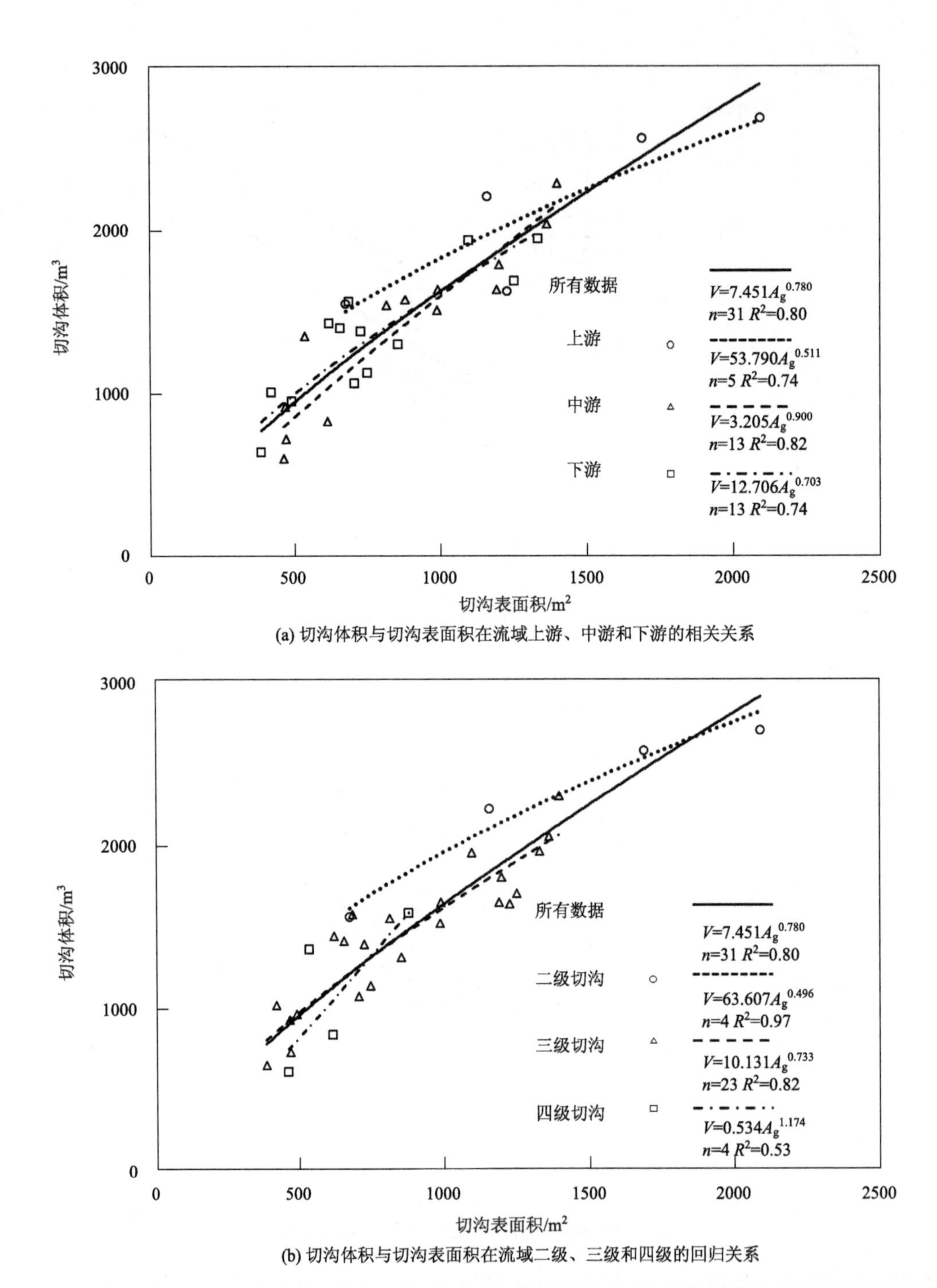

图 7-10　切沟体积与切沟表面积在流域上游、中游和下游的相关关系；切沟体积与切沟表面积在流域二级、三级和四级的回归关系

7.3　基于不同分辨率 DEM 构建切沟形态特征参数尺度转换模型

7.3.1　0.1 m 高分辨率与 5 m 分辨率 DEM 提取切沟形态特征参数的对比

基于 0.1 m 和 5 m 分辨率 DEM 提取切沟形态特征参数的统计结果表明(表 7-6)，各切沟形态特征参数的变异系数(CV)变化于 21.3%～44.9%之间，属中度变异(Nielsen and Bouma，1985)，造成变异较大的原因可能是本研究选取 30 条切沟属于不同级别的切沟，且其在流域的分布位置也不相同。

表 7-6　0.1 m 分辨率与 5 m 分辨率 DEM 提取切沟形态特征指标的统计结果

指标	不同分辨率 DEM	平均值	中位数	最大值	最小值	标准偏差 SD	变异系数 CV/%
切沟长度 *L*/m	0.1 m-DEM	58.4[a]	55.9	88.9	33.6	12.4	21.3
	5 m-DEM	56.1[a]	55.5	100.8	17.5	18.0	32.1
切沟宽度 *W*/m	0.1 m-DEM	17.5[a]	15.9	33.7	8.0	6.3	35.7
	5 m-DEM	22.5[b]	21.7	36.8	14.0	5.3	23.6
切沟深度 *D*/m	0.1 m-DEM	8.1[a]	8.0	13.7	3.8	2.4	29.2
	5 m-DEM	5.1[b]	5.2	9.9	1.3	2.1	41.2
切沟表面积 A/m^2	0.1 m-DEM	898.8[a]	782.2	2090.3	384.1	403.3	44.9
	5 m-DEM	1129.3[b]	1045.5	1933.1	558.2	430.4	38.1
切沟体积 V/ m^3	0.1 m-DEM	1496.4[a]	1530.7	2696.2	602.8	529.6	35.4
	5 m-DEM	1791.3[b]	1644.5	4091.1	775.6	791.1	44.2

注：同一切沟形态特征下不同字母表示不同测量方法经 F 检验差异显著($p < 0.05$)。

表 7-6 显示，基于 0.1 m 和 5 m 分辨率 DEM 提取的切沟长度之间无显著差异，即用 5 m 分辨率 DEM 提取切沟长度的误差仅为 3.9%，说明可用 5 m 分辨率的 DEM 提取切沟长度。然而，基于 0.1 m 和 5 m 分辨率 DEM 提取的切沟宽度、深度、表面积和体积之间有显著差异，即用 5 m 分辨率 DEM 提取的切沟宽度、表面积和体积分别较实际值增加了 28.6%、25.6%和 19.7%，而其提取的切沟深度较实际值减少 37.0%。此结果表明，DEM 的水平分辨率对切沟形态特征的提取影响较小，而垂直分辨率对切沟形态特征的影响较大。因此，为了准确获取切沟形态特征指标，有必要以高分辨率 DEM 提取的切沟形态特征参数作为基准，建立低分辨率 DEM 提取的切沟形态特征参数的转换模型。

7.3.2　切沟形态特征参数转换模型的建立

对选定的 30 条切沟，随机选取 20 条切沟建立切沟各形态参数的转换模型；然后用其余 10 条切沟数据对所建转换建模进行验证。由于两个分辨率 DEM 提取的切沟长度无显著差异，所以这里基于 0.1 m 高分辨率 DEM 提取的切沟宽度、深度、表面积和体积数据，建立 5 m 分辨率 DEM 提取的切沟宽度、深度、表面积和体积的转换模型。

首先分别建立两种分辨率 DEM 下的切沟宽度、深度、表面积和体积各自对应的单因子转换模型(表 7-7)，发现切沟表面积转换模型的决定系数(R^2)大于 0.6，说明表面积转换模型精度达到满意程度；而切沟宽度、深度和体积的转换模型的决定系数(R^2)变化于 0.2～0.35，均低于 0.6，说明这三组转换模型精度较差。据此，分别建立两种分辨率 DEM 下的切沟宽度、深度、表面积和体积的多因子转换模型(表 7-8)。比较各切沟形态特征参数的转换模型，发现基于切沟宽度和表面积所建的宽度转换模型决定系数(R^2)为 0.652，说明模型有较好的精度转换效果；基于切沟表面积和深度所建的体积转换模型决定系数(R^2)为 0.685，达到了较好模型转换效果。而切沟深度模型的决定系数(R^2)小于 0.6，说明切沟深度转换模型精度较低。其原因主要是 5 m 分辨率 DEM 垂直分辨率低，不能准确反应沟深参数。因此，不建议建立切沟深度转换模型。

表 7-7 切沟宽度、深度、表面积和体积的单因子转换模型

宽度的转换模型	深度的转换模型	表面积的转换模型	体积的转换模型
$W=0.623W_5+2.478$	$D=0.551D_5+5.253$	$A=0.631A_5+156.56$	$V=0.314V_5+1025.649$
(R^2=0.351，$n=20$)	(R^2=0.204，$n=20$)	(R^2=0.612，$n=20$)	(R^2=0.29，$n=20$)

注：W为切沟宽度，m；W_5为基于 5 m 分辨率 DEM 提取的切沟宽度，m；D为切沟深度，m；D_5为基于 5 m 分辨率 DEM 提取的切沟深度，m；A为切沟表面积，m²；A_5为基于 5 m 分辨率 DEM 提取的切沟表面积，m²；V为切沟体积，m³；V_5为基于 5 m 分辨率 DEM 提取的切沟体积，m³。

表 7-8 切沟宽度、深度和体积的多因子转换模型

宽度的转换模型	深度的转换模型	体积的转换模型
$W=0.886W_5+0.076A_5^{0.5}-4.123$	$D=0.828V_5^{\frac{1}{3}}+0.341D_5-3.254$	$V=0.105A_5D_5+1027.006$
(R^2=0.652，$n=20$)	(R^2=0.414，$n=20$)	(R^2=0.685，$n=20$)

注：W为切沟宽度，m；W_5为基于 5 m 分辨率 DEM 提取的切沟宽度，m；D为切沟深度，m；D_5为基于 5 m 分辨率 DEM 提取的切沟深度，m；A_5为基于 5 m 分辨率 DEM 提取的切沟表面积，m²；V为切沟体积，m³；V_5为基于 5 m 分辨率 DEM 提取的切沟体积，m³。

7.3.3 转换模型验证

为了验证切沟形态特征参数转换模型的估算精度，以 0.1 m 高分辨率 DEM 提取的切沟形态特征值作为实测值，对 5 m 分辨率 DEM 提取的切沟形态特征值(宽度、表面积和体积)进行率定和验证，分析转换模型的估算精度。

图 7-11 表明，通过比较三个转换模型的决定性系数(R^2)和有效性指数(ME)，发现切沟宽度转换模型（$W=0.886W_5+0.076A_5^{0.5}-4.123$）、表面积转换模型（$A=0.631A_5+156.56$）和体积转换模型（$V=0.105A_5D_5+1027.006$）的决定性系数($R^2$)和有效性指数(ME)分别大于 0.6 和 0.5，说明这三组模型均具有较好的预报精度。

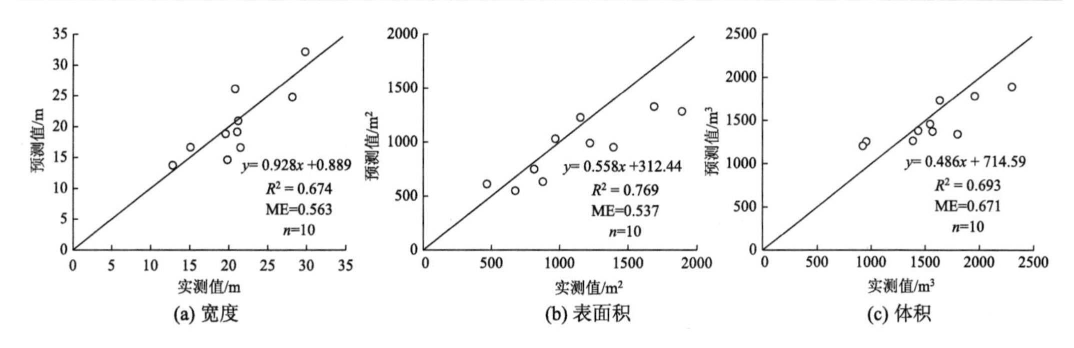

图 7-11　岔巴沟流域切沟宽度、表面积和体积的实测值和预测值的比较

7.3.4　转换模型普适性检验

对所构建的模型进行跨流域验证，是界定模型推广应用价值的前提，因此，将 0.1～5 m 分辨率 DEM 转换模型在纸坊沟流域进行验证。分别利用上述切沟转换模型进行纸坊沟流域切沟宽度、表面积和体积的转换，获得转换后切沟宽度、表面积和体积的实测值和预测值的散点图(图 7-12)。

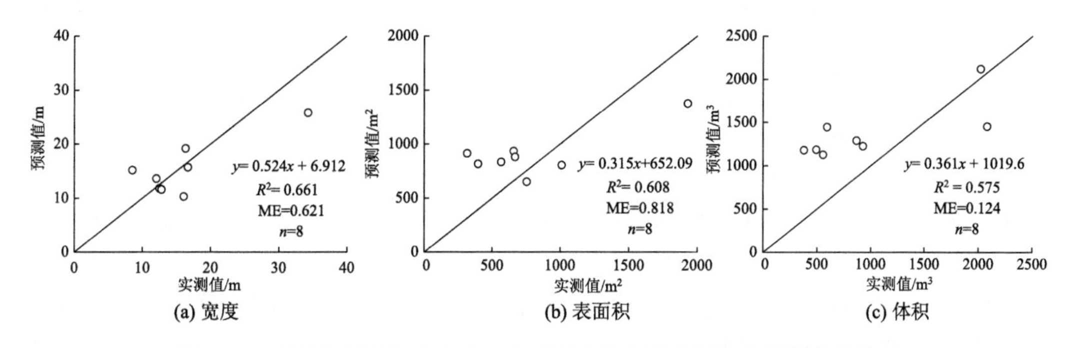

图 7-12　纸坊沟流域切沟宽度、表面积和体积的实测值和预测值的比较

图 7-12 表明，通过比较三组转换模型的相关系数(R^2)和有效性指数(ME)，发现切沟宽度转换模型($W = 0.886W_5 + 0.076A_5^{0.5} - 4.123$)和表面积转换模型($A = 0.631A_5 + 156.56$)均具有较好的预报精度。而切沟体积转换模型的有效性系数为 0.124，预测效果较差。图 7-12(c)表明，对于较小的切沟体积，切沟体积转换模型高估了切沟体积；对于较大的切沟体积，切沟体积转换模型低估了切沟体积，也就是说切沟体积转换模型高估了低侵蚀强度的切沟体积，低估了高侵蚀强度的切沟体积。这是因为对于体积较大的切沟，切沟宽度、深度和表面积均较大，而 5 m 分辨率 DEM 提取切沟深度过程中存在沟壁遮挡的影响，造成数据流失，加之 5 m 分辨率 DEM 的垂直分辨率较低，导致提取的切沟深度偏小，因而出现了体积转换模型的低估现象；而对于体积较小的切沟，切沟深度也较小，此时 5 m 分辨率 DEM 提取切沟深度偏高，因而出现对切沟体积的高估现象。

7.4 结　语

本章基于黄土丘陵区典型小流域 DEM 数据(5 m 分辨率)和典型区三维激光扫描仪得到的点云数据(0.1 m 分辨率)，提出了在 ArcGIS 中提取切沟长度、宽度和深度等形态指标的有效方法，分析了研究区切沟基本形态特征指标以及衍生指标的空间分异规律，建立了切沟侵蚀量估算模型。此外，本章还讨论了 0.1 m 和 5 m 两种 DEM 分辨率提取切沟形态特征参数的差异，构建了基于高分辨率 DEM 估算低分辨率 DEM 提取切沟形态特征参数的转换模型，并分别在岔巴沟流域和纸坊沟流域对转换模型进行验证。本章主要研究结论如下：

(1) 切沟形态特征提取主要使用 ArcGIS 的河网提取功能、3D 断面分析功能、掩膜提取功能等实现半自动提取。其中，洼地填充阈值和汇流量阈值的选取至关重要，确定填洼阈值为系统默认值，汇流量阈值是 45。

(2) 基于三维激光扫描测量获得的岔巴沟流域切沟长度变化于 33.6～88.9 m 之间，切沟宽度变化于 7.8～33.7 m 之间，切沟深度变化为 13.7～3.8 m；构建了基于 0.1 m 高精度 DEM 划分切沟沟头沟壁的方法，并提出了沟头曲率(C)的计算公式；建立了切沟体积与长度(V-L)和切沟体积与表面积(V-A_g)的两组关系式，其决定性系数分别是 0.51 和 0.80，利用切沟表面积估算切沟体积优于利用切沟长度估算切沟体积。

(3) 基于三维激光扫描测量在岔巴沟流域获取的高精度 DEM，可较准确提取切沟形态特征参数。据此，分别建立了切沟宽度转换模型($W = 0.886W_5 + 0.076A_5^{0.5} - 4.123$)、表面积转换模型($A = 0.631A_5 + 156.56$)和体积转换模型($V = 0.105A_5D_5 + 1027.006$)，模型验证结果表明三组转换模型均具有较好的预报精度。此外，还利用纸坊沟流域小流域对三组模型的普适性进行验证，发现切沟宽度和表面积转换模型具有较好的预报效果，而切沟体积转换模型预测性相对较差。

参 考 文 献

贺巧宁, 丁贤荣. 2008. 基于 GIS 的河床演变断面分析方法研究. 人民长江, 39(24): 99-100.

李金朝, 国庆喜, 葛剑平. 2009. 基于 DEM 的黄土高原沟壑区沟道系统的自动提取. 西北林学院学报, 24(6): 220-223.

李静静, 陈健, 朱金玲. 2010. 基于 DEM 的河流长度尺度转换与不确定性分析. 人民长江, 41(8): 55-58+66.

沈中原, 李占斌, 李鹏等. 2009. 基于 DEM 的流域数字河网提取算法研究. 水资源与水工程学报, 20(1): 20-23.

石磊, 杨武年, 陈平等. 2015. DEM 空间尺度对岷江上游流域特征提取的影响. 测绘科学技术学报, 32(1): 82-86.

汤国安. 2014. 我国数字高程模型与数字地形分析研究进展. 地理学报, 69(9): 1305-1325.

汤国安, 杨昕. 2012. ArcGIS 地理信息系统空间分析实验教程(第二版). 北京: 科学出版社.

田丰, 秦奋. 2008. 基于 LRIS-3D 建立高分辨率 DEM 的方法及对比研究. 地理空间信息, 6(1): 80-83.

仝迟鸣, 周成虎, 程维明, 等. 2014. 基于 DEM 的黄土塬形态特征分析及发育阶段划分. 地理科学进展, 33(1): 42-49.

杨邦, 任立良, 王贵作, 等. 2009. 基于尺度转换的数字水系提取方法及应用. 中山大学学报(自然科学版), 48(4): 101-106, 112.

张维, 杨昕, 汤国安. 2012. 基于 DEM 的平缓地区水系提取和流域分割的流向算法分析. 测绘科学, 37(2): 94-96.

郑粉莉, 江忠善, 高学田. 2008. 水蚀过程与预报模型. 北京: 科学出版社.

周贵云, 刘瑜, 邬伦. 2000. 基于数字高程模型的水系提取算法. 地理学与国土研究, 16 (4): 77-81.

朱显谟. 1956. 黄土区土壤侵蚀的分类. 土壤学报, 4(2): 99-115

Deng Q C, Qin F C, Zhang B, et al. 2015. Characterizing the morphology of gully cross-sections based on PCA: A case of Yuanmou Dry-Hot Valley. Geomorphology, 228: 703-713.

Frankl A, Poesen J, Deckers J, et al. 2012. Gully head retreat rates in the semiarid highlands of Northern Ethiopia. Geomorphology, 173-174: 185-195.

Kertész Á, Gergely J. 2011. Gully erosion in Hungary, review and case study. Procedia-Social and Behavioral Sciences, 19: 693-701.

Kompani-Zare M, Soufi M, Hamzehzarghani H, et al. 2011. The effect of some watershed, soil characteristics and morphometric factors on the relationship between the gully volume and length in Fars Province, Iran. Catena, 86 (3): 150-159.

Nachtergaele J, Poesen J, Steegen A, et al. 2001. The value of physically based model versus an empirical approach in the prediction of ephemeral gully erosion for loess-derived soils. Geomorphology, 40(S3-4): 237-252.

Nielsen D, Bouma J. 1985. Soil Spatial Variability. Wageningen: PUDOC Scientific Publishers.

Oostwoud Wijdenes Dirk J, Poesen J, Vandekerckhove L, et al. 2000. Spatial distribution of gully head activity and sediment supply along an ephemeral channel in a Mediterranean environment. Catena, 39(3): 147-167.

Poesen J, Nachtergaele J, Verstraeten G, et al. 2003. Gully erosion and environmental change: importance and research needs. Catena, 50(2): 91-133.

Rowntree K M. 1991. Morphological Characteristics of Gully Networks and their Relationship to Host Materials, Baringo District, Kenya. GeoJournal, 23 (1): 19-27.

Zucca C, Canu A, Della Peruta R. 2006. Effect of land use and landscape on spatial distribution and morphological features of gully in an agropastoral area in Sardinia (Italy). Catena, 68(2-3): 87-95.

